普通高等教育机电工程类应用型本科规划教材

# 可编程控制器技术与应用

陈 艳 主 编

黄 晓　黄 英　鲁艳旻　副主编

清华大学出版社

北 京

## 内 容 简 介

本书以在国内使用较广泛的日本三菱公司 FX 系列 PLC 为背景,介绍了 PLC 的基本结构与工作原理,详细介绍了 FX 系列 PLC 的指令系统及应用,PLC 程序设计的方法,PLC 控制系统设计中应注意的问题。为了适应新的发展需要,本书还介绍了 PLC 网络通信、现场总线等新技术。为了便于学习,本书第 1 章中增加了电气控制的基础知识,第 8 章中给出了大量的应用实例。

本书可作为高等学校自动化、电气工程、机电一体化等相关专业的教材,也可供工程技术人员自学或作为培训教材使用。

**图书在版编目(CIP)数据**

可编程控制器技术与应用/陈艳主编. --北京:清华大学出版社,2013(2024.1重印)
普通高等教育机电工程类应用型本科规划教材
ISBN 978-7-302-33756-0

Ⅰ.①可… Ⅱ.①陈… Ⅲ.①可编程控制器-高等学校-教材 Ⅳ.①TM571.6

中国版本图书馆 CIP 数据核字(2013)第 211409 号

责任编辑:孙 坚 洪 英
封面设计:常雪影
责任校对:刘玉霞
责任印制:宋 林

出版发行:清华大学出版社
   网  址:https://www.tup.com.cn,https://www.wqxuetang.com
   地  址:北京清华大学学研大厦 A 座     邮  编:100084
   社 总 机:010-83470000       邮  购:010-62786544
   投稿与读者服务:010-62776969, c-service@tup.tsinghua.edu.cn
   质量反馈:010-62772015, zhiliang@tup.tsinghua.edu.cn
印 装 者:三河市龙大印装有限公司
经  销:全国新华书店
开  本:185mm×260mm   印  张:16.5     字  数:400 千字
版  次:2013 年 12 月第 1 版      印  次:2024 年 1 月第 8 次印刷
定  价:48.00 元

产品编号:047946-04

# 前 言

可编程序控制器(PLC)是以微处理器为核心的通用自动控制装置。它具有控制功能强、可靠性高、使用灵活方便、易于扩展、通用性强等优点,不仅可以取代继电器控制,还可以进行复杂的生产过程控制和应用于工厂自动化网络,被誉为现代工业生产自动化的三大支柱之一。

本书编写时力求由浅入深、通俗易懂、理论联系实际。本书以在国内使用较广泛的日本三菱公司 FX 系列 PLC 为使用背景,介绍了 PLC 的基本结构与工作原理,详细介绍了 FX 系列 PLC 的指令系统及应用,PLC 程序设计的方法,PLC 控制系统设计中应注意的问题。为了适应新的发展需要,本书还介绍了 PLC 网络通信、现场总线等新技术。为了便于学习和应用,本书的第 1 章增加了电气控制的基础知识,第 8 章给出了大量的应用实例,第 1～7 章配有习题。

本书可作为高等学校自动化、电气工程、机电一体化等相关专业的教材,也可供工程技术人员自学或作为培训教材使用。

本书由华中科技大学文华学院陈艳主编。参加编写的有华中科技大学文华学院鲁艳旻(绪论、第 1 章、第 7 章)、江汉大学文理学院黄晓(第 2 章、第 3 章、第 8 章)、武汉理工大学华夏学院黄英(第 4 章、附录 A、附录 B)、华中科技大学文华学院陈艳(第 5 章、第 6 章、附录C),全书由陈艳统稿、修改和定稿。

本书在编写过程中得到了华中科技大学文华学院的领导以及机电学部实验实训中心的大力支持与帮助,华中科技大学的李元科教授、孙亲锡教授对本书提出了许多宝贵的意见,在此一并表示衷心的感谢。

限于编者的水平,书中难免有疏漏和不妥之处,敬请读者批评指正。

编　者
2013 年 10 月

# 目录

# 绪　　论

**1. 可编程控制器的由来及在工业自动化中的地位**

可编程控制器是随着继电器控制技术和计算机控制技术的发展而迅速发展起来的工业控制器。

早期的可编程控制器主要用来代替继电器,实现逻辑运算、定时等处理。它以开关量的形式输出,控制各种类型的生产机械或生产过程。

随着大规模集成电路和计算机技术的迅速发展,可编程控制器的功能不仅限于开关量的逻辑控制,还增加了算术运算、数据处理、通信与联网等各种强大的功能。

1969 年,美国数字设备公司(DEC)研制出了第一台可编程控制器 PDP-14,并在美国通用汽车公司(GM)生产线上首次应用成功。这种新型的工业控制装置以其简单易懂、操作方便、可靠性高、通用灵活、体积小和使用寿命长等一系列优点,很快在美国其他工业领域得到推广应用。

自美国研制出世界上第一台可编程控制器以后,日本、德国、英国、法国也相继开发出了各类可编程控制器,并广泛推广应用。

20 世纪 70 年代末和 80 年代初,可编程控制器已成为工业控制领域内占主导地位的基础自动化设备。

在美国,可编程控制器的销售额的年增长率大于 20%,在石油化工、冶金、机械等行业中的应用也相当广泛。

日本自 1971 年研制出第一台 DCS-8 型可编程控制器,几十年以来发展非常迅速,并主要发展中小型的可编程控制器。日本的小型可编程控制器的产品性能先进、结构紧凑、价格便宜,因而在世界市场上占有重要地位。

我国从 20 世纪 80 年代开始,也引进了可编程控制器,并逐步开始自行研制各种可编程控制器产品。

目前这种以微处理器为核心,集自动化技术、计算机技术、通信技术为一体的控制器已被广泛应用于钢铁、冶金、机械加工、汽车制造、石油化工、轻工食品、能源交通等几乎所有的工业领域。

**2. 可编程控制器的定义及特点**

为了使可编程控制器的生产和发展标准化,1987 年国际电工委员会(IEC)通过了对它的定义:

可编程控制器是一种数字运算操作的电子装置或系统。它采用可编程的存储器,在其内部存储程序,执行逻辑运算、顺序控制、定时、计数与算术操作等面向用户的指令,并通过数字式或模拟式输入输出来控制各种机械或生产过程。

可编程逻辑控制器(Programmable Logic Controller,PLC)具有下列特点：

1) 可靠性

与继电器逻辑控制系统相比较,PLC的可靠性大幅度提高,主要表现在：

(1) PLC不需要大量的活动部件和电子元器件,它的接线也大大减少。系统的维修简单、维修时间缩短,因此可靠性得到提高。

(2) PLC采用了一系列可靠性设计的方法进行设计,例如冗余设计、掉电保护、故障诊断和信息保护及恢复等,使可靠性也得到了提高。

(3) PLC的编程简单、操作方便、维修容易,因此对操作和维修人员的技能要求降低,容易学习和掌握,不容易发生操作的失误,可靠性高。

与通用的计算机控制系统相比较,PLC的可靠性提高,主要表现在：

(1) PLC是为工业生产过程控制而专门设计的控制装置,它具有比通用计算机控制系统更简单的编程语言和更可靠的硬件。

(2) 在PLC的硬件设计方面,采用了一系列提高可靠性的措施。

(3) 在PLC的软件设计方面,也采取了一系列提高系统可靠性的措施。

2) 易操作性

PLC的易操作性表现在：

(1) 操作方便,对PLC的操作包括程序输入的操作和程序更改的操作。

(2) 编程方便,PLC有多种程序设计语言可供使用。

(3) 维修方便,PLC所具有的自诊断功能对维修人员维修技能的要求降低了。

3) 灵活性

PLC的灵活性表现在：

(1) 编程的灵活性。PLC采用的编程语言有梯形图、布尔助记符、功能表图、功能模块图和语句描述编程语言,只要掌握其中一种语言就可以进行编程。

(2) 扩展的灵活性。各个模块都有扩展的端口,可以灵活地使用。

(3) 操作的灵活性。操作的灵活性是指设计的工作量大大减少,编程的工作量和安装施工的工作量大大减少,操作十分灵活方便,监视和控制变得容易。

**3. 可编程控制器的发展趋势**

目前,根据现在的PLC应用,其发展趋势有下列几种：

1) 大型PLC向高速度、多级分布控制方向发展

大型的PLC采用多微处理器系统,有的还采用32位微处理器,可同时进行多任务操作,如由一个CPU分管逻辑运算及专用的功能指令,另一个CPU专与输入输出模块通信,还可单独用一个CPU作故障处理及诊断等,这增加了可编程控制器的工作速度及功能。

采用多种多功能编程语言和先进指令系统,增加了过程控制和数据处理的功能,如多PID回路和用户组态模拟、报警编程、数据文件传送、浮点运算等。

采用多种多功能编程语言和先进指令系统,提高了联网通信能力,实现PLC与PLC之间、PLC与计算机之间的通信网络,构成由计算机集中管理,用PLC进行分散控制的集散控制管理系统。

2) 小型PLC向高度集成化、高可靠性方向发展

小型、微型的PLC(I/O总数小于128点)具有更高度集成化的微处理器,除应具有开关

型逻辑控制、定时器、计数器、逻辑运算功能外，还应具有处理模拟量 I/O，增加字运算的功能。

单片可编程控制器同时也需增加通信功能，能与其他 PLC、调速装置、智能现场设备和各种网络连接，并和个人计算机连接，构成分布式控制系统。

3）向高开放性方向发展

PLC 的软、硬件体系结构通常是封闭的而不是开放的，绝大多数的 PLC 是专用总线、专用通信网络及协议，编程虽多为梯形图，但各公司的组态、寻址、语句结构不一致，使各种 PLC 互不兼容。

国际电工协会(IEC)在 1992 年颁布了《可编程控制器的编程软件标准》(IEC 1131—3)，为各 PLC 厂家编程的标准化铺平了道路。

4）向智能化、网络化方向发展

为满足各种控制系统的要求，出现了许多智能功能模块，如高速计数模块、温度控制模块、远程 I/O 模块、通信和人机接口模块等。计算机与 PLC 之间，以及各个 PLC 之间的联网和通信能力也不断增加，使工业网络可以有效节省资源、降低成本、提高系统的可靠性和灵活性。

而且工业控制中普遍采用金字塔结构的多级工业网络，适用于 PLC 硬件技术。并随着工业软件的迅速发展，已经可以通过 PLC 本身的软硬件实现内部故障的检测、处理。众多厂家均开始致力于研制、发展用于检测外部故障的专用功能模块，以进一步提高系统的可靠性。

# 第1章

# 电气控制基础

随着自动控制技术的发展,传统的以高低压电器为主的控制方式,虽然已经逐渐被集散控制系统(DCS)、可编程控制系统(PLC)、嵌入式控制系统(ECS)等所替代,但是,掌握低压电器的知识和继电器控制技术也是有效运用 DCS、PLC、ECS 等先进控制设备所必需的。本章介绍了常用低压电器的结构、工作原理、用途、型号及符号等知识,分析了三相异步电机典型控制线路,帮助读者学会分析和设计电气控制线路的基本方法,为后续章节的学习打下基础。

## 1.1 常用的低压电器

### 1.1.1 低压电器概述

低压电器,通常指工作在交流 1200V 以下、直流 1500V 以下电路中的电器。低压电器能够依据操作信号或外界现场信号的要求,自动或手动地改变电路的状态、参数,实现对电路或被控对象的控制、保护、测量、指示与调节。

低压电器用途广泛,功能多样,种类繁多。下面是几种常用的低压电器分类。

**1. 低压电器按用途或控制对象划分**

(1) 低压配电电器  主要用于低压配电系统中,要求系统发生故障时准确动作、可靠工作,使电器不会被损坏。如刀开关、转换开关、熔断器、断路器等。

(2) 低压控制电器  主要用于电气传动系统中。要求寿命长、体积小、质量轻且动作迅速、准确、可靠。如接触器、继电器、启动器、主令电器等。

**2. 低压电器按动作方式划分**

(1) 自动切换电器  依靠自身参数的变化或外来信号的作用,自动完成接通或分断等动作。如接触器、继电器等。

(2) 非自动切换电器  主要是用外力(如人力)直接操作来进行切换的电器。如刀开关、转换开关、按钮等。

**3. 低压电器按执行功能划分**

(1) 有触点电器  有可分离的动触点、静触点,并利用触点的接通和分断来切换电路。

如接触器、刀开关、按钮等。

（2）无触点电器 无可分离的触点，主要利用电子元件的开关效应，即导通和截止来实现电路的通、断控制。如接近开关、霍尔开关、电子式时间继电器等。

**4. 低压电器按工作原理划分**

（1）电磁式电器 根据电磁感应原理来动作的电器。如交流、直流接触器，各种电磁式继电器等。

（2）非电量控制电器 依靠外力或某种非电物理量的变化而动作的电器，如刀开关、行程开关、按钮、速度继电器、温度继电器等。

常用的低压电器主要有：接触器、继电器、刀开关、断路器（空气自动开关）、转换开关、行程开关、按钮、熔断器等。

### 1.1.2 隔离器（刀开关）

低压隔离器是一种最常见的手动电器，又称闸刀，主要用于低压配电设备中隔离电源和小容量负载非频繁启动的操作开关。

低压刀开关结构图如图 1.1(a)所示，图形符号如 1.1(b)所示。带有熔断的刀开关称为熔断器式刀开关。刀开关按极数分为单极、双极和三极；按转换方式分为单投方式和双投方式。

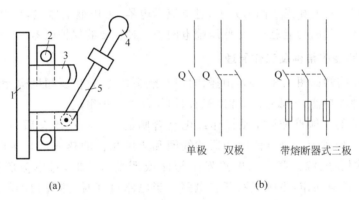

**图 1.1　低压刀开关的结构与图形符号**
1—绝缘底板；2,3—触刀插座；4—操作手柄；5—触刀
（a）一般刀开关结构；（b）刀开关的图形符号

刀开关型号及其含义如图 1.2 所示。主要技术参数包括：

（1）额定电流 长期通过的最大允许电流。

（2）额定电压 长期工作所承受的最大电压。

（3）机械寿命 刀开关在不带电的情况下所能承受的操作次数。

（4）电寿命 刀开关在额定电压下能可靠地分断额定电流的工作次数。

（5）短时耐受电流 当发生短路时，刀开关在指定时间内通以某一短路电流而未发生熔焊现象，则称该短路电流为短时耐受电流，通常时间为 1s。

（6）动态稳定电流峰值 当发生短路时，刀开关不产生变形、破坏或触刀自动弹出现象时的最大短路电流峰值。

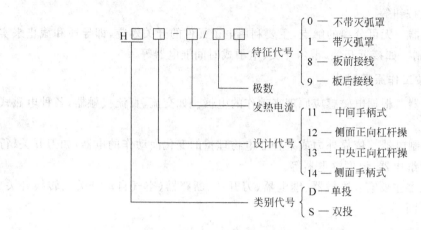

图 1.2　低压刀开关型号及其含义

### 1.1.3　断路器

低压断路器也称为自动空气开关,可用来接通和分断负载电路,也可用来控制不频繁启动的电动机。具有过载、短路、欠电压保护等多项保护功能,具有动作值可调、分断能力高、操作方便安全等优点。

低压断路器的功能相当于闸刀开关、过电流继电器、失压继电器、热继电器及漏电保护器等电器部分或全部的功能总和,是低压配电网中一种重要的保护电器。

**1. 低压断路器的结构及工作原理**

低压断路器结构如图 1.3 所示,由操作机构、触头系统、自由脱扣机构(由锁键、搭钩、杠杆等组成)、各种脱扣器、灭弧系统、辅助触头、框架及外壳等组成。

低压断路器的主触点是靠手动操作或电动合闸的。主触点闭合后,自由脱扣机构将主触点锁在合闸位置上。过电流脱扣器的线圈和热脱扣器的热元件与主电路串联,欠电压脱扣器的线圈和电源并联。当电路发生短路或严重过载时,过电流脱扣器的衔铁吸合,使自由脱扣机构动作,主触点断开主电路。当电路过载时,热脱扣器的热元件发热使双金属片向上弯曲,推动自由脱扣机构动作。当电路欠电压时,欠电压脱扣器的衔铁释放,使自由脱扣机构动作。分励脱扣器则作为远距离控制用,在正常工作时,其线圈是断电的,在需要远距离控制时,按下启动按钮,使线圈通电,衔铁带动自由脱扣机构动作,使主触点闭合。

低压断路器的主要参数包括:额定电压、额定绝缘电压、额定电流、极数、脱扣器类型及其额定电流、脱扣器的电流整定范围、辅助触头、额定分断能力等。其图形符号如图 1.4 所示。

**2. 低压断路器的常用类型**

(1)万能式低压断路器　万能式低压断路器具有绝缘衬底的框架机构底座,各部件皆采用敞开式组装方式,便于安装维护。它主要适用于配电网络,用来分配电能、保护线路和防止电源设备的过载、欠电压及短路。在正常条件下,它可作为线路的不频繁转换之用。

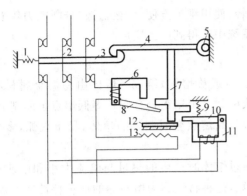

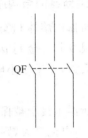

图 1.3　低压断路器结构示意图　　　　　图 1.4　低压断路器图形符号

1,9—弹簧；2—主触点；3—锁键；4—搭钩；5—轴；6—过电流脱扣器；
7—杠杆；8,10—衔铁；11—欠电压脱扣器；12—双金属片；13—热元件

（2）塑壳式低压断路器　塑壳式低压断路器的所有组件安装在绝缘材料制成的封闭型外壳内，可用于配电线路中接通或分断电路，作线路和电源设备的过载及短路保护之用；也可作电动机的不频繁启动和转换之用，作为电动机的启动及过载、短路、欠电压保护，如DZ5、DZ10、DZ15等型号的断路器。

（3）快速断路器　快速断路器具有快速动作和保护装置，用于半导体整流元件和装置的保护，如 DS 型的断路器。

（4）限流断路器　限流断路器利用电动斥力使动、静触点迅速分离，其分断时间短到足以使电流在尚未达到预期峰值前即被分断。它主要用于短路电流相当大的电路中，如DZX10、DWX15等型号的断路器。

**3. 低压断路器的选用**

低压断路器的选用应考虑以下条件：

（1）根据线路对保护的要求确定断路器的类型和保护形式，确定选用框架式、装置式或限流方式等。

（2）断路器的额定电压应等于或大于被保护线路的额定电压。

（3）断路器欠电压脱扣器额定电压应等于被保护线路的额定电压。

（4）断路器的额定电流及过流脱扣器的额定电流应大于或等于被保护线路的计算电流。

（5）断路器的极限分断能力应大于线路的最大短路电流的有效值。

（6）配电线路的上、下级断路器的保护特性应协调配合，下级的保护特性应位于上级保护特性的下方且不相交，避免越级跳闸现象。

（7）断路器的长延时脱扣电流应小于导线允许的持续电流。

## 1.1.4　熔断器

熔断器是低压配电系统和电力拖动系统中过载和短路保护作用的电器。使用时，熔体串接于被保护的电路中，当流过熔断器的电流大于规定值时，以其自身产生的热量使熔体熔断，从而自动切断电路，实现过载和短路保护。

熔断器具有结构简单、体积小、质量轻、使用维护方便、价格低廉、分断能力较强、限流能力良好等优点,因此在强电系统和弱电系统中都得到广泛应用。

**1. 熔断器的结构原理及分类**

熔断器由熔体和安装熔体的绝缘底座(或称熔管)组成。熔体由易熔金属材料铅、锌、锡、铜、银及其合金制成,形状常为丝状或网状。由铅锡合金和锌等低熔点金属制成的熔体,因不易灭弧,多用于小电流电路;由铜、银等高熔点金属制成的熔体,易于灭弧,多用于大电流电路。

熔断器串接于被保护电路中,电流通过熔体时产生的热量与电流大小和电流通过的时间成正比,电流越大,则熔体熔断时间越短,这种特性称为熔断器的保护特性或安秒特性。

熔断器按结构分为开启式、半封闭式和封闭式;按有无填料分为有填料式、无填料式;按用途分为工业用熔断器、保护半导体器件熔断器及自复式熔断器等。

**2. 熔断器的主要技术参数**

熔断器主要技术参数包括额定电压、熔体额定电流、熔断器额定电流、极限分断能力等,其值一般等于或大于电气设备的额定值。

(1) 额定电压　指保证熔断器能长期正常工作的电压。

(2) 熔体额定电流　指熔体长期通过而不会熔断的电流。

(3) 熔断器额定电流　指保证熔断器(指绝缘底座)能长期正常工作的电流。

应该注意的是使用过程中,熔断器的额定电流应大于或等于所装熔体的额定电流。

(4) 极限分断能力　指熔断器在额定电压下所能开断的最大短路电流。在电路中出现最大电流一般是指短路电流值。所以,极限分断能力也反映了熔断器分断短路电流的能力。

**3. 常用的熔断器**

(1) 插入式熔断器　插入式熔断器如图1.5所示,常用产品有RC1A系列,主要用于低压分支电路的短路保护,因其分断能力较小,多用于照明电路中。

(2) 螺旋式熔断器　螺旋式熔断器如图1.6所示,常用产品有RL6、RL7、RLS2等系列,该系列产品的熔管内装有石英砂,用于熄灭电弧,分断能力强。熔体上的上端盖有一熔断指示器,一旦熔体熔断,指示器马上弹出,可透过瓷帽上的玻璃孔观察到。其中RL6、RL7多用于机床配电电路中;RL8为快速熔断器,主要用于保护半导体元件。

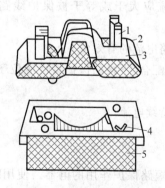

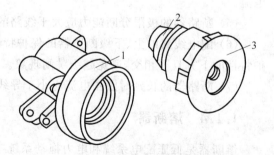

图1.5　插入式熔断器

1—动触点;2—熔体;3—瓷插件;4—静触点;5—瓷座

图1.6　螺旋式熔断器

1—底座;2—熔体;3—瓷帽

（3）封闭管式熔断器 该熔断器分为无填料管式(图 1.7)、有填料管式(图 1.8)和快速熔断器三种。常用产品有 RM10、RT12、RT14、RT15、RS3 等系列。其中,RM10 为无填料的,常用于低压电力网或成套配电设备中;RT12、RT13、RT14 系列为有填料的熔断器,填料为石英砂,用来冷却和熄灭电弧,常用于大容量电力网或配电设备中。RS2 系列为快速熔断器,主要用于保护半导体元件。

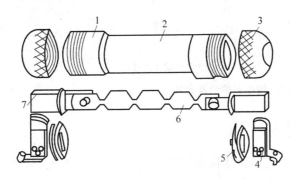

**图 1.7 无填料封闭管式熔断器**
1—钢圈；2—熔断管；3—管帽；4—插座；5—特殊垫圈；6—熔体；7—熔片

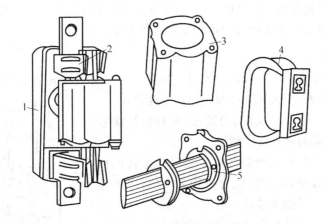

**图 1.8 有填料封闭管式熔断器**
1—瓷底座；2—弹簧片；3—管体；4—绝缘手柄；5—熔体

### 4. 其他类型的熔断器

（1）自复式熔断器 利用金属钠作熔体,在常温下具有高电导率,允许通过正常工作电流。当电路发生短路故障时,短路电流产生高温使金属钠迅速汽化、气态钠呈现高阻态,从而限制了短路电流。当故障消除后,温度下降,金属钠重新固化,恢复其良好的导电性。其优点是不必更换熔体,能重复使用,但由于只能限流而不能切断故障电路,故一般与断路器配合使用。常用产品有 RZ1 系列。

（2）高分断能力熔断器 根据德国 AGC 公司制造技术标准生产的 NT 型系列产品为低压高分断能力熔断器,额定电压 660V,额定电流 1000A,分断能力可达 120kA,适用于工业电气设备、配电装置的过载和短路保护。NGT 型熔断器可作为半导体器件保护。

### 5. 熔断器型号及电气符号

熔断器型号及含义如图 1.9 所示,熔断器电气符号如图 1.10 所示。

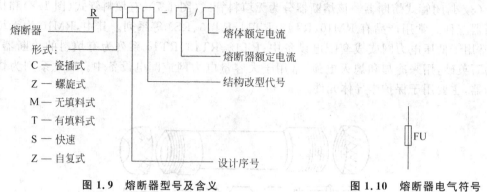

图 1.9　熔断器型号及含义　　　　图 1.10　熔断器电气符号

### 1.1.5　接触器

接触器是用于远距离频繁地接通与断开交直流主电路及大容量控制电路的一种自动切换电器。其主要控制对象是电动机,也可以用于控制其他电力负载、电热器、电照明、电焊机与电容器组等。接触器具有操作频率高、使用寿命长、工作可靠、性能稳定、维护方便等优点,同时还具有低电压释放保护功能,在电力拖动自动控制系统中被广泛应用。按控制电流性质不同,接触器分为交流接触器和直流接触器两大类。

**1. 交流接触器**

交流接触器是最常用的一种自动开关。如图 1.11 所示为交流接触器结构示意图,它主要由电磁系统、触点系统、灭弧装置和其他部件等组成。

(1)电磁系统　由吸引线圈、动铁芯(衔铁)、静铁芯组成。主要完成电能向机械能的转换。

(2)触点系统　交流接触器触点系统包括主触点和辅助触点。主触点接触面积大,能通过较大电流,用于通断主电路。辅助触点只能通过较小电流,一般不超过 5A,用于控制辅助电路。主触点容量大,有三对或四对常开触点;辅助触点容量小,通常有两对常开、常闭触点。

(3)灭弧装置　容量在 10A 以上的接触器都有灭弧装置,对于小容量的接触器,常采用双断口桥形触点以利灭弧,其上有陶土灭弧罩。对于大容量的接触器常采用纵缝灭弧罩及栅片灭弧结构。

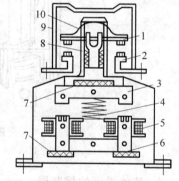

图 1.11　交流接触器结构示意图

1—动触点;2—静触点;3—衔铁;
4—缓冲弹簧;5—电磁线圈;6—铁芯;
7—垫毡;8—触点弹簧;
9—灭弧罩;10—触点压力簧片

(4)其他部件　包括反作用弹簧、缓冲弹簧、触点压力弹簧、传动机构及接线端子、外壳等。

电磁式接触器的工作原理如下:线圈通电后,在铁芯中产生磁通及电磁吸力。此电磁吸力克服弹簧反力使得衔铁吸合,带动触点机构动作,常闭触点打开,常开触点闭合。线圈失电或线圈两端电压显著降低时,电磁吸力小于弹簧反力,使得衔铁释放,触点机构复位。

**2. 直流接触器**

直流接触器主要用来远距离接通和分断直流电路。直流接触器的结构和工作原理与交流接触器类似。由于直流电弧比交流电弧难以熄灭,直流接触器常采用磁吹式灭弧装置灭弧。

**3. 接触器的主要技术参数**

接触器的主要技术参数有额定电压、额定电流、寿命、操作频率等。

(1)额定电压 是指接触器主触点的额定电压。一般情况下,交流有 220V、380V、660V,在特殊场合额定电压可高达 1140V;直流主要有 110V、220V、44V 等。

(2)额定电流 是指接触器主触点的额定工作电流。它是一定的条件(额定电压、使用类别和操作频率等)下规定的,目前常用的电流等级为 10~800A。

(3)吸引线圈的额定电压 交流有 36V、127V、220V 和 380V。直流有 24V、48V、220V 和 440V。

(4)机械寿命和电气寿命 接触器的机械寿命一般可达数百万次以至一千万次;电气寿命一般是机械寿命的 5%~20%。

(5)线圈消耗功率 可分为启动功率和吸持功率。对于直流接触器,两者相等,对于交流接触器,一般启动功率为吸持功率的 5~8 倍。

(6)额定操作频率 接触器的额定操作频率是指每小时允许的操作次数,一般为 300 次/h、600 次/h、1200 次/h。

(7)动作值 是指接触器的吸合电压和释放电压。规定接触器的吸合电压大于线圈额定电压的 85% 时应可靠吸合,释放电压不高于线圈额定电压的 70%。

**4. 接触器的常用型号及电气符号**

常用的交流接触器有 CJ10、CJ12、CJ10X、CJX2、CJX1、3TB、3TD、LC1-D、LC2-D 等系列。交流接触器型号含义如图 1.12 所示,直流接触器型号含义如图 1.13 所示。

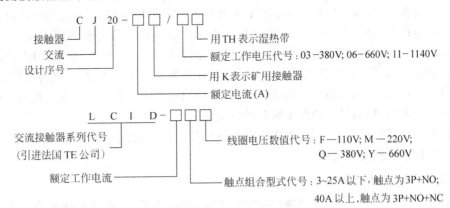

**图 1.12 交流接触器型号含义**

图 1.12 中,3P 表示 3 对主触点;NO、NC 表示 1 对常开、常闭触点。

交、直流接触器图形符号如图 1.14 所示。

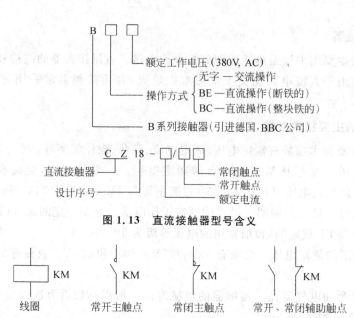

图 1.13　直流接触器型号含义

图 1.14　接触器图形符号

### 5. 接触器的选择

接触器是控制功能较强、应用广泛的自动切换电器,其额定工作电流或额定功率是随使用条件及控制对象的不同而变化的,选用时应根据具体使用条件正确选择。

主要考虑以下几个方面:根据负载性质选择接触器类型;额定电压应不小于主电路工作电压;额定电流应不小于被控电路额定电流,对于电动机负载还应根据其运行方式适当增减;吸引线圈的额定电压与频率与所控制电路的选用电压、频率相一致。

## 1.1.6　继电器

继电器是在控制、保护电路中起信号转换作用的一种低压控制电器,适用于接通和分断交直流小容量控制电路。它在电气控制系统中用途广泛。继电器一般都由输入电路、输出电路、中间机构三部分组成。输入电路,能反映一定输入变量(如电流、电压、功率、温度、压力、速度、频率、计数等)的感应元件;输出电路,能对被控对象进行通、断控制的执行元件;中间机构,用于解决输入和输出之间的电气隔离、比较判断和信号放大等问题。当输入量的变化达到一定程度时,输出量才会发生阶跃性的变化。

常用的继电器有电压继电器、电流继电器、中间继电器、时间继电器、速度继电器、压力继电器、热继电器、温度继电器等。

### 1. 普通电磁式继电器

电磁式继电器的机构、工作原理与接触器类似,由电磁系统、触头系统组成。由于继电器主要用于控制回路,电流容量、触头体积都很小,不设灭弧装置,同时为了方便实现控制,触点数量通常都比较多。电磁式继电器的图形符号如图 1.15 所示。

1) 电压继电器

电压继电器是根据输入电压大小而动作的继电器,常用于电压保护和控制,分为过电压继电器和欠电压继电器。在线路中,电压继电器的线圈应与负载并联。

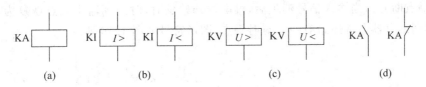

**图 1.15 电磁式继电器的图形符号**

(a) 线圈一般符号；(b) 电流继电器线圈；(c) 电压继电器线圈；(d) 触点

过电压继电器线圈在额定电压下不吸合，当线圈电压达到高于负载额定电压的某一设定值时产生吸合动作。在正常工作电压下，继电器处于释放状态，其常闭触点闭合，故在保护电路中通常利用其常闭触点实现控制功能。

欠电压继电器则是当线圈电压低于负载额定电压的某一设定值时产生释放动作。在正常工作电压下，继电器处于吸合状态，其常开触点闭合，故在保护电路中通常利用其常开触点实现控制功能。当欠电压继电器的设定值低于额定电压的 25% 时，也称其为零压继电器，保护措施称为失电压保护。

2）电流继电器

电流继电器是根据输入线圈电流大小而动作的继电器，常用于电流保护和控制，分为过电流继电器和欠电流继电器。在线路中电流继电器的线圈应与负载串联。

过电流继电器在正常工作电流下，不会产生吸合动作，当负载电流大于整定值时，产生吸合动作。正常工作电流时继电器处于释放状态，其常闭触点闭合，故在保护电路中通常利用其常闭触点实现控制功能。

欠电流继电器则是当线圈通过的电流低于负载额定电流的某一设定值时产生释放动作。正常工作时继电器处于吸合状态，其常开触点闭合，故在保护电路中通常利用其常开触点实现控制功能。

选用电压继电器和电流继电器时应注意，线圈电流的种类和电压等级应与负载电路一致，应正确选择控制类型、触点类型和触点数量。

3）中间继电器

中间继电器可以完成信息保存、信息传递、隔离放大等作用，可以扩大触点数量及触点容量，提高信息的使用率和接通能力。它实质上是一种电磁式电压继电器。

电磁式继电器的型号、规格很多，使用过程中应结合设计要求，参照产品手册中继电器参数说明选择。

**2. 时间继电器**

时间继电器是一种利用电磁原理或机械动作原理实现触点延时接通或断开的自动控制电器，可以用来进行时间控制。常用的有电磁式、空气阻尼式、电动机式、半导体式、数字式等类型。

时间继电器的延时方式有两种：通电延时和断电延时。

通电延时是指当继电器获得输入信号后（输入线圈通电）开始延时，延时时间到后输出触点才动作（输出常开触点接通、常闭触点断开），输入信号如果维持不变，输出保持有效，直到输入信号消失，输出触点恢复动作前的状态。

断电延时则是在获得输入信号后（输入线圈通电），输出触点立即动作（输出常开触点接通、常闭触点断开),当输入信号消失后,继电器开始延时,时间到输出触点恢复为动作前的状态。时间继电器通常还带有一对瞬时触点,图形符号如图 1.16 所示。

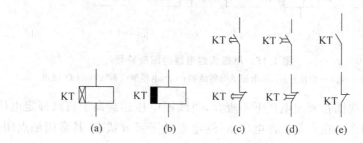

**图 1.16　时间继电器的图形符号**

(a) 通电延时线圈;(b) 断电延时线圈;(c) 通电延时常开、常闭触点;
(d) 断电延时常开、常闭触点;(e) 瞬时动作常开、常闭触点

### 3. 热继电器

热继电器是利用电流通过发热元件时产生的热量,使双金属片受热弯曲而推动机构动作的一种低压电器,即是利用电流的热效应而动作的电器。它作为一种保护电器,专门用于电动机的过载及断相保护。

1) 热继电器的结构与工作原理

双金属片热继电器主要由发热元件、双金属片、脱钩机构和常用触头等构成,结构原理如图 1.17 所示。热元件由发热电阻丝做成。双金属片是采用两种线膨胀系数不同的金属片复合制成的,其中一端被固定,另一端为自由端,受热后会发生弯曲。

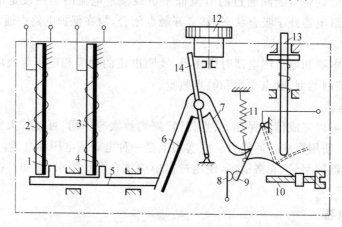

**图 1.17　双金属片热继电器结构示意图**

1,4—主双金属片;2,3—热元件;5—导板;6—温度补偿片;7—推杆;8—静触点;
9—动触点;10—复位螺钉;11—弹簧;12—调节旋钮;13—手动复位按钮;14—支撑杆

在实际应用中,把热元件串接于电动机的主电路中,而常闭触点串接于电动机控制电路中。电动机正常运行时产生的热量使双金属片弯曲变形的位移不足以使热继电器触点动作。当电动机过载时,双金属片弯曲位移增大,推动导板使常闭触点断开,切断电动机控制回路,从而实现电动机的过载保护。

热继电器动作后,经一段时间冷却自动复位或经手动复位。其动作电流的调节可通过旋转凸轮旋钮于不同位置来实现。

图 1.17 中,热元件 3 串接在电动机定子绕组线路中,电动机绕组电流即流经热元件。当电动机正常运行时,热元件受热使双金属片发生弯曲但不足以使常闭触点 8、9 分离;当电动机过载时,热元件在过载电流作用下,热量增大,一定时间后,双金属片受热弯曲产生的位移推动导板 5,并通过温度补偿片 6 与推杆 7 的连动,使串接在接触器控制电路上的热继电器常闭触点 8、9 断开,从而分断接触器主触点回路,电动机电源切断并得以保护。在热继电器结构中,调节旋钮 12 是一个偏心轮,它可以调整主双金属片 1、4 和导板 5 的接触距离,从而达到调节整定动作电流值的目的。复位螺钉 10 可以调节常开触点 9 的位置,使热继电器能工作在手动复位和自动复位两种状态。手动复位按钮 13 则是用来在故障排除后手动恢复触点 8、9 的常闭状态。

在普通热继电器的基础上增加一个差动机构,对三个流经热元件的电流进行比较,就可实现电动机的缺相保护,这在三角形连接的电动机控制电路中必须注意。热继电器的图形符号如图 1.18 所示。

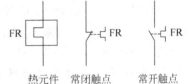

热元件　常闭触点　常开触点

**图 1.18　热继电器的图形符号**

2) 热继电器的选用

热继电器选用时通常应按电动机形式、工作环境、启动情况、负载情况等因素加以综合考虑。

(1) 热继电器的热元件额定电流按电动机额定电流选择,但对过载能力较差的电机,热元件的额定电流应适当小些,为电动机额定电流的 60%~80%。

(2) 根据电动机定子绕组连接方式确定热继电器是否要进行缺相运行保护。

(3) 根据电动机实际运行情况,确保热继电器在电动机启动过程中不会误动作。对于不频繁启动的场合,可按电动机的额定电流选取热继电器;对于重复短时工作的场合,要特别注意热继电器的允许操作频率。

(4) 对于频繁正反转和频繁启制动工作的电动机,不宜采用热继电器。

**4. 固态继电器**

固态继电器是一种新型无触点继电器。它是随着微电子技术的不断发展产生的以弱电控制强电的新型电子器件。同时又为强、弱电之间提供了良好的隔离,从而确保电子电路和人身的安全。

固态继电器为四端器件,其中两个为输入端,两个为输出端,中间采用隔离元件,实现输入、输出的电隔离。固态继电器按负载电源类型不同分为直流型、交流型固态继电器。其中,直流型以晶体管作为开关元件,交流型则以晶闸管作为开关元件。固态继电器按隔离方式不同可分为光电耦合隔离、磁隔离。固态继电器按控制触发信号不同可分为过零型和非过零型,有源触发型和无源触发型。

如图 1.19 所示为光电耦合式固态继电器电路原理图。工作原理为:当无输入信号时,发光二极管 $VD_2$ 不发光,光敏三极管 $V_3$ 截止,此时三极管 $V_4$ 导通,晶闸管 $VT_1$ 关断。当有输入信号时,$VD_2$ 导通发光,$V_3$ 导通,$V_4$ 截止,若电源电压大于过零电压(约 ±25V),A 点电压大于三极管 $V_5$ 的发射结压降(0.2V 或 0.7V),$V_5$ 导通,$VT_1$ 仍关断截止,固态继电器的输出端因为双向晶闸管 $VT_2$ 的控制端无触发信号而关断。若电源电压小于过零电

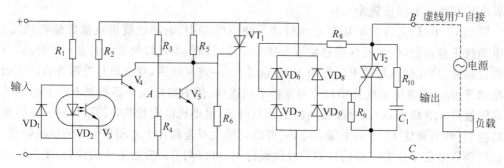

**图 1.19　光电耦合式固态继电器电路原理图**

压, $A$ 点电压小于三极管 $V_5$ 的发射结压降, $V_5$ 截止, $VT_1$ 控制端经 $R_5$、$R_6$ 分压获触发信号, $VT_1$ 导通, $VT_2$ 控制端获得由电源→ $R_8$ → $VD_6$ → $VT_1$ → $VD_9$ → $R_9$ →负载的通路和电源→负载→ $R_9$ → $VD_8$ → $VT_1$ → $VD_7$ → $R_8$ →电源的通路产生的正反两个方向的触发脉冲, 使 $VT_2$ 导通, 则输出端 $B$、$C$ 两点导通, 接通负载电路。若输入信号消失, $V_1$ 导通, $VT_1$ 关断,

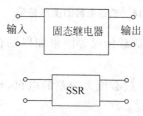

**图 1.20　固态继电器的图形和文字符号**

但 $VT_2$ 仍保持导通状态, 直到负载电流随电源电压的减小下降至双向晶闸管维持电流以下而关断, 从而切断负载电路。固态继电器的图形和文字符号如图 1.20 所示。

固态继电器的输入电压、电流均不大, 但能控制强电压、大电流电路。它与晶体管、TTL、COMS 电子线路有较好的兼容性, 可直接与弱电控制回路(如计算机接口电路)连接。常用的产品有 DJ 型系列固态继电器。

使用固体继电器时应注意: ①固态继电器的选择应根据负载类型(阻性、感性)来确定, 并要采用有效的过电压吸收保护; ②输出端要采用 RC 浪涌吸收回路或加非线性压敏电阻吸收瞬变电压; ③过电流保护采用专门保护半导体器件的熔断器或用动作时间小于 10ms 的自动开关; ④安装时采用散热器, 要求接触良好, 且对地绝缘; ⑤应避免负载侧两端短路。

### 1.1.7　主令电器

主令电器是用来接通和分断控制电路以发号施令, 或对生产过程作程序控制的开关电器。常见的主令电器有控制按钮(简称按钮)、行程开关、接近开关、万能转换开关和主令控制器等。

**1. 按钮**

按钮是一种手动且可以自动复位的主令电器, 其结构简单, 控制方便, 在低压控制电路中得到广泛应用。

1) 按钮的结构、种类及常用型号

按钮是由按钮帽、复位弹簧、桥式触点和外壳等组成。其结构如图 1.21 所示。触点采用桥式触点, 触点额定电流在 5A 以下, 分为常开触点(动断触点)、常闭触点(动合触点)两种。在外力作用下, 常闭触点先断开, 常开

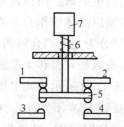

**图 1.21　按钮结构示意图**

1,2—常闭触点; 3,4—常开触点;
5—桥式触点; 6—复位弹簧; 7—按钮帽

触点后闭合;复位时,常开触点先断开,常闭触点后闭合。

按用途和结构的不同有"启动"按钮、"停止"按钮和"复位"按钮等。按使用场合和作用不同,通常将按钮帽做成红、绿、黄、蓝、白、灰等颜色,GB 5226 对按钮颜色作如下规定:"停止"和"急停"按钮必须是红色;"启动"按钮的颜色为绿色;"启动"与"停止"交替动作的按钮必须是黑白、白色或灰色;"点动"按钮必须是黑色;"复位"按钮必须是蓝色(如保护继电器的"复位"按钮)。

2) 按钮的型号含义和电气符号

按钮常见型号有 LA18、LA19、LA20、LA25 和 LAY3 系列。按钮的型号含义如图 1.22 所示,结构代号有:K—开启式;S—防水式;J—紧急式(红色,突出);X—旋钮式;H—保护式;F—防腐式;Y—钥匙式;D—带灯式。按钮的电气符号表示如图 1.23 所示。

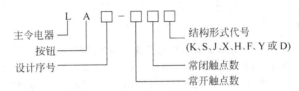

图 1.22　按钮的型号含义

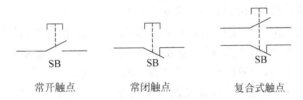

图 1.23　按钮的图形符号及文字符号

3) 按钮的选择原则

根据使用场合,选择控制按钮的种类,如开启式、防水式、防腐式等;根据用途,选用合适的型式,如钥匙式、紧急式、带灯式等;按控制回路的需要,确定不同按钮数,如单钮、双钮、三钮、多钮等;按工作状态指示和工作情况的要求,选择按钮及指示灯的颜色。

**2. 位置开关**

位置开关主要用于将机械位移变为电信号,以实现对机械运动的电气控制。位置开关又称行程开关或限位开关。按运动形式,位置开关可分为直动式、转动式、微动式;按触点的性质,位置开关分为有触点式和无触点式。

1) 行程开关

行程开关主要用于检测工作机械的位置,发出命令以控制其运动方向或行程。

如图 1.24 所示为行程开关的结构示意图,主要由操作机构、触点系统和外壳等组成。行程开关的工作原理和按钮相同,只是它不靠手的按压,而是利用生产机械运动部件中挡铁的碰压,使触点动作。

常用的行程开关有 LX19、LXW5、LXK3、LX32、LX33 等系列。其中,LXP1 系列行程开关额定工作电压为 500V,额定电流为 10A,其机械、电气寿命比常见行程开关更长。

2) 接近开关

接近开关是一种无触点行程开关,当运动的金属片与开关接近到一定距离时发出接近信号,以不直接接触方式进行控制。接近开关不仅用于行程控制、限位保护等,还可用于高

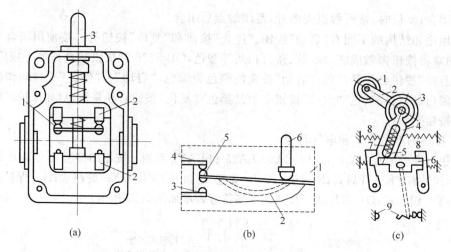

**图 1.24　行程开关结构示意图**

(a) 直动式行程开关；(b) 微动式行程开关；(c) 滚轮旋转式行程开关；

(a) 1—动触点；2—静触点；3—推杆；(b) 1—壳体；2—弓簧片；3—常开触点；4—常闭触点；5—动触点；6—推杆；
(c) 1—滚轮；2—上转臂；3—弓形弹簧；4—推杆；5—小滚轮；6—压板；7,8—弹簧；9—动、静触点

速计数、测速、检测零件尺寸、液面控制、检测金属体的存在等。

接近开关的特点是工作稳定可靠、寿命长、重复定位精度高等，其主要技术参数有：工作电压、输出电流、动作距离、重复精度及工作响应频率等。主要系列型号有 U2（ABB 产品）、LJ6、LXJ6、LXJ18 和 3SG（SIEMENS 产品）、LXT3 等。

3) 行程开关及接近开关的型号含义及电气符号

行程开关的型号含义如图 1.25 所示，接近开关的型号含义如图 1.26 所示。

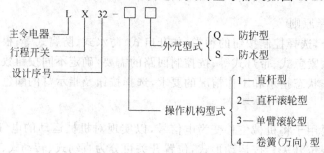

**图 1.25　行程开关的型号含义**

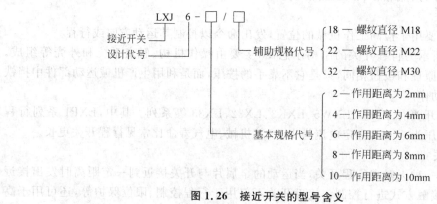

**图 1.26　接近开关的型号含义**

行程开关及接近开关的电气符号表示如图 1.27 所示。

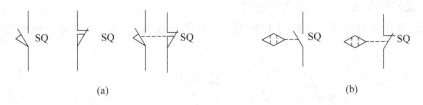

**图 1.27 行程开关及接近开关的电气符号**

(a) 行程开关电气符号；(b) 电子接近开关电气符号

4) 行程开关的选择

实际应用中,行程开关的选择主要从以下几方面考虑:

(1) 根据应用场合及控制对象选择;

(2) 根据安装环境选择防护型式,如开启式或保护式;

(3) 根据控制回路的电压和电流选择行程开关系列;

(4) 根据机械运动和行程开关的传力与位移关系选择合适的头部型式。

5) 接近开关的选择

接近开关的正确选择主要从以下几方面考虑:

(1) 用于工作频率高,可靠性及精度要求均较高的场合;

(2) 按应答距离要求选择型号、规格;

(3) 按输出的触点型式(有触点、无触点)及触点数量,选择合适的输出型式。

**3. 万能转换开关**

万能转换开关是一种多挡位、多触点、能够控制多回路的主令电器。可用于控制高压油断路器、空气断路器等操作机构的分合闸,各种配电设备中线路的换接、遥控和电流表、电压表的换相测量等;也可用于控制小容量电动机的启动、换向、调速。因其控制线路多、用途广泛,称为万能转换开关。

1) 万能转换开关结构原理

如图 1.28 所示,为 LW6 系列转换开关中某一层的结构原理示意图。

LW6 系列万能转换开关由操作机构、面板、手柄及触点座等主要部件组成,操作位置有 2~12 个,触点底座有 1~10 层,每层底座均可装三对触点,每层凸轮均可做成不同形状,当手柄转动到不同位置时,通过凸轮的作用,可使各对触点按所需要的规律按通和分断。这种开关可以组成数百种线路方案,以适应各种复杂要求。

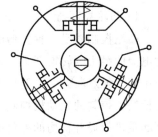

**图 1.28 万能转换开关单层结构示意图**

2) 常用型号

万能转换开关常用型号有 LW2、LW5、LW6 系列,其中,LW2 系列用于高压断路器操作回路的控制,LW5、LW6 系列多用于电力拖动系统中对线路或电动机实行控制,LW6 系列还可装成双列型式,列与列之间用齿轮啮合,并由同一手柄操作,此种开关最多可装 60 对触点。

　　3）万能转换开关的型号含义及电气符号

　　万能转换开关的型号含义如图 1.29 所示,万能转换开关的电气符号及通断表如图 1.30 所示。

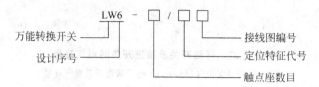

**图 1.29　万能转换开关的型号含义**

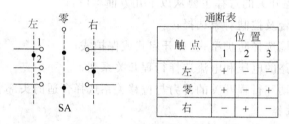

| 触点 | 位置 | | |
|---|---|---|---|
| | 1 | 2 | 3 |
| 左 | + | − | − |
| 零 | + | − | + |
| 右 | − | + | − |

**图 1.30　万能转换开关的电气符号及通断表**

　　4）万能转换开关的选择

　　万能转换开关的选择主要有下列要求:

　　(1) 按额定电压和工作电流选用合适的万能转换开关系列;

　　(2) 按操作需要选定手柄型式和定位特征;

　　(3) 按控制要求参照转换开关样本确定触点数量和接线图编号;

　　(4) 选择面板型式及标志。

### 4. 凸轮控制器与主令控制器

　　1）凸轮控制器

　　凸轮控制器是一种大型的、多挡位、多触点,利用手动操作,转动凸轮去接通和分断通过大电流的触头的转换开关。如图 1.31 所示,凸轮控制器手动旋转凸轮,在大轮时触点闭合,在小轮时触点断开。主要用于直接操作与控制电动机的正反转、调速、启动与停止。应用凸轮控制器控制的电动机控制电路简单,维修方便,广泛用于中、小型起重机的平移机构和小型起重机的提升机构的控制中。

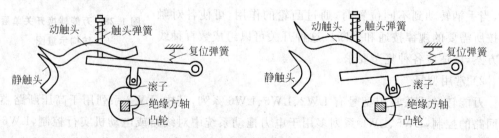

**图 1.31　凸轮控制器原理图**

2）主令控制器

主令控制器动作原理与万能转换开关相同,都是靠凸轮来控制触头系统的关合。但与万能转换开关相比,它的触点容量大些,操纵挡位也较多。当电动机容量较大、工作繁重、操作频率、调速性能要求较高时,通常采用主令控制器来控制。

用主令控制器的触点来控制接触器,再由接触器来控制电动机,从而触点容量可大大减小,操作更为轻便。

主令控制器是用以频繁切换复杂的多回路控制电路的主令电器。主要用作起重机、轧钢机及其他生产机械磁力控制盘的主令控制。

## 1.2 电气控制电路图的基本知识

电气控制线路是由各种有触点电器,如继电器、接触器、行程开关、按钮等组成的具有一定功能的控制电路。为了表达电气控制线路的组成、工作原理及安装、调试、维修等技术要求,需要用统一的工程语言即用工程图的形式来表示,这种图就是电气控制系统图。

电气控制系统图是由图形符号按一定的要求连接而成的。为了达到规范性,原国家标准参照国际电工委员会(IEC)颁布的有关文件,在《电气图形符号》标准中规定了各类电器图形符号、符号要求和限定符号,以及其他常用符号。

电气控制系统图中各电器接线端子用字母数字符号标记:三相交流电源引入线用 $L_1$、$L_2$、$L_3$、N、PE 标记;直流系统的电源正、负、中间线分别用 $L+$、$L-$、M 标记;三相动力电器引出线分别按 U、V、W 顺序标记;三相感应电动机的绕组首端分别用 $U_1$、$V_1$、$W_1$ 标记,绕组尾端分别用 $U_2$、$V_2$、$W_2$ 标记,电动机绕组中间抽头分别用 $U_3$、$V_3$、$W_3$ 标记;对于数台电动机,其三相绕组接线端标以 1U、1V、1W,2U、2V、2W 等来区别;三相供电系统的导线与三相负荷之间有中间单元时,其相互连接线用字母 U、V、W 后面加数字来表示,且用从上至下由小至大的数字表示;控制电路各线号采用三位或三位以下的数字标志,其顺序一般为从左到右、从上到下,凡是被线圈、触点、电阻、电容等元件所间隔的接线端点,都应标以不同的线号。

电气控制系统图一般有三种:电气原理图、电气布置图、电气安装接线图。

### 1.2.1 电气原理图

电气原理图是根据电气控制原理绘制的,具有结构简单、层次分明、便于研究和分析线路工作原理的特性。在电气原理图中,只包括所有电气元件的导电部件和接线端点之间的相互关系,不按各电气元件的实际布置位置和实际接线情况来绘制,也不反映电气元件的大小。

下面以 CW6132 型车床的电气原理图(见图 1.32)为例,说明电气原理图绘制的基本规则和应注意的事项。

(1)原理图一般分为主电路和辅助电路两部分画出。主电路指从电源到电动机绕组的大电流通过的路径。辅助电路包括控制电路、照明电路、信号电路及保护电路等,由继电器的线圈和触点、接触器的线圈和辅助触点、按钮、照明灯、控制变压器等电气元件组成。通常

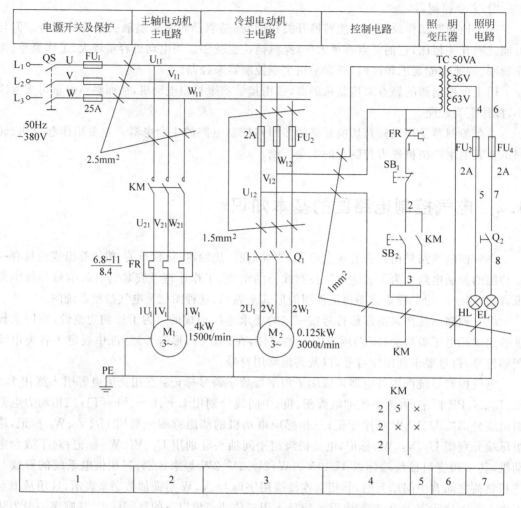

**图 1.32　CW6132 型车床电气原理图**

主电路画在左边;辅助电路画在右边。

(2) 各电气元件不画实际的外形图,而采用国家规定的统一标准来画。属于同一电器的各个部件和触点,都要采用同一电气符号表示。对同类型的电气,在同一电路中的表示可在文字符号后加注阿拉伯数字序号来区分。

(3) 各电气元件和部件在控制线路中的位置,应根据便于阅读的原则安排,同一电气元件的各部件根据需要可不画在一起,但文字符号要相同。

(4) 所有电器的触点状态,都应按未通电和没有外力作用时的初始状态表示。继电器、接触器的触点,应按线圈未通电时的状态表示;控制器按手柄处于零位时的状态表示;按钮、行程开关触点按不受外力作用时的状态表示等。

(5) 无论是主电路还是控制电路,各电气元件一般按动作顺序从上到下、从左到右依次排列,主电路一般以垂直布置。

(6) 有十字连接的导线连接点,要用黑圆点表示。

(7) 对电气原理图进行图区划分,以便检索电气线路及阅读分析,一般在电气原理图的下方进行数字编号；在电气原理图的上方标注用途，以利于理解整个电路的工作原理。

（8）各个电气符号的位置索引采用图号、页次和图区编号的组合索引法。电气原理图中，接触器和继电器线圈与触点的从属关系应用附图表示。即在原理图中相应线圈的下方，给出触点的图形符号，并在其下面注明相应触点的索引代号，对未使用的触点用"X"表明，有时也可采用省去触点图形符号的表示法。

（9）电气原理图中技术数据的标注，除在电气元件明细表中标明外，也可用小号字体注在某图形符号的旁边。

### 1.2.2　电气布置图

电气布置图，主要表明各种电气设备在机械设备上和电气控制柜中的实际安装位置，为机械电气控制设备的制造、安装、维护维修提供必要的资料。

各电气元件的安装位置是由机床的结构和工作要求决定的：电动机要和被拖动的机械部件在一起；行程开关应放在要取得信号的地方；操作元件要放在操作台等操作方便的地方；一般电气元件应放在控制柜内。

机床电气元件布置主要由机床电气设备布置图、控制柜及控制板电气设备布置图、操作台或操作箱电气设备布置图等组成。如图1.33所示为CW6132型车床电气布置图。

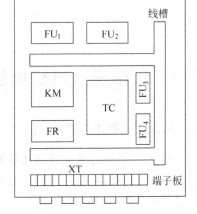

图1.33　CW6132型车床电气布置图

### 1.2.3　电气安装接线图

为了进行装置、设备或成套装置的布线或布缆，必须提供其中各个项目（包括元件、器件、组件、设备等）之间电气连接的详细信息，包括连接关系、线缆种类和敷设路线等。用电气图的方式表示的图称为接线图。

安装接线图主要用于检查电路和维修电路。根据表达对象和用途不同，接线图有单元接线图、互相接线图和端子接线图等。

（1）在接线图中，一般都应标出项目的相应位置、项目代号、端子间的电连接关系、端子号、等线号、等线类型、截面积等。

（2）同一控制盘上的电气元件可直接连接，而盘内元器件与外部元器件连接时必须绕接线端子板进行。

（3）接线图中各电气元件图形符号均应以原理图为准，并保持一致。

（4）互连接图中的互连关系可用连续线、中断线或线束表示，连接导线应注明导线根数、导线截面积等。一般不表示导线实际走线途径，施工时由操作者根据实际情况选择最佳走线方式。

如图1.34所示为CW6132型车床电气接线图。

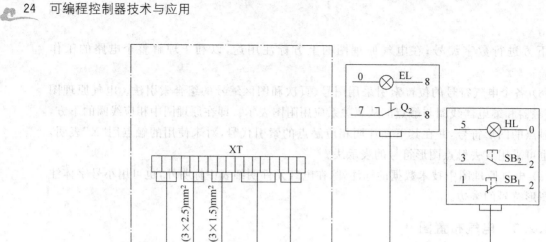

**图 1.34　CW6132 型车床电气互连接线图**

# 1.3　三相异步电机典型控制电路

## 1.3.1　基本控制电路

继电器、接触器及其他低压电器组成的控制系统,称为继电器-接触器控制系统,系统全部用低压电器硬件组成。将机械设备的继电器-接触器控制线路分解为结构相对独立的基本控制环节,常见基本控制电路有:点动控制电路、连续控制电路、正反转控制电路、异地控制电路等。

### 1. 点动控制

当按下启动按钮时,电动机就转动,一松手,电动机就停止。这是生产上常用的一种控制——点动控制。如机床夹紧机构在夹紧过程中的对刀调整、快速进给;生产机械进行运动位置调整,都需要点动控制。

如图 1.35 所示,为点动控制线路的最基本形式。主电路由刀开关 QS、熔断器 FU、接触器 KM 的主触点、热继电器 FR 的热元件和电动机 M 构成。控制电路由熔断器 FU₁、热继电器 FR 的常闭触点、启动按钮 SB、接触器线圈 KM 组成。启动时,先合上 QS。当按下启动按钮 SB 时,接触器 KM 线圈通电,其主触头闭合,电动机接通电源启动运转。当松开启动按钮 SB 时,SB 恢复常开状态,接触器 KM 线圈断电,其主触头断开,电动机就停止运转。

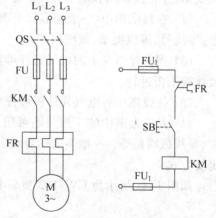

**图 1.35　点动控制线路**

**2. 连续控制**

在实际应用中,通常需要电动机长期连续运行。如图 1.36 所示,为三相异步电动机全压启动、连续运行控制线路。主电路构成与点动控制相同。控制电路由熔断器 $FU_2$、热继电器 FR 的常闭触点、停止按钮 $SB_1$、启动按钮 $SB_2$、接触器线圈 KM 和常开触点 KM 组成,这是最典型的连续运行控制线路。

启动时,先合上 QS。按下按钮 $SB_2$,则 KM 线圈通电,接触器 KM 衔铁吸合,三个主触点闭合,电动机接通电源开始全压启动,同时 KM 的辅助常开触点也闭合。当松开按钮 $SB_2$ 时,$SB_2$ 复位,通过 KM 的辅助常开触点使接触器 KM 线圈继续处于通电状态,从而保证电动机的连续运行。

这种依靠接触器自身的辅助触点而使其线圈保持通电的现象称为自锁或自保。

要使电动机停止运转,只要按一下停止按钮 $SB_1$ 即可,这时接触器 KM 线圈断电,KM 的主触点断开主电源,电动机停止,同时 KM 的辅助常开触点也断开,控制回路解除自锁,即使手松开停止按钮 $SB_1$,控制回路也不能再自行启动。

连续控制电路与点动控制有时也需要进行任意选择。

图 1.37(a)是带转换开关 SA 的点动与连续控制线路。当需要点动时,将开关 SA 打开,操作 $SB_2$ 即可实现点动控制。当需在连续控制时,将开关 SA 闭合,KM 的自锁触点就接入,操作 $SB_2$ 即可实现连续控制。

图 1.37(b)中增加了一个复合按钮 $SB_3$,需要点动控制时,按下按钮 $SB_3$,其常闭触点先断开接触器 KM 自锁电路,$SB_3$ 常开触头闭合后,接通 KM 线圈,主触头闭合,电动机运转。当松开按钮 $SB_3$ 时,KM 线圈即断电,主触头断开,电动机停止转动。若需要电动机连续运转,由启动按钮 $SB_2$、停止按钮 $SB_1$ 来实现连续控制。

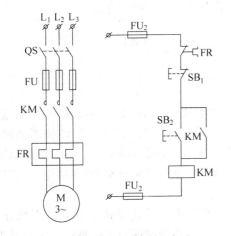

图 1.36　连续控制电路

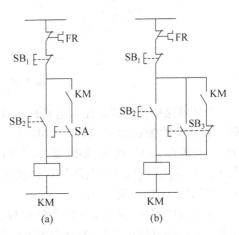

图 1.37　点动与连续控制电路

**3. 异地控制**

在工业生产中,有许多设备需要操作人员在不同的位置对设备进行启/停操作,这就要求控制电路能够满足多地点控制。例如自动电梯,人在电梯轿厢里可以控制,人未上电梯时可以在各个楼层控制;高楼大厦有许多空调与水泵设备,为了减少管理人员,要求可以在中央控制台集中控制,也可以在各个单元单独控制。异地控制就是"多组启动、多组停止"的控制,如图1.38所示为一个三地控制电路。

启动是由 SB$_2$、SB$_3$、SB$_4$ 控制,停止是由 SB$_1$、SB$_5$、SB$_6$ 控制。其连接的原理是:常开启动,启动并联;常闭停止,停止串联。

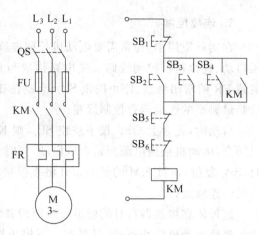

图 1.38　三地控制电路

**4. 正反转控制**

在实际生产中,常需要运动部件实现正反两个方向的运动,这就要求电动机能作正反两个方向的运转。从电动机的原理可知,改变电动机三相电源相序即可改变电动机旋转方向。电动机的正反转电路如图1.39所示。

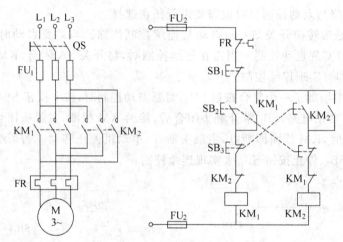

图 1.39　正反转控制电路

在该电路中采用按钮控制电动机正反转。SB$_1$ 常闭触点、熔断器 FU$_2$、SB$_2$ 常闭触点、KM$_2$ 常闭辅助触点、KM$_1$ 线圈、KM$_1$ 常开辅助触点、热继电器 FR$_2$ 构成了正转控制电路;SB$_2$ 常开触点、KM$_2$ 线圈、熔断器 FU$_2$、SB$_3$ 常闭触点、KM$_1$ 常闭辅助触点、KM$_2$ 常开辅助触点、SB$_1$ 常闭触点、热继电器 FR$_2$ 构成了反转控制电路。该电路可以实现"连续正转"、"连续反转"、"正—停—反"操作。

在控制电路中,为了防止在正转时按下 SB$_2$ 的误操作或在反转时按下 SB$_3$ 的误操作,如果两个接触器同时工作,就会引起电源短路故障。为此,必须保证两个接触器不能同时工作。图中,分别将 KM$_1$、KM$_2$ 的常闭辅助触点串接在对方控制电路中,这样在同一时间两个接触器只能有一个工作,这种控制称为电气互锁或联锁。同时将 SB$_2$、SB$_3$ 的常闭触点串接在对方控制电路中,这种控制就称为按钮机械互锁。

**1.3.2　三相异步电动机的复杂控制电路**

电动机作为运动控制的驱动对象,常用于实现机械设备的动作要求。一些控制要求不高的简单机械,如小型台钻、冷却泵等,常采用开关直接控制电动机启动、正反转、停止。但实际很多生产机械中,会要求电机能降压启动、调速、快速停止等。此时,相应的控制电路也会复杂很多。

**1. 三相异步电动机的降压启动**

考虑到实际情况,三相异步电动机在容量较小时可以采用全压直接启动,控制线路简单。但对于容量较大的电动机,若采用全压启动,启动电流会很大,应采用降压启动。星形/三角形降压启动是常用的方法之一。凡是正常运行时三相定子绕组接成三角形运转的三相鼠笼式异步电动机,都可采用星形/三角形降压启动。启动时,先将定子绕组按星形连接,接入三相交流电源。

此时由于电动机每相绕组电压只为三角形运行时电压的 $1/\sqrt{3}$,因而减少了启动电流,待电动机转速接近额定转速时,再将电动机定子绕组改成三角形连接,各相绕组承受额定工作电压,电动机进入正常运转。这种启动方法简单、经济,不仅适用于轻载启动,也适用于较重负载下的启动。

星形/三角形启动电路有多种,如图 1.40 所示电路适用于交流 50Hz、电压 380V、容量 13kW 以上的三相异步电动机的星形/三角形启动。在该电路中,$KM_1$、$KM_3$ 主触头闭合,电动机星形连接,$KM_1$、$KM_2$ 主触头闭合,电动机三角形连接,电动机启动过程的星形/三角形转换是靠时间继电器 KT 自动完成的。

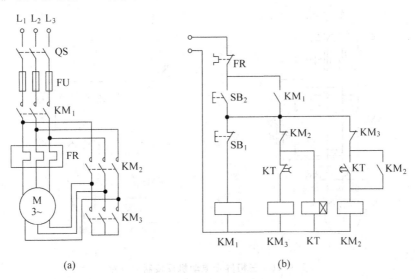

**图 1.40　星形/三角形降压启动电路**

(a) 主电路;(b) 控制电路

控制电路工作过程分析如下:合上三相电源开关 QS,按下启动按钮 $SB_2$,$KM_1$、KT、$KM_3$ 线圈得电并自锁,$KM_1$ 主触头闭合接通电动机三相电源,$KM_3$ 的主触头闭合将电动机的尾端连接,电动机接成星形连接,开始减压启动。时间继电器 KT 延时时间设定为电动机启动过程时间,当电动机转速接近额定转速时,时间继电器整定时间到,KT 延时触点动作,其对应的常闭触点断开,常开触点闭合,前者使 $KM_3$ 线圈断电,$KM_3$ 的常闭触点闭合,为 $KM_2$ 线圈的通电做好准备,后者使 $KM_2$ 线圈通电,$KM_2$ 的主触头闭合,电动机由星形连接转接为三角形连接，进入正常运行。而 $KM_2$ 常闭触点断开，使时间继电器 KT 在电动机星形/三角形启动完成后断电，电路中实现 $KM_2$ 与 $KM_3$ 的电气互锁。

**2. 三相异步电动机的制动控制**

许多生产机械都要求尽可能减少辅助时间，能迅速停车或准确定位，这就需要对电动机采取有效的制动措施。一般采用的制动方法有机械制动与电气制动。所谓机械制动，是利用外加的机械力使电动机迅速停止。电气制动是使电动机的电磁转矩方向与电动机旋转方向相反，产生制动转矩，使电动机迅速停止。

1）三相异步电动机的反接制动

反接制动是通过改变电动机三相电源相序，使电动机定子旋转磁场与转子转动方向相反，产生制动转矩，使电动机转速迅速下降，当电动机转速接近于零时，则切断三相交流电源。

当电源反接制动时，转子转速与突然反向的定子旋转磁场的相对速度接近于 2 倍的同步转速。为了减少冲击电流，应在电动机定子电路中串入电阻，并限制其每小时反接制动的次数。

图 1.41 所示为电动机单向运行反接制动电路。图中 $KM_1$ 为电动机单向运行接触器，$KM_2$ 为反接制动接触器，KS 为速度继电器，R 为反接制动电阻。速度继电器的轴与电动机的轴相连，当转速在 $120\sim3000\text{r/min}$ 转速范围内其动合触点动作，而转速低于 $100\text{r/min}$ 时，触点复位。

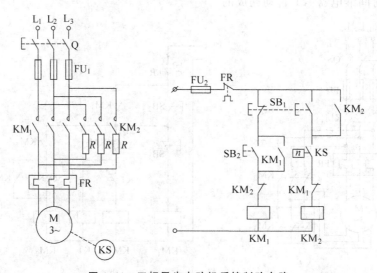

**图 1.41　三相异步电动机反接制动电路**

控制电路工作过程分析如下：当电动机处于单向旋转时，$KM_1$ 处于通电并自锁状态，当速度超过 $120\text{r/min}$ 时，速度继电器动合触点闭合，为反接制动做准备。需停车制动时，按下停止按钮 $SB_1$，$KM_1$ 线圈断电，其三对主触头断开电动机定子绕组，切除三相交流电源，但电动机因惯性仍继续按原方向旋转。同时，$SB_1$ 常开触点闭合，使 $KM_2$ 线圈得电并自锁，电动机定子接入反相序三相电源，进行反接制动。当电动机转速低于 $100\text{r/min}$ 时，速度继电器 KS 的常开触点断开复位，使 $KM_2$ 线圈断电，电动机断开电源，制动结束。

2）三相异步电动机的能耗制动

能耗制动是将运行中的电动机从交流电源上切除的同时，在定子绕组上接入直流电源，在电动机中产生一个直流恒定磁场,转子导体中的感应电流与恒定磁场相互作用,产生制动力矩,使电动机迅速减速并停止。

图 1.42 所示为三相异步电动机能耗制动控制电路。

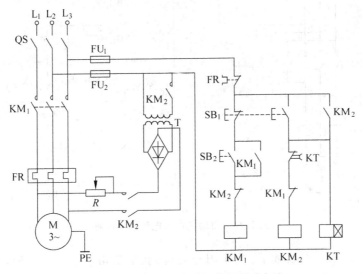

**图 1.42 三相异步电动机能耗制动电路**

控制电路工作过程分析如下:合上空气开关 QS 接通三相电源,按下启动按钮 $SB_2$,接触器 $KM_1$ 线圈得电并自锁,主触头闭合,电动机接入三相电源,启动运行。当按下停止按钮 $SB_1$ 时,$KM_1$ 线圈断电,其主触头全部释放,电动机断开交流电源。此时,接触器 $KM_2$ 和时间继电器 KT 线圈得电并自锁,KT 开始计时,$KM_2$ 主触点闭合将直流电源接入电动机定子绕组,电动机在能耗制动下迅速停车。时间继电器 KT 的常闭延时触点断开时,接触器 $KM_2$ 线圈断电,$KM_2$ 主触点断开直流电源,能耗制动结束。

电路中,直流电源采用控制变压器降压后再用单相桥式整流而获得,电阻 $R$ 用来调节制动电流大小,改变制动力的大小;有 $KM_1$ 与 $KM_2$ 的互锁环节,保证在电动机断开三相交流电源前,直流电源不可能接入定子绕组。

**3. 三相异步电动机的自动往返控制**

有些生产机械要求工作台在一定距离内能自动往返,通常利用行程开关来实现位置的到位检测和反向触发。一般将行程开关常闭触点串接在相应的控制电路中,将此行程开关的常开触点并接在另一个控制回路中的启动按钮上,这样在机械装置运动到预定位置时行程开关动作,常闭触点断开了正向运动控制的电路,同时常开触点又接通了反向运动的控制电路。

图 1.43 为自动往返的机械运动示意图,图 1.44 为自动往返的电气控制电路。

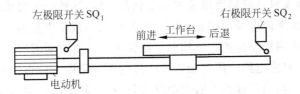

**图 1.43 自动往返的机械运动示意图**

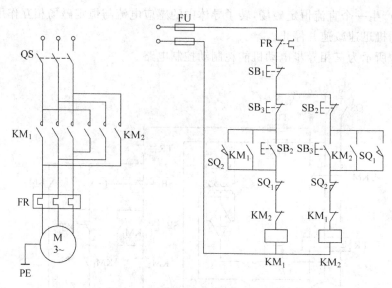

**图 1.44　自动往返的电气控制电路**

控制电路工作过程分析如下：合上刀开关 QS 接通三相电源。按下正向启动按钮 $SB_2$，接触器 $KM_1$ 得电并自锁，$KM_1$ 主触头闭合，接通电动机三相电源，电动机正转，带动机械部件向左运动(设左为正向)。机械部件上装有挡板，当到达预定位置时，挡板压下行程开关 $SQ_1$，$SQ_1$ 常闭触点断开使接触器 $KM_1$ 断电，主触头释放，电动机断电。与此同时 $SQ_1$ 的常开触点闭合，使接触器 $KM_2$ 得电并自锁，其主触头使电动机电源相序改变，电动机由正转变为反转，电动机拖动机械部件向右运动。

在运动部件运动过程中，挡板离开行程开关 $SQ_1$，$SQ_1$ 复位，为下次 $KM_1$ 动作做好准备。当机械部件向右运动到预定位置时，挡板压下行程开关 $SQ_2$，$SQ_2$ 的常闭触点使接触器 $KM_2$ 断电，主触头释放，$SQ_2$ 的常开触点闭合使 $KM_1$ 得电并自锁，$KM_1$ 主触头闭合接通电动机电源，电动机正转。如此周复始地自动往返工作。

当按下停止按钮 $SB_1$ 时，电动机停止转动，工作台停止运动。

### 1.3.3　三相异步电动机电气控制系统中的保护环节

所有的电气控制系统为了保证能够安全可靠地运行，必须要有完善的保护环节，用以保护电网、电动机、电器以及其他电路元件。

**1. 短路保护**

电器或线路绝缘损坏、负载短接、人为接线错误等故障，都有可能发生短路事故。短路时产生的瞬时故障电流可达到额定电流的几倍到几十倍，导致产生过大的热量，使电气设备和导线的绝缘损坏，甚至因电弧而引起火灾。因此要求一旦发生短路故障，控制电路能迅速地切断电源，这种保护叫短路保护。常用的短路保护元件有熔断器、低压断路器或专门的短路保护继电器等。在对主电路采用三相四线或对变压器采用中性点接地的三相三线制的供电电路中，必须采用三相短路保护。若主电路容量较小，其电路中的熔断器可同时作为控制电路的短路保护；若主电路容量较大，则控制电路一定要单独设置短路保护。

**2. 过电流保护**

过电流保护是区别短路保护的一种电流型保护。所谓过电流,是指电动机或电气元件超过其额定电流(一般不超过 2.5 倍)的运行状态,时间长了同样会过热损坏绝缘,需要采取保护。不正确的启动和过大的负载转矩常常引起电动机很大的过电流,但一般比短路电流要小。在电动机运行中,产生过电流比发生短路的可能性更大,特别是在频繁启动和正反转、重复短时工作的电动机中更是如此。在过电流情况下,电气元件并不是马上损坏,只要在达到最大允许温升之前,电流值能恢复正常。

通常,过电流保护可以采用低压断路器、热继电器、过电流继电器。过电流继电器的线圈串联在被保护的主电路中,常闭触点串联在接触器控制回路中。当过电流继电器线圈中的电流达到其整定值时,过电流继电器动作,其常闭触点断开,通过接触器切断电源。如果用断路器实现过电流保护,则检测电流大小的元件就是断路器的电流释放线圈,而断路器的主触点用以切断电源。

**3. 过载保护**

过载保护是类似于过电流保护的一种电流型保护。过载是指电动机的运行电流大于其额定电流。造成电动机过载的原因很多,如负载过大、三相电动机缺相运行、欠电压运行等。

长期处于过载运行,绕组温升将超过其允许值,造成绝缘材料变脆,寿命降低,严重时还会使电动机损坏。过载电流越大,达到允许温升的时间越短。常用的过载保护元件是热继电器。由于热惯性的原因,热继电器不会受电动机短时过载冲击电流或短路电流的影响而瞬时动作,所以在使用热继电器作过载保护的同时,还必须装有熔断器或低压断路器配合作短路保护。当电动机过载时,热继电器发热元件中流过较大电流发出较大的热量,经一定时间后,其常闭触点断开,使接触器线圈失电,电动机被切断电源。在热继电器动作后,需等待双金属片冷却恢复原状,才能再投入工作。

**4. 欠电压与零压保护**

当电动机正常工作时,电源电压因某种原因消失造成停转,那么在电源电压恢复时,为防止电动机自行启动而采取的保护称作零压保护。采用接触器及按钮控制电动机的启停,具有零压保护作用。因为接触器失电后,自锁电路已断开,故不会再自行启动。但如果采用的是不能自动复位的手动开关、行程开关等控制接触器,就必须采用专门的零电压继电器。

当电动机运行时,电源电压过低将引起电动机转速、电磁场转矩低落甚至堵转,在负载一定的情况下,电动机电流将增加,因此,在电源电压降到允许值以下时,采取的保护措施就是欠电压保护。采用接触器加按钮的控制方式,利用接触器本身可以起到欠电压保护的作用。但如果电网电压降低的幅度不足以使控制线路中的各类交流接触器、继电器失电,此时交流接触器、继电器既没有失电又不能可靠吸合,处于振动状态并产生很大噪声,线圈电流将增大,甚至过热造成电气元件和电动机被烧毁。因此通常还会采用低压断路或专门的电磁式电压继电器来进行欠电压保护,其方法是将电压继电器的线圈跨接在电源上,其常开触头串接在接触器控制回路中。当电网电压低于整定值时,电压继电器动作使接触器失电,从而保护了电动机。

**5. 弱磁保护**

电动机磁通的过度减少会引起电动机超速甚至发生"飞车",因此需要采取弱磁保护。

弱磁保护是通过电动机励磁回路串入欠电流继电器来实现的,在电动机运行中,如果励磁电流消失或降低太多,欠电流继电器就会释放,其触点切断接触器线圈的电源,使电动机断电停车。

# 习 题

1-1 什么是低压电器?

1-2 断路器在电路中的作用是什么?

1-3 接触器的作用是什么? 根据结构特征如何区分交流、直流接触器?

1-4 熔断器在电路中的作用是什么? 它的额定电流与熔体的额定电流有何区别?

1-5 行程开关、万能转换开关及主令控制器在电路中各起什么作用?

1-6 自锁环节怎样组成? 它起什么作用?

1-7 什么是互锁环节? 它起什么作用?

1-8 电器控制线路常用的保护环节有哪些? 各采用什么电气元件?

1-9 三台三相交流异步电动机 M1、M2、M3 按一定顺序先后启动,即 M1 启动后,M2 才能启动,M2 启动后,M3 才能启动;停车时则同时停止。试设计其控制线路。

1-10 某机床主轴由一台异步电动机带动,润滑油泵由另一台电动机带动。要求:

    (1) 主轴必须在油泵开动后,才能启动;

    (2) 主轴要求能用电器实现正反转,并能单独停车;

    (3) 有短路、零压及过载保护。

    试设计其控制线路。

# 第2章

# 可编程控制器基础知识

本章主要介绍以下几个方面内容：

(1) 可编程控制器的组成。

(2) 可编程控制器的工作原理。

(3) 继电器控制系统和 PLC 控制系统的关系。

## 2.1 可编程控制器的基本组成

可编程控制器的基本组成可以划分为两大部分，即硬件系统和软件系统。下面分别对这两个部分进行介绍。

### 2.1.1 可编程控制器的硬件系统

世界各国生产的可编程控制器外观各异，但作为工业控制计算机，其硬件系统都大体相同，主要由中央处理器模块、存储器模块、输入/输出模块、编程器和电源等几部分构成。

PLC 的硬件系统结构图如图 2.1 所示。

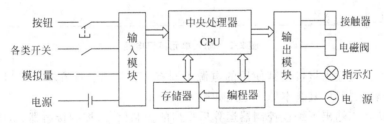

图 2.1 PLC 硬件系统结构图

#### 1. 中央处理器模块(CPU)

CPU 是可编程控制器的核心，它不断地采集输入信号，执行用户程序，刷新系统的输出。CPU 一般由控制电路、运算器和寄存器组成，这些电路一般都集成在一片芯片上。CPU 通过地址总线、数据总线和控制总线与存储器模块、输入输出模块相连接。CPU 按扫描方式工作，从首地址存放的第一条用户程序开始，到用户程序的最后一个地址，不停地周期性扫描，每扫描一次，用户程序就执行一次。

**2. 存储器模块**

可编程控制器的存储器分为系统程序存储器和用户程序存储器。系统程序存储器用于存放控制和完成 PLC 各种功能的程序,一般系统程序存储器只采用只读存储器 ROM;用户程序是指用户根据工程现场的生产过程和工艺要求编写的控制程序,可通过编程器或计算机修改,用户程序存储器可采用随机存储器 RAM、可擦除可编程的只读存储器 EPROM。

**3. 输入输出模块**

输入输出模块(I/O)是可编程控制器与工业控制现场各类信号连接的部分。由于可编程控制器在工业生产现场工作,对输入输出模块有两个主要的要求,一是要有良好的抗干扰能力,二是能满足工业现场各类信号的匹配要求。

输入模块用来接收生产过程中的各种信号,输入信号有两类:一类是从按钮、选择开关、数字拨码开关、限位开关、接近开关、光电开关、压力继电器等传来的开关量输入信号;另一类是由电位器、热电偶、测速发电机、各种变送器提供的连续变化的模拟量输入信号。输入单元接口电路如图 2.2 所示。

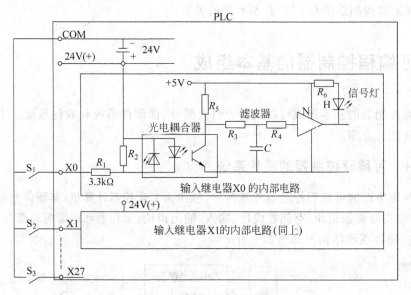

**图 2.2　输入单元接口电路**

常用的开关量输入接口按其使用的电源不同有三种类型:直流输入接口、交流输入接口和交/直流输入接口,其基本原理电路如图 2.3 所示。

输出模块用来输出可编程控制器运算后得出的控制信息,控制接触器、电磁阀、电磁铁、调节阀、调速装置等执行器,可编程控制器的另一类外部负载是指示灯、数字显示装置和报警装置等。

常用的开关量输出接口按输出开关器件不同可分为继电器输出、晶体管输出和双向晶闸管输出三种形式。其原理图如图 2.4 所示。继电器输出可驱动直流 30V 或交流 250V 负载,驱动负载大,但响应时间慢。常用于各种电动机、电磁阀、信号灯等负载的控制。晶体管输出属直流输出,能驱动 5～30V 直流负载,驱动负载较小,但响应时间快。多用于电子线路的控制。双向晶闸管输出为交流输出。能驱动 85～240V 交流负载。驱动负载较大,响应时间较慢。

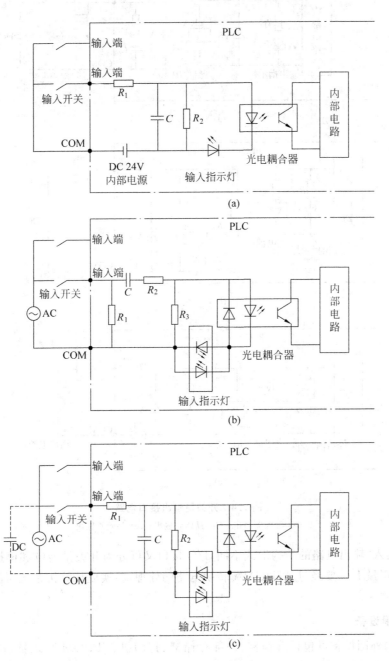

**图 2.3　开关量输入接口**

（a）直流输入；（b）交流输入；（c）交直流输入

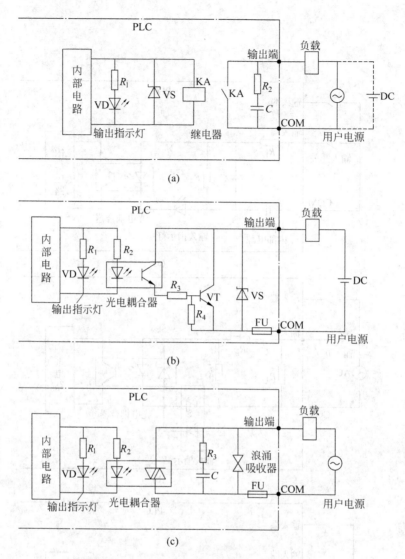

**图 2.4 开关量输出接口电路**

(a) 继电器输出；(b) 晶体管输出；(c) 晶闸管输出

根据输入、输出电路的结构形式不同，I/O 接口又可分为开关量 I/O 和模拟量 I/O 两大类，其中模拟量 I/O 要经过 A/D、D/A 转换电路的处理，转换成计算机系统所能识别的数字信号。

**4. 外围设备**

PLC 的外围设备可包括编程器、外部存储器、打印机、EPROM 写入器、高分辨率屏幕彩色图形监控系统等外围设备。

编程器用于用户程序的编制、调试检查、监视，以及调用和显示 PLC 内部状态和系统参数。一般有两类。一类是专用的编程器，有手持的，也有台式的，也有的可编程控制器机身上自带编程器，其中手持式的编程器携带方便，适合工业控制现场使用。按照功能强弱，手持式编程器又分为简易型及智能型两类。前者只能联机编程，后者既可联机又可脱机编程。

**5. 电源**

可编程控制器使用 220V 交流电源或 24V 直流电源,内部配有一个专用开关式稳压电源,将交流/直流供电电源转化为 PLC 内部电路需要的工作电源(5V 直流),并为外部输入元件提供 24V 直流电源。需要注意的是,PLC 负载的电源是由用户另外提供的。

### 2.1.2 可编程控制器的软件系统

PLC 软件系统分为系统程序和用户程序两大类。系统程序包含系统的管理程序、用户指令的解释程序、专用标准程序块和系统调用三个部分。系统管理程序用以完成机内运行相关时间分配、存储空间分配管理及系统自检等工作。系统程序是由 PLC 制造厂商设计编写的,用户不能直接读写与修改。用户程序是用户为达到某种控制目的,采用 PLC 厂家提供的编程语言编写的程序,是一定控制功能的表述。用户程序存入 PLC 后,如需改变控制目的,还可以多次改写。

目前 PLC 常用的编程语言包含梯形图、指令语句表、功能图、高级编程语言等。

**1. 梯形图**

梯形图是用图形符号在图中的互相关系来表示控制逻辑的编程语言。梯形图通过连线,可将许多功能的 PLC 指令的图形符号连在一起,以表达所调用的 PLC 指令及其前后顺序关系,是目前最为常用的可编程控制器程序设计语言。

梯形图的优点是简单、直观。它是从继电器控制电路图变化过来的,因此,梯形图在形式上与继电器控制电路图相似,梯形图符号和继电器控制电路图的元器件符号有一定的对应关系,如图 2.5 所示。读图方法和习惯也相似。对从事电气专业人员来说,易学、易懂。

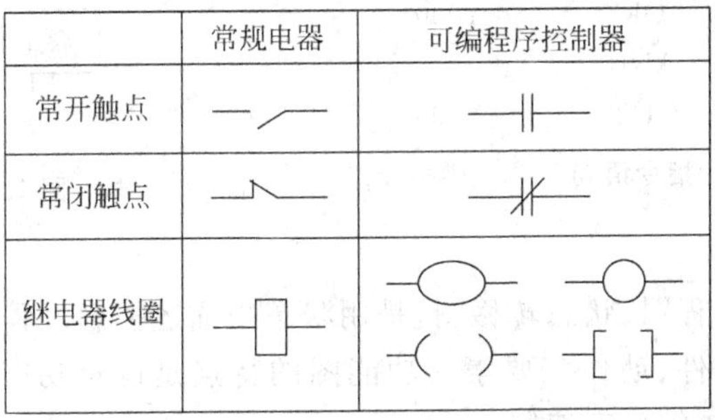

| | 常规电器 | 可编程序控制器 |
|---|---|---|
| 常开触点 | | |
| 常闭触点 | | |
| 继电器线圈 | | |

**图 2.5 梯形图符号和继电器控制电路图的元器件符号对应关系**

梯形图由左母线、右母线、逻辑行组成,逻辑行由各软元件的触点和线圈组成。右母线可省略不画。如图 2.6 所示为三菱 FX2N 系列 PLC 的简单梯形图和继电器控制系统的比

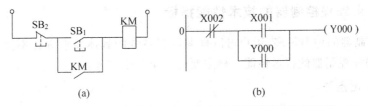

**图 2.6 继电器控制电气原理图与相应的梯形图的比较示例**

(a)继电器控制电气图;(b) PLC 梯形图

较图。从图中可看出,两种图基本表示思想是一致的,具体表达方式有一定区别。PLC的梯形图使用的是内部继电器。梯形图表示的并不是一个实际电路,而只是一个控制程序,其间的连线表示的是它们之间的逻辑关系,即所谓"软接线"。触点,线圈等并非是物理实体,而是"软继电器"。每个"软继电器"仅对应PLC存储单元中的一位。该位状态为"1"时,对应的继电器线圈接通,其常开触点闭合,常闭触点断开;状态为"0"时,对应的继电器线圈断电,触点保持原态。

**2. 指令语句表**

指令语句规定可编程控制器中CPU如何动作。每个控制功能由一个或多个语句组成的程序来执行,语句是指令语句表的基本单元。PLC的指令是一种与微型计算机的汇编语言类似的助记符表达式。基本指令语句的基本格式包括地址(或步序)、助记符、操作元件等部分。

图2.6对应的指令语句表如图2.7所示。其中,助记符常用2~4个英文字母组成,表示操作功能。操作元件为执行该指令所用的元件、设定值等。某些基本指令仅有助记符,没有操作元件,而有些则有两个或更多操作元件。

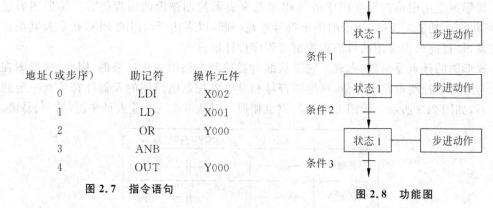

| 地址(或步序) | 助记符 | 操作元件 |
|---|---|---|
| 0 | LDI | X002 |
| 1 | LD | X001 |
| 2 | OR | Y000 |
| 3 | ANB | |
| 4 | OUT | Y000 |

图2.7　指令语句

图2.8　功能图

**3. 功能图**

功能图又称状态流程图、状态转移图,是用状态来描述控制过程的流程图。如图2.8所示,它包含状态、转移条件、动作三要素。功能图的特点是逻辑功能清晰,输入输出关系明确,适用于顺序控制系统的程序编制。

**4. 高级编程语言**

随着PLC技术的发展,大型、高档的PLC具有很强的运算和数据处理等功能。为方便用户编程,增加程序的可移植性,许多高档PLC都配备了BASIC、C等高级编程语言。

### 2.1.3　可编程控制器的技术性能指标

可编程控制器的种类很多,用户可以根据控制系统的具体要求选择不同技术性能指标的PLC。可编程控制器的技术性能指标主要有以下几个方面。

**1. 输入输出点数**

如前所述,输入输出点数指的是外部输入、输出端子数量的总和,又称为主机的开关量输入输出点数,它是描述可编程控制器大小的一个重要参数。

### 2. 存储容量

可编程控制器的存储器由系统程序存储器、用户程序存储器和数据存储器三部分组成。可编程控制器存储容量通常指用户程序存储器和数据存储器容量之和,表征系统提供给用户的可用资源,是系统性能的一项重要技术指标。通常用 K 字(Kw)、K 字节(KB)或 K 位来表示,其中 1K＝1024,也有的可编程控制器直接用所能存放的程序量表示。在一些文献中称可编程控制器存放程序的地址单位为"步",每一步占用两个字,一条基本指令一般为一步。功能复杂的基本指令,特别是功能指令,往往有若干步。

### 3. 扫描速度

可编程控制器采用循环扫描方式工作,完成一次扫描所需的时间叫作扫描周期,扫描速度与扫描周期成反比。影响扫描速度的主要因素有用户程序的长度和可编程控制器的类型,其中 CPU 的类型、机器字长等都会直接影响可编程控制器的运算精度和运行速度。

### 4. 指令系统

指令系统是指可编程控制器所有指令的总和。可编程控制器的编程指令越多,软件功能就越强,但应用起来也相对较为复杂。用户应根据实际控制要求选择合适指令功能的可编程控制器。

### 5. 可扩展性

小型可编程控制器的基本单元(主机)多为开关量 I/O 接口,各厂家在可编程控制器基本单元的基础上大力发展模拟量处理、高速处理、温度控制、通信等智能扩展模块。智能扩展模块的多少及性能也已成为衡量可编程控制器产品水平的标志。

### 6. 通信功能

通信指可编程控制器之间的通信和可编程控制器与计算机或其他设备之间的通信。通信主要涉及通信模块、通信接口、通信协议和通信指令等内容。可编程控制器的组网和通信能力也已成为可编程控制器产品水平的重要衡量指标之一。

另外,生产厂家还提供可编程控制器的外形尺寸、质量、保护等级、适用温度、相对湿度、大气压等性能指标参数,供用户参考。

三菱公司 FX2N 系列 PLC 的具体性能指标如表 2.1 所示。

表 2.1　FX2N 系列 PLC 性能指标

| 性能指标 | | 说　　明 |
|---|---|---|
| 运算控制方式 | | 存储程序,反复运算方法(专用 LSI) |
| 输入输出控制方式 | | 批处理方式(在执行 END 指令时),但有输入输出刷新指令 |
| 运算处理速度 | 基本指令 | $0.08\mu s$/命令 |
| | 应用指令 | 数 $1.52\mu s$～数 $100\mu s$/命令 |
| 程序语言 | | 梯形图、指令语句表、功能图(SFC)、高级编程语言 |
| 程序容量存储器形式 | | 内附 8000 步 RAM 最大为 16K 步(可装 RAM,EPROM,EEPROM 存储卡盒) |

| 性 能 指 标 | | | 说　明 | |
|---|---|---|---|---|
| 指令数 | 基本、步进指令 | | 基本(顺控)指令 27 个,步进指令两个 | |
| | 应用指令 | | 128 种 298 个 | |
| 输入继电器 | | | 184 点 X0～X267 | 合计 256 点 |
| 输出继电器 | | | 184 点 Y0～Y267 | |
| 辅助继电器 | 一般用 | | ＊500 点 M0～M499 | |
| | 锁存用 | | ☆＊2572 点 M500～M3071(注) | |
| | 特殊用 | | 256 点 M8000～M8256 | |
| 状态 | 初始化用 | | 10 点 S0～S9 | |
| | 一般用 | | ＊490 点 S10～S499 | |
| | 锁存用 | | ☆＊400 点 S500～S899 | |
| | 报警用 | | ☆100 点 S900～S999 | |
| 定时器 | 100ms | | 200 点 T0～T199 | |
| | 10ms | | 46 点 T200～T245 | |
| | 1ms(积算) | | ☆4 点 T246～T249 | |
| | 100ms(积算) | | ☆6 点 T250～T255 | |
| | 模拟 | | ☆1 点 | |
| 计数器 | 增计数 | 一般用 | 100 点(16 位)C0～C99 | |
| | | 锁存用 | ☆100 点(16 位)C100～C199 | |
| | 增/减计数用 | 一般用 | 20 点(32 位)C200～C219 | |
| | | 锁存用 | ☆15 点(32 位)C220～C234 | |
| | 高速用 | | ☆1 相 60kHz 2 点,10kHz 4 点,2 相 30kHz 1 点,5kHz 1 点 | |
| 数据寄存器 | 通用数据寄存器 | 一般用 | ＊200 点(16 位)D0～D199 | |
| | | 锁存用 | ☆＊7800 点(16 位)D200～D7999(注) | |
| | 特殊用 | | 256 点(16 位)D8000～D8255 | |
| | 变址用 | | 16 点(16 位)V0～V7 ,Z0～Z7 | |
| | 文件寄存器 | | ☆普通寄存器的 D1000 以后在 500 个单位设定文件寄存(MAX700 点) | |
| 指针跳步 | 转移用 | | 128 点 P0～P127 | |
| | 中断用 | | 15 点 I0□□-I8□□(用外部输入时钟,计数器切入) | |
| | 频率 | | 8 点 N0～N7 | |
| 常数 | 十进制 K | | 16 位:－32 768～＋32 767　32 位:－32 147 483 648～＋32 147 483 647 | |
| | 十六进制 H | | 16 位:0～FFFF(H)　32 位:0～ FFFFFFFF(H) | |
| 模拟定时器 | | | FX2N-8AV-BD(选择)安装时 8 点 | |
| 输入滤波器调整 | | | X0～X17　0～60ms 可变 | |
| 脉冲列输出 | | | 20kHz/DC5V 或 10kHz/DC12～24V　1 点 | |

☆ 由后备锂电池保持; ＊ 由后备锂电池保持,但参数可变。注:M1024～M3071、D512～D7999 由后备电池固定。

## 2.2 PLC 的工作原理

### 2.2.1 PLC 扫描工作原理

可编程控制器有两种基本的工作状态,即运行(RUN)状态与停止(STOP)状态,其中运行状态是执行应用程序的状态,停止状态一般用于程序的编制与修改。在运行状态,可编程控制器通过执行反映控制要求的用户程序来实现控制功能。为了使可编程控制器的输出及时地响应随时可能变化的输入信号,用户程序不是只执行一次,而是反复不断地重复执行,直至可编程控制器停机或切换到停止工作状态。可编程控制器这种周而复始的循环工作方式称为扫描工作方式。用扫描工作方式执行用户程序时,扫描是从第一条程序开始,在无中断或跳转控制的情况下,按程序存储顺序的先后,逐条执行用户程序,直到程序结束。然后再从头开始扫描执行,周而复始重复运行。

PLC 的扫描工作过程除了执行用户程序外,在每次扫描工作过程中还要完成内部处理、通信服务工作。如图 2.9 所示,整个扫描工作过程包括内部处理、通信服务、输入采样、程序执行、输出刷新 5 个阶段。整个过程扫描执行一遍所需的时间称为扫描周期。扫描周期与 CPU 运行速度、PLC 硬件配置及用户程序长短有关,典型值为 1~100ms。

在内部处理阶段,PLC 完成对自身硬件的自检测,当发现自身硬件有问题或硬件配置与实际对不上时,PLC 将产生错误指示。

**图 2.9 PLC 扫描过程示意图**

在通信服务阶段,PLC 处理与计算机、PLC、编程器级别的智能设备的通信。

当 PLC 处于停止(STOP)状态时,只完成内部处理和通信服务工作。当 PLC 处于运行(RUN)状态时,除完成内部处理和通信服务工作外,还要完成输入采样、程序执行、输出刷新工作。

### 2.2.2 PLC 执行程序的过程及特点

PLC 执行程序的过程分为三个阶段,即输入采样阶段、程序执行阶段、输出刷新阶段,如图 2.10 所示。

#### 1. 输入采样阶段

输入端子是 PLC 从外部接收信号的窗口。PLC 接通电源之后,首先进行自检。然后访问输入接口电路,将从输入端子来的 ON/OFF 信号读入到输入映像寄存器中,此时输入映像寄存器被刷新。需要注意的是,在程序执行和输出刷新阶段中,即使外部输入改变,这些存放到输入数据存储器中的数据也不会发生变化,直到下一扫描周期到达,才读入输入信号的变化。

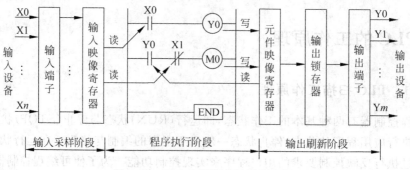

**图 2.10　PLC 执行程序过程示意图**

**2. 程序执行阶段**

可编程控制器的用户程序由若干条指令组成,指令在存储器中按步序号顺序排列。在没有跳转指令时,CPU 从第一条指令开始,按程序顺序,从左到右、从上到下逐条顺序地执行用户程序,直到用户程序结束之处。执行指令时,从元件映像存储区中读出元件的状态及当前值,并据指令的需要进行相应的逻辑运算及赋值操作,最后的运算结果写入到线圈或输出类指令对应的元件映像存储区中,各编程元件的映像寄存器(输入映像寄存器除外)的内容随着程序的执行而变化。

**3. 输出处理阶段**

在输出处理阶段,CPU 将输出数据存储器的 0/1 状态传送到输出接口电路,经输出端子驱动外部控制器件动作。

从上述分析可知,当 PLC 的输入端输入信号发生变化到 PLC 输出端对该输入变化作出反应,需要一段时间,这种现象称为 PLC 输入输出响应滞后。对一般的工业控制,这种滞后是完全允许的。应该注意的是,这种响应滞后不仅是由于 PLC 扫描工作方式造成,更主要是 PLC 输入接口的滤波环节带来的输入延迟,以及输出接口中驱动器件的动作时间带来输出延迟,同时还与程序设计有关。滞后时间是设计 PLC 应用系统时应注意把握的一个参数。

# 2.3　继电器控制系统和 PLC 控制系统的比较

一个继电器控制系统和 PLC 控制系统都是由输入部分、输出部分和控制部分组成。PLC 的梯形图与继电器控制电路图十分相似,主要原因是 PLC 梯形图大致沿用了继电器控制的电路元器件符号。如图 2.11(a)所示为电动机降压启动的继电器控制电路,输入部分元件有热继电器 FR、停止按钮 $SB_1$ 和启动按钮 $SB_2$;中间逻辑部分元件有中间继电器 KA 和时间继电器 KT;输出执行部分元件有接触器 $KM_1$ 和 $KM_2$。

把输入部分元件全部以常开接点的形式连接到 PLC 的输入端口,每个接点对应一个 PLC 的输入继电器,如图 2.11(b)所示。把输出执行部分元件连接到 PLC 的输出端口。这些就是 PLC 的硬件部分。控制电路对应 PLC 的逻辑部分,即梯形图。由此可见,PLC 的控制原理和常规的继电器控制电路基本上是相同的。

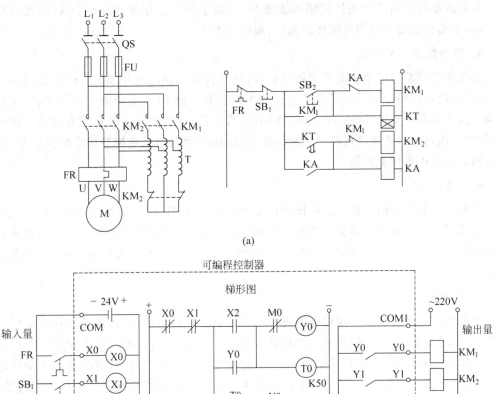

**图2.11 继电器控制电路与 PLC 控制电路比较**

（a）电动机降压启动继电器控制电路；（b）用 PLC 控制电动机降压启动控制等效电路图

但继电器控制系统和 PLC 控制系统仍有一些不同之处，主要表现在以下几个方面：

**1. 控制逻辑**

继电器控制逻辑采用硬接线逻辑，利用继电器触点的串联或并联及延时继电器的滞后动作等组合构成控制逻辑，其接线多而复杂、体积大、功耗大、故障率高，一旦系统构成后，想要再改变或增加功能都很困难。另外，继电器触点数目有限，每只仅有 4～8 对触点，因此灵活性和扩展性很差。而 PLC 属于存储器逻辑控制，要改变控制逻辑只需改变程序即可，故称"软接线"，其接线少，体积小，因此灵活性和扩展性都很好。PLC 由中、大规模集成电路组成，因而功耗较小。

**2. 工作方式**

电源接通时，继电器控制电路中各继电器同时都处于受控状态，即该吸合的都会吸合，不该吸合的都会受到某种条件限制不能吸合,它属于并行工作方式。而 PLC 的逻辑控制中,各内部器件都处于周期性循环扫描中,属串行工作方式。

### 3. 可靠性和可维护性

继电器控制系统使用了大量的机械触点、连线较多。触点断开或闭合时会受到电弧的损坏,并有机械磨损、寿命短,因此可靠性和维护性差。而 PLC 采用微电子技术,大量的开关动作由无触点的半导体电路来完成,体积小、寿命长、可靠性高。PLC 配有自检和监督功能,能检查出自身的故障并随时显示给操作人员,还能动态地监视控制程序的执行情况,为现场调试和维护提供了方便。

### 4. 控制速度

继电器控制系统依靠触点的机械动作实现控制,工作频率低,触点的开闭一般在几十毫秒数量级;另外,机械触点还会出现抖动问题。而 PLC 由程序指令控制半导体电路来实现控制,属无触点控制,速度极快,一条用户指令的执行时间一般在微秒数量级,且不会出现抖动。

### 5. 定时控制

继电器控制系统利用时间继电器进行时间控制。一般来说,时间继电器存在定时精确度不高、定时范围窄、易受到环境湿度和温度变换的影响、时间调整困难等问题。PLC 使用半导体集成电路作定时器,时基脉冲由晶体振荡产生,精度相当高,且定时时间不受环境的影响,定时范围一般从 0.001s 到若干天或更长。用户可根据需要在程序中设置定时值,然后用软件来控制定时时间。

# 习　　题

2-1　判断题

(1) 可编程控制器是一种数字运算操作的电子系统,专为在工业环境下应用而设计,它采用可编程的存储器。　　　　　　　　　　　　　　　　　　　（　　）

(2) 可编程控制器的输出端可直接驱动大容量电磁铁、电磁阀、电动机等大负载。

　　　　　　　　　　　　　　　　　　　　　　　　　　　　　　　（　　）

(3) 梯形图两边的两根竖线是电源线。　　　　　　　　　　　　　　（　　）

(4) 可编程控制器是以"并行"方式进行工作的。　　　　　　　　　（　　）

(5) 可编程控制器会实时采样外部输入控件的状态。　　　　　　　　（　　）

2-2　简答题

(1) 可编程控制器主要构成有哪几部分? 各部分功能是什么?

(2) 阐述可编程控制器的工作原理。并说明滞后现象的产生原因。

# 第3章

# FX系列可编程控制器简介

本章主要介绍以下几个方面内容:

(1) FX2N 系列 PLC 的单元面板。

(2) FX2N 系列 PLC 的编程元件。

FX2N 系列 PLC 是超小型机,I/O 点数最大可扩展到 256 点。它有内置 8KB 的 RAM,使用存储盒后,最大容量可扩大到 16KB。编程指令达 327 条。PLC 运行时,对一条基本指令的处理时间只要 $0.08\mu s$。它不仅能完成逻辑控制、顺序控制、模拟量控制、位置控制、高速计数等功能,还能进行数据检索、数据排列、三角函数运算、平方根以及浮点数运算、PID运算等更为复杂的数据处理。

## 3.1 FX 系列 PLC 基本单元面板

如图 3.1 所示为 FX2N 型 PLC 基本单元的外形,其主要包含型号、状态指示灯、模式转换开关与通信接口、输入输出端子、输入输出指示灯。状态指示灯的含义如表 3.1 所示。

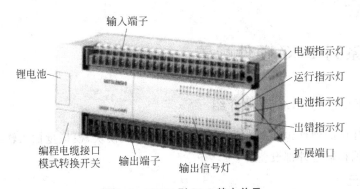

**图 3.1　FX2N 型 PLC 基本单元**

模式转换开关用来改变 PLC 的工作模式,PLC 电源接通后,将转换开关打到 RUN 位置上,则 PLC 的运行指示灯亮。将转换开关打到 STOP 位置上,则 PLC 的运行指示灯熄灭,表示 PLC 正处于停止状态。

在 FX2N 系列 PLC 基本单元上,可连接扩展单元、扩展模块以及各种功能的特殊单元、特殊模块,还可在基本单元左侧接口上,连接一台功能扩展板。

表 3.1　PLC 的状态指示灯含义

| 指　示　灯 | 指示灯的状态与当前运行的状态 |
|---|---|
| POWER：电源指示灯（绿灯） | PLC 接通 220V 交流电源后，该灯点亮，正常时仅有该灯点亮表示 PLC 处于编辑状态 |
| RUN：运行指示灯（绿灯） | 当 PLC 处于正常运行状态时，该灯点亮 |
| BATT. V：内部锂电池电压低指示表（红灯） | 如果该指示灯亮，说明锂电池电压不足 |
| PROG-E(CPU-E)：程序出错指示灯（红灯） | 如果该指示灯闪烁，说明出现以下类型的错误：<br>(1) 程序语法错误<br>(2) 锂电池电压不足<br>(3) 定时器或计数器未设置常数<br>(4) 干扰信号使程序出错<br>(5) 程序执行时间超出允许时间，此时该灯连续亮 |

FX 系列 PLC 型号命名规则：

① 系列名：0、2、0S、1S、0N、1N、2N、2NC 等。

② 输入输出总点数：4～128 点。

③ 单元类型：M—基本单元；E—输入输出混合扩展单元；EX—输入专用扩展单元；EY—输出专用扩展单元。

④ 输出方式：R—继电器输出；T—晶体管输出；S—晶闸管输出。

⑤ 特殊品种区别：D—DC 电源 DC 输入；A1—AC 电源 AC 输入；H—大电源输出扩展模块；V—立式端子排的扩展模块；默认（无记号）—AC 电源，DC 输入，横式端子排。

例如，FX2N-32MT-D 表示 FX2N 系列，32 个 I/O 点基本单位，晶体管输出，使用直流电源，24V 直流输入型。

## 3.2　FX 系列 PLC 硬件配置

### 3.2.1　FX 系列 PLC 硬件介绍

FX 系列 PLC 的硬件包括基本单元、扩展单元、扩展模块、模拟量输入输出模块、各种特殊功能模块及编程器等外部设备等。

**1. 基本单元**

基本单元是构成 PLC 系统的核心部件，内有 CPU、存储器、I/O 模块、通信接口和扩展接口等。现以 FX2N 系列为例，其型号规格如表 3.2 所示。每个基本单元都可以通过 I/O 扩展单元扩展输入输出点数。

**2. 扩展单元**

扩展单元是用来增加 I/O 点数的，内部没有电源。其型号规格如表 3.3 所示。

表 3.2 基本单元型号规格

| 型 号 | | | 输入点数 | 输出点数 |
|---|---|---|---|---|
| 继电器输出 | 晶闸管输出 | 晶体管输出 | | |
| FX2N-16MR-001 | FX2N-16MS | FX2N-16MT | 8 | 8 |
| FX2N-32MR-001 | FX2N-32MS | FX2N-32MT | 16 | 16 |
| FX2N-48MR-001 | FX2N-48MS | FX2N-48MT | 24 | 24 |
| FX2N-64MR-001 | FX2N-64MS | FX2N-64MT | 32 | 32 |
| FX2N-80MR-001 | FX2N-80MS | FX2N-80MT | 40 | 40 |
| FX2N-128MR-001 | — | FX2N-128MT | 64 | 64 |

表 3.3 扩展单元型号规格

| 型号 | 总 I/O 数 | 输入(I) | | 输出(O) | | 可连接 PLC | | |
|---|---|---|---|---|---|---|---|---|
| | | 数目 | 电压 | 数目 | 类型 | FX1N | FX2N | FX2NC |
| FX2N-32ER | 32 | 16 | 24V 直流 | 16 | 继电器 | √ | √ | — |
| FX2N-32ET | | | | | 晶体管 | | | |
| FX2N-48ER | 48 | 24 | 24V 直流 | 24 | 继电器 | √ | √ | |
| FX2N-48ET | | | | | 晶体管 | | | |
| FX2N-48ER-D | 48 | 24 | 24V 直流 | 24 | 继电器(直流) | | √ | |
| FX2N-48ET-D | | | | | 晶体管(直流) | | | |

### 3. 扩展模块

扩展模块用于增加 I/O 点数和改变 I/O 比例,模块内部没有电源。型号规格如表3.4所示。

表 3.4 扩展模块型号规格

| 型 号 | 总 I/O 数 | 输入(I) | | 输出(O) | | 可连接 PLC | | |
|---|---|---|---|---|---|---|---|---|
| | | 数目 | 电压 | 数目 | 类型 | FX1N | FX2N | FX2NC |
| FX2N-16EX | 16 | 16 | 24V 直流 | — | — | √ | √ | √ |
| FX2N-16EYT | 16 | | | 16 | 晶体管 | √ | √ | √ |
| FX2N-16EYR | | | | 16 | 继电器 | | | |

此外,FX 系列还可将一块功能扩展板安装在基本单元内,无须外部的安装空间。例如,FX1N-4EX-BD 就是可用来扩展 4 个输入点的扩展板。

扩展单元和扩展模块都没有 CPU,必须跟基本单元一起使用。

### 4. 模拟量输入输出模块

在控制系统中,除了要对开关量进行控制外,还要对模拟量进行控制。与开关量只有两个状态不同,模拟量是连续变化的,它有无数个状态,例如,电压、电流、温度、流量等都是模拟量。在控制系统中,PLC 通过模拟量 I/O 模块来进行模拟量的输入/输出。

模拟量输入模块用于将模拟量信号（电压、电流信号）转换成数字信号，然后送到 CPU 进行数据处理和控制。模拟量输入模块如表 3.5 所示。

表 3.5　模拟量输入模块

| 型　　号 | 通道数 | 占用 I/O 数 | 输 入 信 号 | | 转 换 速 率 |
|---|---|---|---|---|---|
| | | | 范围（DC） | 分辨率 | |
| FX2N-2AD | 2（12 位） | 8 | 0～10V、0～5V | 2.5mV | 2.5ms/通道 |
| | | | 4～20mA | 4μA | |
| FX2N-4AD | 4（12 位） | 8 | －10～＋10V | 5mV | 15ms/通道（标准速度） 6ms/通道（高速） |
| | | | －20～20mA | 4μA | |
| FX2N-4AD-PT | 4（12 位） | 8 | 与 PT100 型温度传感器匹配使用 | 0.2～0.3℃ | 15ms/通道 |
| FX2N-4AD-TC | 4（12 位） | 8 | 与热点偶型温度传感器匹配使用 | K 类为 0.2℃ J 类为 0.3℃ | 15ms/通道 |

模拟量输出模块是将 PLC 内部数字信号转换成模拟信号，然后控制外部设备，比如继电器、接触器、电磁阀和伺服电动机等。它的输出电路主要包括光电耦合电路、D/A 转换电路和驱动放大电路组成。模拟量输出模块如表 3.6 所示。

表 3.6　模拟量输出模块

| 型　　号 | 通道数 | 占用 I/O 数 | 输 出 信 号 | | 转 换 速 率 |
|---|---|---|---|---|---|
| | | | 范围（DC） | 分辨率 | |
| FX2N-2DA | 2（12 位） | 8 | 0～10V、0～5V | 2.5mV | 4ms/通道 |
| | | | 4～20mA | 4μA | |
| FX2N-4DA | 4（12 位） | 8 | －10～＋10V | 5mV | 2.14 通道 |
| | | | －20～20mA | 4μA | |

**5. 特殊功能模块**

特殊功能模块是为获得某些特殊功能，满足控制要求的特殊装置。其中有 PID 过程控制模块（提供了自调节的 PID 控制和 PI 控制，如 FX2N-2LC 温度调节模块）、定位控制模块（通过脉冲输出形式的定位单元或模块，即可实现一点或多点的定位，如 FX2N-1PG、FX2N-10GM、FX2N-20GM 等）、数据通信模块（完成与其他 PLC，其他智能控制设备或计算机之间的通信，如 FX2N-232-BD、FX2N-232-IF、FX2N-485-BD、FX2N-422-BD）、高速计数模块（FX2N-1HC）等。

FX 系列 PLC 单元间采用叠装式连接。特殊功能模块可直接连接到 FX 系列的基本单元，或连到其他扩展单元、扩展模块的右边。根据它们与基本单元的距离，对每个模块按 0～7 的顺序编号，最多可连接 8 个特殊功能模块。

**6. 编程器及其他外部设备**

FX 系列 PLC 的简易编程器较多，最常用的是 FX-10P-E 和 FX-20P-E 手持型简易编程器。还有一些辅助设备,如打印机、EPROM 写入器外存模块等。

### 3.2.2　FX 系列 PLC 的性能指标比较

FX 系列 PLC 性能进行比较,如表 3.7 所示。

表 3.7　FX 系列 PLC 主要产品的性能比较

| 型号 | I/O点数 | 基本指令执行时间/$\mu$s | 功能指令 | 模拟模块量 | 通信 |
|---|---|---|---|---|---|
| FX0S | 10～30 | 1.6～3.6 | 50 | 无 | 无 |
| FX0N | 24～128 | 1.6～3.6 | 55 | 有 | 较强 |
| FX1N | 14～128 | 0.55～0.7 | 177 | 有 | 较强 |
| FX2N | 16～256 | 0.08 | 298 | 有 | 强 |

通过比较可以知道,FX2N 子系列的 I/O 点数可以通过扩展达到 256,I/O 点数越多,外部可接的输入设备和输出设备就越多,控制规模就越大。指令功能的强弱、数量的多少也是衡量 PLC 性能的重要指标。FX2N 子系列的功能指令有 298 条,编程指令的功能越强、数量越多,PLC 的处理能力和控制能力也越强,用户编程也越简单和方便,越容易完成复杂的控制任务。扫描速度是指 PLC 执行用户程序的速度,是衡量 PLC 性能的重要指标。也可以通过表 3.7 比较 FX 系列的各个子系列 PLC 执行相同的操作所用的时间,来衡量扫描速度的快慢。还可以通过模拟模块的有无以及通信能力的强弱进行比较。

FX2NC 的性能指标与 FX2N 基本相同,FX2NC 的基本单元 I/O 点 16/32/64/96,也可以通过扩展达到 256 个点,所不同的是 FX2NC 采用插件式输入输出,用扁平电缆连接,体积更小。可以看出在 FX 系列 PLC 中,FX2N 和 FX2NC 子系列功能最强、性能最好。

FX 系列 PLC 的输出技术指标如表 3.8 所示。

表 3.8　FX 系列 PLC 的输出技术指标

| 项目 | 继电器输入 | 晶闸管输出 | 晶体管输出 |
|---|---|---|---|
| 外部电源 | AC250V 或 DC30V 以下 | AC85～240V | DC 5～30V |
| 最大电阻负载 | 2A/1 点、8A/4 点、8A/8 点 | 0.3A/点、0.8A/4 点 (1A/1 点 2A/4 点) | 0.5A/1 点、0.8A/4 点 (0.1A/1 点、0.4A/4 点) (1A/1 点、2A/4 点) (0.3A/1 点、1.6A/16 点) |
| 最大感性负载 | 80VA | 15VA/AC100V、30VA/AC200V | 12W/DC24V |
| 最大灯负载 | 100W | 30W | 1.5W/DC24V |
| 开路漏电流 | — | 1mA/AC100V　2mA/AC200V | 0.1mA 以下 |
| 响应时间 | 约 10ms | ON：1ms,OFF：10ms | ON：<0.2ms、OFF：<0.2ms 大电流 OFF 为 0.4ms 以下 |
| 电路隔离 | 继电器隔离 | 光电晶闸管隔离 | 光电耦合器隔离 |
| 输出动作显示 | 输出 ON 时 LED 亮 | | |

## 3.3　FX 系列可编程控制器的编程元件

本节将介绍 FX 系列可编程控制器的编程元件。首先学习编程元件的概念,然后了解一些具体的编程元件的相关属性。

### 3.3.1　可编程控制器的编程元件

可编程控制器内部有许多具有不同功能的器件,输入继电器 X、输出继电器 Y、定时器 T、计数器 C、辅助继电器 M、状态继电器 S、数据寄存器 D、变址寄存器 V/Z,实际上这些器件是由电子电路和存储器组成的。为了把它们和通常的硬器件区分开,通常把上面的器件称为软元件,是等效概念抽象模拟的器件,并非实际的物理器件。从工作过程看,我们只注重器件的功能,按器件的功能给出名称,例如,输入继电器 X、输出继电器 Y 等。而每个器件都有确定的地址编号,这对编程十分重要。

需要指出的是,不同厂家、甚至同一厂家的不同型号的可编程控制器编程元件的数量和种类都不一样,下面以 FX2N 小型可编程控制器为蓝本,介绍编程元件。

### 3.3.2　FX2N 系列 PLC 编程元件

#### 1. 输入继电器 X

外部开关或传感器送来的输入信号经输入端子与输入继电器连接,它们的编号与接线端子编号一致。每个输入继电器线圈都有任意对常开触点和常闭触点供编程使用,这些触点的吸合或释放只取决于 PLC 外部触点的状态,不能由内部编程指令控制。FX2N 系列的输入继电器采用八进制地址编号,X0~X7,X10~X17,…,最多可达 184 点。注意,基本单元输入继电器的编号是固定的,扩展单元和扩展模块是按照与这些地址号相连的顺序分配地址号。如基本单元 FX2N-48M 的输入继电器编号为 X000~X027(24 点),如果接有扩展单元或扩展模块,则扩展的输入继电器从 X030 开始编号。

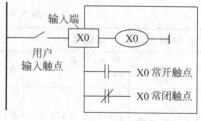

图 3.2　输入继电器示意图

如图 3.2 所示为输入继电器电路。编程时应注意,输入继电器只能由外部信号驱动,而不能在程序内部用指令驱动,其接点也不能直接输出带动负载。

#### 2. 输出继电器 Y

输出继电器是 PLC 中用来将输出信号传送给外部负载(用户输出设备)的软元件,是PLC 驱动外部负载的接口,它只能由 PLC 内部用程序指令来驱动,其线圈状态传送给输出单元,再由输出单元对应的硬触点来驱动外部负载。每个输出继电器在输出单元中都对应有唯一一个常开硬触点,但在程序中供编程的输出继电器,不管是常开还是常闭触点,都可以无数次使用,如图 3.3 所示是输出继电器的等效电路。

FX 系列 PLC 的输出继电器也是八进制编号,其中 FX2N 编号范围为 Y0~Y267(184 点)。与输入继电器一样,基本单元的输出继电器编号是固定的,扩展单元和扩展模块是按照与这些地址号相连的顺序分配地址号。

下面通过实例说明输入继电器和输出继电器的基本用法。

**例 3.1** 用 PLC 控制一个电热水箱,如图 3.4 所示。电热水箱用 3kW 电加热器烧水,用两个水位开关检测水位。

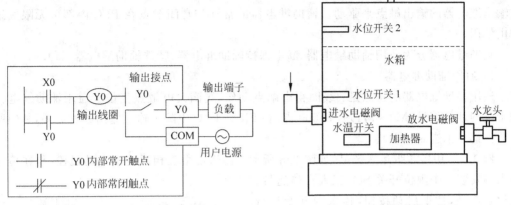

图 3.3 输出继电器示意图　　　　图 3.4 电热水箱示意图

控制要求:首先进水电磁阀得电打开,进水,当水位高于水位开关 1 时,加热器得电,开始加热,当水位高于水位开关 2 时,进水电磁阀失电关闭,当加热器加热到 100℃时停止,放水电磁阀得电将放水阀打开,水龙头可以放水。当水位低于水位开关 1 时,加热器不得加热,进水电磁阀重新得电,开始进水。进水时放水电磁阀关闭。

根据电热水箱的控制要求,有三个输入量,分别是水位开关 1、2 和水温开关;有三个输出量,分别是进水电磁阀、放水电磁阀和电加热器。选择继电器输出方式(可控制 250V、2A 负载)。两个电磁阀可直接由 PLC 输出继电器控制,电加热器的电流远大于 2A,不能直接接入,可通过接触器来控制电加热器。PLC 的输入输出接线图如图 3.5(a)所示。

如图 3.5(b)所示为电热水箱的梯形图。设初始时水箱无水,当 PLC 运行时输入开关均断开,Y0 线圈经常闭接点 X1、X2 得点自锁,水箱进水,水位上升,水位开关 1 先动作,Y2 得电,开始加热,当水位高于水位开关 2 时,Y0 失电,进水阀关闭。当水温达到 100℃时,水温开关 X0 动作,Y2 失电,停止加热,Y1 得电,放水阀打开,可以放水。

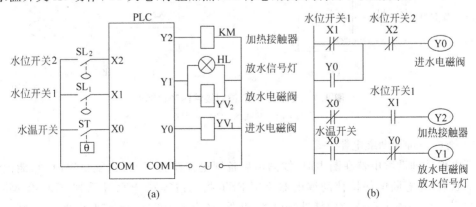

图 3.5 电热水箱的控制
(a) PLC 接线图;(b) 梯形图

### 3. 辅助继电器 M

PLC 内部有很多辅助继电器,和输出继电器一样,只能由程序驱动,每个辅助继电器也有无数对常开、常闭触点供编程使用。其作用相当于继电器控制线路中的中间继电器。辅助继电器的触点在 PLC 内部编程时可以任意使用,但它不能直接驱动负载,外部负载必须由输出继电器的输出触点来驱动。辅助继电器的常开和常闭触点在 PLC 内部可无限次地自由使用。

辅助继电器分为通用辅助继电器、断电保持辅助继电器、特殊辅助继电器三种。

1) 通用辅助继电器

通用辅助继电器的特点是:线圈得电触点动作,线圈失电触点复位。通用辅助继电器按十进制地址编号,M0~M499,共 500 点(在 FX 型 PLC 中除了输入输出继电器外,其他所有器件都是十进制编码)。

**例 3.2** 用传送带运送产品,如图 3.6 所示。传送带由三相鼠笼型电动机控制,在传送带末端安装一个限位开关 SQ,工人在传送带首端放好产品,按下启动按钮,传送带开始运行。当产品到达传送带末端并超过限位开关(即产品全部离开传送带)时,皮带停止。

图 3.6　传送带示意图

传送带 PLC 控制接线图和梯形图如图 3.7 所示。为处理意外应急情况,设置手动停止按钮 SB$_1$。工作过程如下:按下启动按钮 SB$_2$(X1),Y0 得电自锁,电动机启动,传送带运行,产品被传送到右端碰到限位开关 X2 时,X2 常开接点闭合,M0 线圈得电,M0 常闭触点断开,使 Y0 失电,电动机停止。虽然下一个扫描周期 M0 常闭接点闭合,但是 Y0 自锁接点已经打开,所以 Y0 不会又得电。

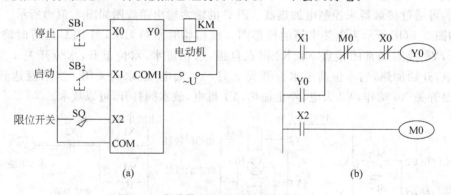

图 3.7　传送带 PLC 控制接线图和梯形图

(a) PLC 接线图;(b) 梯形图

2) 断电保持辅助继电器

断电保持辅助继电器在断电时,线圈由后备锂电池维持,当再恢复供电时,它能记忆断电前的状态(注意断电保持辅助继电器要用 RST 指令清零)。FX2N 系列 PLC 有 M500~M1023 共 524 个断电保持通用辅助继电器,此外,还有 M1024~M3071 共 2048 个断电保持专用辅助继电器,它与断电保持通用辅助继电器的区别在于,断电保持通用辅助继电器可用参数设定,是可变更非断电保持区域,而断电保持专用辅助继电器关于断电保持的特性无法用参数来改变。

**例3.3** 在例3.2中用传送带运送产品的控制中,在停电之后再来电时传送带不会自行启动。现要求停电之后再来电时传送带能够继续工作。则梯形图需变为如图3.8所示。

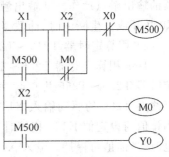

图 3.8 断电保持传动带控制
梯形图

3) 特殊辅助继电器

FX2N 系列 PLC 有 M8000～M8255 共 256 个特殊辅助继电器,这些特殊辅助继电器各自具有特定的功能。通常分为下面两大类。

(1) 触点型特殊辅助继电器

线圈由 PLC 自动驱动,用户只可以利用其触点。例如:

M8000——运行监视器(在运行中接通)

M8001——上电后常 OFF 标志

M8002——初始脉冲,上电后接通一个扫描周期

M8003——上电后断开一个扫描周期

M8011——1ms 时钟脉冲

M8012——100ms 时钟脉冲

M8013——1s 时钟脉冲

M8014——1min 时钟脉冲

(2) 线圈型特殊辅助继电器

用户激励线圈后,PLC 作特定动作。例如:

M8030 电池 LED 熄灯指令,驱动 M8030 后,即使电池电压过低,PC 面板指示灯也不会亮灯。

M8033 存储器保持停止。当 PLC 由 RUN→STOP 时,将影寄存器和数据寄存器中的内容保留下来。

M8034 为禁止全部输出特殊辅助继电器。

M8040 为禁止转移特殊辅助继电器。

需要说明的是,未定义的特殊辅助继电器不可在用户程序中使用。

**4. 定时器 T**

定时器在 PLC 中的作用相当于一个时间继电器,它有一个设定值寄存器(一个字长),一个当前值寄存器(一个字长)以及无限个触点(一个位)。对于每一个定时器,这三个量使用同一地址编号名称,但使用场合不一样,其所指也不一样。

定时器累计 PLC 内的 1ms、10ms、100ms 等的时钟脉冲,当达到设定值时,输出触点动作。定时器可以使用用户程序存储器内的常数 $K$ 作为设定值,也可以用后述的数据寄存器 D 的内容作为设定值。这里的数据寄存器应有断电保持功能。定时器的地址编号、设定值规定如下。

1) 常规定时器 T0～T245

100ms 定时器 T0～T199 共 200 点,每个设定值范围为 0.1～3276.7s;10ms 定时器 T200～T245 共 46 点,每个设定值范围 0.01～327.67s。如图 3.9(a)所示,当驱动输入 X0

接通时,T200用当前值计数器累计10ms的时钟脉冲。如果该值等于设定值K123时,定时器的输出触点动作。即输出触点是在驱动线圈后的123×0.01s=1.23s时动作。驱动输入X0断开或发生断电时,计数器就复位,输出触点也复位。

2) 积算定时器 T246~T255

1ms积算定时器 T246~T249 共4点,每点设定值范围为 0.001~32.767s;100ms积算定时器 T250~T255 共6点,每点设定值范围为 0.1~3276.7s。如图 3.9(b)所示,当定时器线圈 T250 的驱动输入 X1 接通时,T250 用当前值计数器累计 100ms 的时钟脉冲个数。当该值与设定值 K123 相等时,定时器的输出触点输出;当计数中间驱动输入 X1 断开或停电时,当前值可保持。输入 X1 再接通或复电时,计数继续进行,当累计时间为 123×0.1s=12.3s 时,输出触点动作。

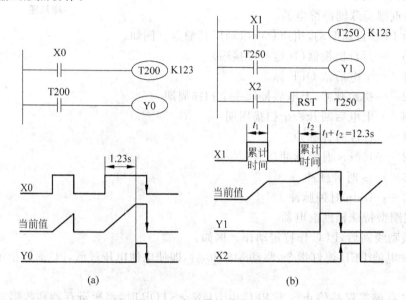

图 3.9　定时器的动作过程

(a) 常规定时器的动作过程；(b) 积算定时器运作过程

当复位输入 X2 接通时,计数器就复位,输出触点也复位。

典型定时器的应用梯形图可以分为以下几种,如图 3.10~图 3.16 所示。

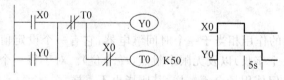

图 3.10　断电延时型定时器

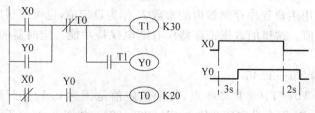

图 3.11　通断电均延时型定时器

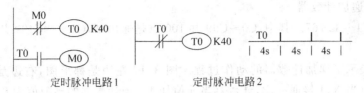

**图 3.12　定时脉冲电路**

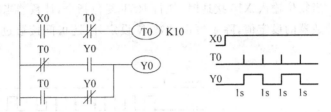

**图 3.13　振荡电路**

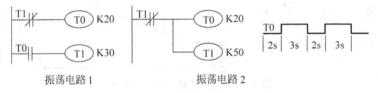

**图 3.14　占空比可调振荡电路**

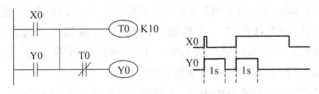

**图 3.15　上升沿单稳态电路**

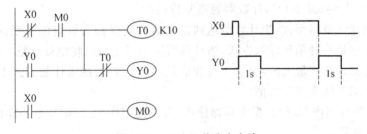

**图 3.16　下降沿单稳态电路**

### 5. 计数器 C0～C255

1）内部信号计数器

内部信号计数器是在执行扫描操作时对内部器件（如 X、Y、M、S、T 和 C）的信号进行计数的计数器，可分为 16 位加计数器（C0～C199，共 200 点）和 32 位加/减计数器（C200～C234，共 35 点）。

（1）16 位递加计数器

设定值为 1~32 767。其中，C0~C99 共 100 点是通用型，C100~C199 共 100 点是断电保持型。

图 3.17 表示了递加计数器的动作过程。图 3.17 左边是梯形图，右边是时序表。X11 是计数输入，每当 X11 接通一次，计数器当前值加 1。当计数器的当前值为 8 时（也就是说，计数输入达到第 8 次时），计数器 C0 的触点接通。之后即使输入 X11 再接通，计数器的当前值也保持不变。当复位输入 X10 接通时，执行 RST 复位指令，计数器当前值复位为 0，输出触点也断开。计数器的设定值，除了可由常数 K 设定外，还可间接通过指定数据寄存器来设定。

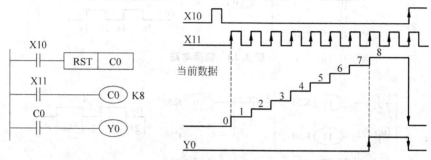

**图 3.17　递加计数器的动作过程**

（2）32 位加/减计数器

设定值为 −2 147 483 648~+2 147 483 647，其中 C200~C219 共 20 点是通用型，C220~C234 共 15 点为断电保持型计数器。32 位加/减计数器是递加型计数还是递减型计数将由对应的特殊辅助继电器 M8200~M8234 设定。特殊辅助继电器接通（置 1）时，为递减型计数；特殊辅助继电器断开（置 0）时，为递加型计数。

32 位加/减计数器的工作过程如图 3.18 所示，用 X14 作为计数输入，驱动 C200 计数器线圈进行计数操作。当计数器的当前值由 −4 到 −3（增大）时，其触点动作（置 1）；当计数器的当前值由 −3 到 −4（减小）时，计数器触点复位（置 0）。

对于 16 位加计数器而言，当计数值达到设定值时则保持为设定值不变，而 32 位加/减计数器不一样，它是一种循环计数方式，当计数值达到设定值时将继续计数。如果在加计数方式下，将一直加计数到最大值，再加 1 就变成最小值。如果在减计数方式下，将一直减计数到最小值，再减 1 就变成最大值。

32 位计数器可当作 32 位数据寄存器使用，但不能用作 16 位指令中的操作目标元件。

2）高速计数器

高速计数器 C235~C255 共 21 点，共用 PLC 的 8 个高速计数器输入端 X0~X7。这 21 个计数器均为 32 位加/减计数器。

高速计数器的选择不是任意的，它取决于所需计数器的类型及高速输入端子。高速计数器的类型如下：

1 相无启动/复位端子高速计数器 C235~C240；

1 相带启动/复位端子高速计数器 C241~C245；

1 相 2 输入（双向）高速计数器 C246~C250；

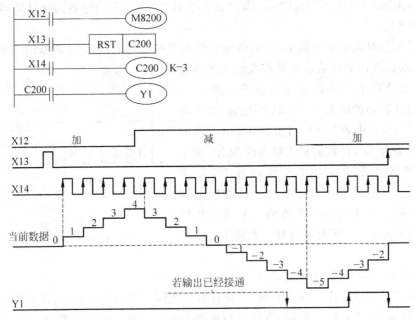

**图 3.18 加减计数器的动作过程**

2 相输入(A-B 相型)高速计数器 C251～C255。

表 3.9 给出了与各个高速计数器相对应的输入端子的名称。

**表 3.9 高速计数器表(X0,X2,X3,最高 10kHz;X1,X4,X5,最高 7kHz)**

| 输入 | 1 相 | | | | | | 1 相带启动/复位 | | | | | 1 相 2 输入(双向) | | | | | 2 相输入(A-B 相型) | | | | |
|---|---|---|---|---|---|---|---|---|---|---|---|---|---|---|---|---|---|---|---|---|---|
| | C235 | C236 | C237 | C238 | C239 | C240 | C241 | C242 | C243 | C244 | C245 | C246 | C247 | C248 | C249 | C250 | C251 | C252 | C253 | C254 | C255 |
| X0 | U/D | | | | | | U/D | | | U/D | | U | U | | U | | A | A | | A | |
| X1 | | U/D | | | | | | R | | | R | D | D | | D | | B | B | | B | |
| X2 | | | U/D | | | | | | U/D | | U/D | | | R | | R | | | A | | R |
| X3 | | | | U/D | | | | R | | R | | | | U | | U | | | A | | A |
| X4 | | | | | U/D | | | | U/D | | | | | D | | D | | | B | | B |
| X5 | | | | | | U/D | | | | R | | | | R | R | R | | | R | | R |
| X6 | | | | | | | | S | | | | | | S | | | | | S | | |
| X7 | | | | | | | | | S | | | | | S | | | | | S | | S |

注：U—递加计数输入；D—递减计数输入；A—A 相输入；B—B 相输入；R—复位输入；S—启动输入。

高速计数器可以对频率高于 10Hz 的计数信号进行计数。它对特定输入端子(输入继电器 X0～X7)的 OFF→ON 的动作进行计数。在高速计数器的输入端中,X0、X2、X3 的最高频率为 10kHz,X1、X4、X5 的最高频率为 7kHz。X6 和 X7 也是高速输入,但只能用作启动信号而不能用于高速计数。不同类型的计数器可同时使用,但它们的输入不能共用。输入端 X0～X7 不能同时用于多个计数器。例如,若使用了 C251,下列计数器不能使用:

C235、C236、C241、C244、C246、C247、C249、C252、C254 等。因为这些高速计数器都要使用输入 X0 和 X1。

高速计数器是按中断原则运行的,因而它独立于扫描周期,选定计数器的线圈应以连续方式驱动,以表示这个计数器及其有关输入连续有效,其他高速处理不能再用其输入端子。图 3.19 表明了高速计数器的输入。当 X20 接通时,选中高速计数器 C235;而由表 3.9 中可查出,C235 对应的计数器输入端为 X0,计数器输入脉冲应为 X0 而不是 X20。当 X20 断开时,C235 线圈断开,同时 C236 接通,选中计数器 C236,其计数脉冲输入端为 X1。特别注意,不要用计数器输入端接点作计数器线圈的驱动接点,下面分别对 4 类高速计数器加以说明。

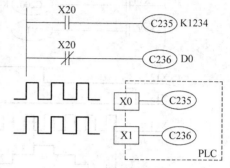

图 3.19　高速计数器输入

(1) 1 相无启动/复位端子高速计数器 C235～C240

计数方式及接点动作与前述普通 32 位计数器相同。递加计数时,当计数值达到设定值时,接点动作保持;作递减计数时,到达计数值则复位。1 相 1 输入计数方向取决于其对应标志 M8×××(××× 为对应的计数器地址号),C235～C240 高速计数器各有一个计数输入端,如图 3.20 所示。现以 C235 为例说明此类计数器的动作过程。X10 接通时,方向 M8235 置位,计数器 C235 递减计数;反之递加计数。当 X11 接通时,C235 复位为 0,接点 C235 断开。当 X12 接通时,C235 选中,从表 3.9 可知,对应计数器 C235 的输入为 X0,C235 对 X0 的输入脉冲进行计数。

(2) 1 相带启动/复位端子高速计数器 C241～C245

这类高速计数器的计数方式、接点动作、计数方向与 C235～C240 相似。C241～C245 高速计数器各有一个计数输入和一个复位输入,计数器 C244 和 C245 还有一个启动输入。现以如图 3.21 所示的 C245 计数器为例说明此类高速计数器的动作过程。当方向标志 M8245 置位时,C245 计数器递减计数;反之递加计数。当 X14 接通时,C245 复位为 0,接点 C245 断开。从表 3.9 中可知,C245 还能由外部输入 X3 复位。计数器 C245 还有外部启动输入端 X7。当 X7 接通时,C245 开始计数,X7 断开时,C245 停止计数。当 X15 选通 C245 时,对 X2 输入端的脉冲进行计数。需要说明的是:对 C245 设置 D0,实际上是设置 D0、D1,因为计数器为 32 位。而外部控制启动 X7 和复位 X3 是立即响应的,它不受程序扫描周期的影响。

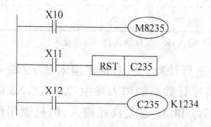

图 3.20　C235 计数器

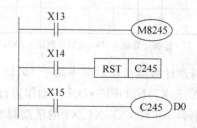

图 3.21　C245 计数器

（3）1相2输入（双向）高速计数器C246～C250

这5个高速计数器有两个输入端，一个递加，一个递减。有的还有复位和启动输入。现以C246为例，用图3.22说明它们的计数动作过程。当X10接通时，C246像普通32位递加/递减计数器一样的方式复位。从表3.9中可以看出，对C246，X0为递加计数端，X1为递减计数端。X11接通时，选中C246，使X0、X1输入有效。X0由OFF变为ON，C246加1；X1由OFF变为ON，C246减1。

图3.23所示为以C250为例说明带复位和启动端的1相2输入高速计数器的动作过程。查表3.9可知，对C250，X5为复位输入，X7为启动输入，因此可由外部复位，而不必用RST C250指令。要选中C250，必须接通X13，启动输入X7接通时开始计数，X7断开时停止计数。递加计数输入为X3，递减计数输入为X4。而计数方向由特殊辅助继电器M8×××决定。M8×××为ON时，表示递减计数，M8×××为OFF时，表示递加计数。

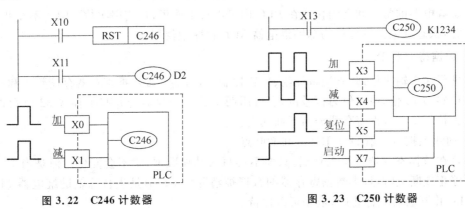

图3.22 C246计数器　　　　　　图3.23 C250计数器

（4）2相输入（A-B相型）高速计数器C251～C255

在2相输入计数器中，最多可有两个2相32位二进制递加/递减计数器，其计数的动作过程与前面所讲的普通型32位递加递减型相同，对这些计数器，只有表3.9中所示的输入端可用于计数。

A相和B相信号决定计数器是递加计数还是递减计数。当A相为ON状态时，B相输入由OFF变为ON，为递加计数；而B相输入由ON变为OFF时，为递减计数。图3.24所示为以C251和C255为例的此类计数器的计数过程。

在X11接通时，C251对输入X0（A相）、X1（B相）的ON/OFF过程计数。选中信号X13接通时，一旦X7接通，C255立即开始计数，计数输入为X3（A相）和X4（B相）。X5接通，C255复位，在程序中编入第三行所示指令，则X12接通时也能够使C255复位。检查对应的特殊辅助继电器M8×××可知计数器是递加计数还是递减计数。

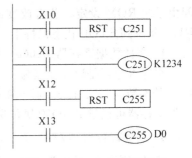

图3.24 C251、C255计数器

3）计数频率

计数器最高频率受两个因素限制。一是各个输入端的响应速度，主要是受硬件的限制，其中X0、X2、X3的最高频率为10kHz。二是全部高速计数器的处理时间，这是高速计数器频率受限制的主要因素。因为高速计数器操作采用中断方式,故计数器用的越少,可计数频率就需要越高。如果某些计数器使用比较低的频率计数,则其他计数器可用较高的频率计数。

**6. 状态器 S**

状态器 S 是构成状态转移图的重要软元件,它与后续的步进梯形指令配合使用。通常状态继电器软元件有下面 5 种类型:

初始状态继电器 S0～S9 共 10 点;

回零状态继电器 S10～S19 共 10 点;

通用状态继电器 S20～S499 共 480 点;

停电保持状态器 S500～S899 共 400 点;

报警用状态继电器 S900～S999 共 100 点。

状态继电器的常开和常闭接点在 PLC 内可以自由使用,且使用次数不限。不用步进梯形指令时,状态继电器 S 可作为辅助继电器 M 在程序中使用。

**7. 数据寄存器 D**

在进行输入输出处理、模拟量控制、位置控制时,需要许多数据寄存器存储数据和参数。数据寄存器为 16 位,最高位为符号位;也可用两个数据寄存器合并起来存放 32 位数据,最高位仍为符号位。数据寄存器分为下面几类:

1) 通用数据寄存器 D0～D199(共 200 点)

一旦在数据寄存器中写入数据,只要不再写入其他数据,就不会变化。但是当 PLC 由运行到停止或断电时,该类数据寄存器的数据被清除为 0。但是当特殊辅助继电器 M8033置 1,PLC 由运行转向停止时,数据可以保持。

2) 断电保持/锁存寄存器 D200～D7999(共 7800 点)

断电保持/锁存寄存器有断电保持功能,PLC 从 RUN 状态进入 STOP 状态时,断电保持寄存器的值保持不变。利用参数设定,可改变断电保持数据寄存器的范围。

3) 特殊数据寄存器 D8000～D8255(共 256 点)

这些数据寄存器供监视 PLC 中器件运行方式用。其内容在电源接通时,写入初始值(先全部清零,然后由系统 ROM 安排写入初始值)。例如,D8000 所存的警戒监视时钟的时间由系统 ROM 设定。若有改变时,用传送指令将目的时间送入 D8000。该值在 PLC 由RUN 状态到 STOP 状态保持不变。对于未定义的特殊数据寄存器,用户不能用。

4) 文件数据寄存器 D1000～D7999(共 7000 点)

文件寄存器是以 500 点为一个单位,可被外部设备存取。文件寄存器实际上被设置为PLC 的参数区。文件寄存器与锁存寄存器是重叠的,可保证数据不会丢失。FX2N 系列的文件寄存器可通过 BMOV(块传送)指令改写。

**8. 变址寄存器(V/Z)**

变址寄存器除了和普通的数据寄存器有相同的使用方法外,还常用于修改器件的地址编号。V、Z 都是 16 位的寄存器,可进行数据的读写。当进行 32 位操作时,将 V、Z 合并使用,指定 Z 为低位。

**9. 指针(P/I)**

分支指令用 P0～P62、P64～P127 共 127 点。指针 P0～P62、P64～P127 为标号,用来

指定条件跳转、子程序调用等分支指令的跳转目标。P63 为结束跳转使用。

中断用指针 I0□□~I8□□共 9 点。中断指针的格式表示如下：

1）输入中断 I△0□

□＝0 表示为下降沿中断；□＝1 表示为上升沿中断。

△表示输入号，取值范围为 0~5，每个输入只能用一次。

例如，I001 为输入 X0 从 OFF 到 ON 变化时，执行由该指令作为标号后面的中断程序，并根据 IRET 指令返回。

2）定时器中断 I△□□

△表示定时器中断号，取值范围为 6~8，每个定时器只能用 1 次。

□□表示定时时间，取值范围为 10~99ms。

例如，I710，即每隔 10ms 就执行标号为 I710 后面的中断程序，并根据 IRET 指令返回。

**10. 常数（K/H）**

常数也作为器件对待，它在存储器中占有一定的空间，十进制常数用 K 表示，如 18 表示为 K18；十六进制常数用 H 表示，如 18 表示为 H12。

# 习　题

3-1　可编程控制器有哪些软继电器？哪些采用八进制编号？哪些采用十进制编号？

3-2　定时器有哪些类型？说明每种定时器的结构和工作原理，并说明其中的 1ms、10ms、100ms 的含义。

3-3　某一电气设备由一台电动机驱动，该电气设备要求在运行停止后隔 3min 才能启动，试设计该设备的控制梯形图。

3-4　比较输入互锁电路和输出互锁电路的区别。

3-5　根据如图 3.25 所示的梯形图画出 M0 的时序图。

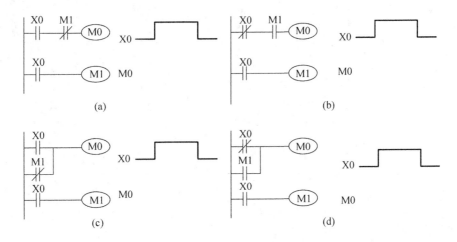

图 3.25　习题 3-5 图

3-6　根据图 3.26 画出对应的梯形图。

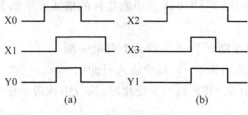

图 3.26　习题 3-6 图

3-7　分析图 3.27 中的梯形图，当 X1 出现两个上升沿时，Y0 能否失电？如果能，则说明控制原理；如果不能，则给予纠正。

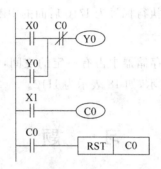

图 3.27　习题 3-7 图

# 第4章

# FX系列PLC的指令系统

FX 系列 PLC 的指令系统包括基本逻辑指令 20 或 27 条、步进指令两条和应用指令（即功能指令）一百多条（不同系列有所不同）。本章针对 FX2N 系列，分别介绍这三类指令的功能和使用方法。

## 4.1 基本逻辑指令

基本逻辑指令是三菱 PLC 中最基本的编程语言，掌握了它也就初步掌握了 PLC 的使用方法。三菱的 FX2N 系列有 27 条基本逻辑指令，本节将逐条介绍其指令的功能和应用。

### 4.1.1 触点指令 LD/LDI/AND/ANI/OR/ORI

下面把 LD/LDI/AND/ANI/OR/ORI 6 条指令的符号、功能、目标元件、程序步以列表的形式加以说明，如表 4.1 所示。

表 4.1　LD/LDI/AND/ANI/OR/ORI 助记符和功能

| 符号名称 | 功　能 | 电路表示和目标元件 | 程序步 |
|---|---|---|---|
| LD(取指令) | 常开触点逻辑运算起始 | XYMSTC | 1 |
| LDI(取反指令) | 常闭触点逻辑运算起始 | XYMSTC | 1 |
| AND(与指令) | 常开触点串联连接 | XYMSTC | 1 |
| ANI(与非指令) | 常闭触点串联连接 | XYMSTC | 1 |
| OR(或指令) | 常开触点并联连接 | XYMSTC | 1 |
| ORI(或非指令) | 常闭触点并联连接 | XYMSTC | 1 |

注：当使用 M1536-M3071 时，程序步加 1。

**1. 取指令(LD/LDI)**

1) 指令使用说明

(1) LD 和 LDI 指令主要用于将常开和常闭触点接到左母线上,但在电路块分支起点处也使用。

(2) OUT 指令用来驱动输出继电器、辅助继电器、状态继电器、定时器、计数器的线圈。由于输入继电器的状态是由输入信号决定的,因此不能用于驱动输入继电器。该指令后面会详细介绍。

2) 指令的应用

**例 4.1**　LD/LDI 指令的梯形图和指令程序如图 4.1 所示。

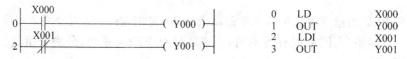

**图 4.1　LD/LDI 指令应用**

**2. 触点串联指令(AND/ANI)**

1) 指令使用说明

(1) AND、ANI 指令可进行单个触点的串联连接,且串联触点的数量不受限制,可以连续使用。

(2) 当继电器的常开触点或常闭触点与其他继电器的触点组成的电路块串联时,也使用 AND 或 ANI 指令,如图 4.2 所示。

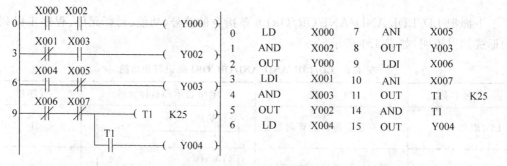

**图 4.2　AND/ANI 指令应用**

2) 指令的应用

**例 4.2**　AND/ANI 指令的梯形图和指令程序如图 4.2 所示。

**3. 触点并联指令(OR/ORI)**

1) 指令的使用说明

(1) OR、ORI 指令用作单个触点的并联连接指令,且 OR、ORI 指令可以连续使用,并且不受使用次数的限制,如图 4.3 所示。

(2) OR、ORI 指令是从该指令的步开始,与前面的 LD、LDI 指令步进行并联连接。

(3) 当继电器的常开触点或常闭触点与其他继电器的触点组成的混联电路块并联时,也可以用这两个指令,如图 4.4 所示。

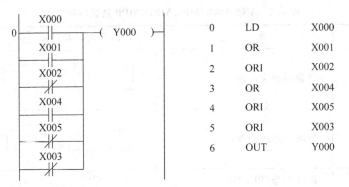

图 4.3　OR/ORI指令连续使用不受限制

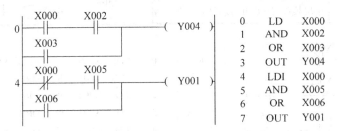

图 4.4　OR指令对混联电路块进行并联

2) 指令的应用

**例 4.3**　OR/ORI指令的梯形图和指令程序如图4.5所示。

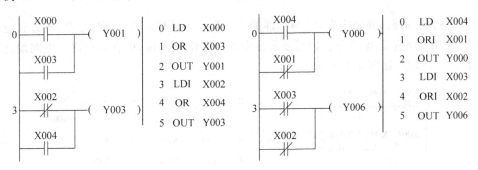

图 4.5　OR/ORI指令应用

## 4.1.2　连接指令 ANB/ORB/MPS/MRD/MPP

下面把 ANB/ORB/MPS/MRD/MPP 5 条指令的符号、功能、目标元件、程序步以列表的形式加以说明,如表 4.2 所示。

### 1. 块操作指令(ORB/ANB)

1) 指令使用说明

(1) ORB、ANB 指令是无操作软元件的独立指令,它们只描述电路的串并联关系。

(2) 将串联电路快并联连接时,分支开始用 LD、LDI 指令,分支结束用 ORB 指令,如图 4.6 所示。

表 4.2 ANB/ORB/MPS/MRD/MPP 助记符和功能

| 符号名称 | 功 能 | 电路表示和目标元件 | 程序步 |
|---|---|---|---|
| ANB(回路块与) | 并联回路块的串联 | 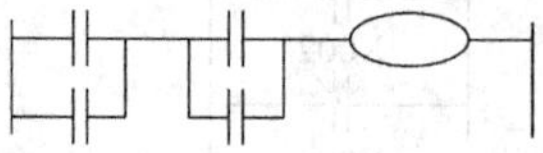 | 1 |
| ORB(回路块或) | 串联回路块的并联 | 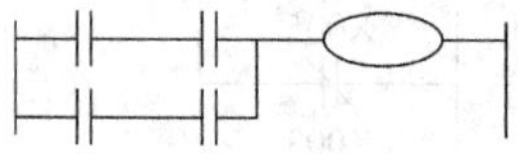 | 1 |
| MPS(进栈) | 进栈指令(PUSH) | 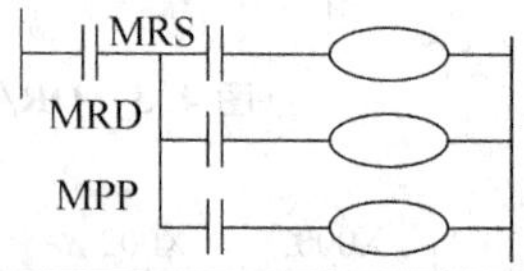 MRS | 1 |
| MRD(读栈) | 读栈指令 | MRD | 1 |
| MPP(出栈) | 出栈指令(POP 读栈且复位) | MPP | 1 |

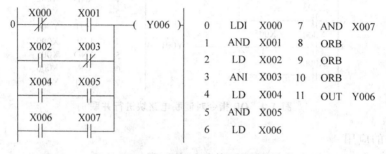

| | | | | |
|---|---|---|---|---|
| 0 | LDI | X000 | 7 | AND X007 |
| 1 | AND | X001 | 8 | ORB |
| 2 | LD | X002 | 9 | ORB |
| 3 | ANI | X003 | 10 | ORB |
| 4 | LD | X004 | 11 | OUT Y006 |
| 5 | AND | X005 | | |
| 6 | LD | X006 | | |

图 4.6 串联电路并联连接

(3) 将分支电路(并联电路块)与前面的电路串联连接时使用 ANB 指令,各并联电路块的起点,使用 LD 或 LDI 指令。如需要将多个电路块串联连接,应在每个串联电路块之后使用一个 ANB 指令,如图 4.7 所示。

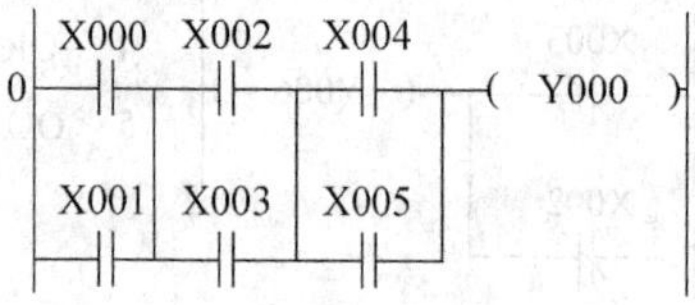

| | | | | | |
|---|---|---|---|---|---|
| 0 | LD | X000 | 4 | LD | X004 |
| 1 | OR | X001 | 5 | OR | X005 |
| 2 | LD | X002 | 6 | ANB | |
| 3 | OR | X003 | 7 | ANB | |
| | | | 8 | OUT | Y000 |

图 4.7 ANB 指令的连续应用

(4) 有多个串联电路块时,若对每个电路块使用 ORB 指令,则串联电路块没有限制。

(5) 若多个并联电路块按顺序和前面的电路串联连接时,则 ANB 指令的使用次数没有限制。

(6) 使用 ORB、ANB 指令编程时,也可以采取 ORB、ANB 指令连续使用的方法;但连续使用不能超过 8 次,在此建议不使用此法。

2) 指令的应用

例 4.4 ANB/ORB 指令的梯形图和指令程序如图 4.8 所示。

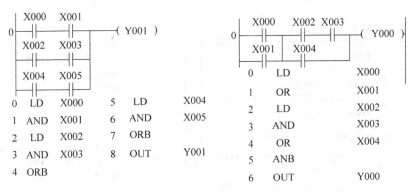

图 4.8　ANB/ORB 指令应用

## 2. 堆栈指令（MPS/MRD/MPP）

1) 堆栈指令介绍

在 FX 系列 PLC 中有 11 个存储单元（见图 4.9），它们专门用来存储程序运算的中间结果，被称为栈存储器。

MPS（进栈指令）即将该处指令之前的逻辑运算结果存储起来。将运算结果送入栈存储器的第一段，同时将先前送入的数据依次移到栈的下一段。

MRD（读栈指令）读出该处由 MPS 指令存储的逻辑运算结果。将栈存储器的第一段数据（最后进栈的数据）读出且该数据继续保存在栈存储器的第一段，栈内的数据不发生移动。

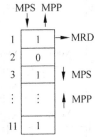

图 4.9　PLC 的堆栈结构

MPP（出栈指令）读出并清除由 MPS 指令存储的逻辑运算结果。将栈存储器的第一段数据（最后进栈的数据）读出且该数据从栈中消失，同时将栈中其他数据依次上移。

2) 指令使用说明

（1）MPS、MRD、MPP 无操作软元件。其中 MPS、MPP 指令可以重复使用，但是连续使用不能超过 11 次，且两者必须成对使用，缺一不可，而 MRD 指令有时可以不用。

（2）MRD 指令可多次使用，但在打印等方面有 24 行限制。

（3）最终输出电路以 MPP 代替 MRD 指令，读出存储并复位清零。

（4）MPS、MRD、MPP 指令之后若有单个常开或常闭触点串联，则应该使用 AND 或 ANI 指令。

（5）MPS、MRD、MPP 指令之后若有触点组成的电路块串联，则应该使用 ANB 指令，如图 4.10 所示，第 19 步 ANB 直接把第 17、18 步结果与出栈数据进行并联。

（6）MPS、MRD、MPP 指令之后若无触点串联，直接驱动线圈，则应该使用 OUT 指令，如图 4.11 所示。

（7）指令使用可以有多层堆栈，一层堆栈如图 4.11 所示，两层堆栈如图 4.12 所示，四层堆栈如图 4.13 所示，其中四层堆栈可以使用纵接输出的形式，而不采用 MPS 指令。

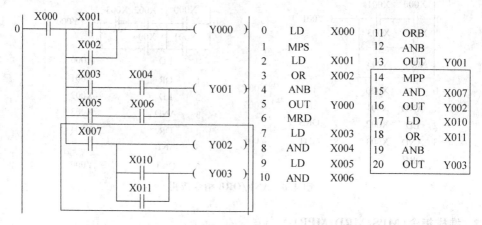

图 4.10　堆栈指令之后由触点组成的电路块串联应使用 ANB 指令

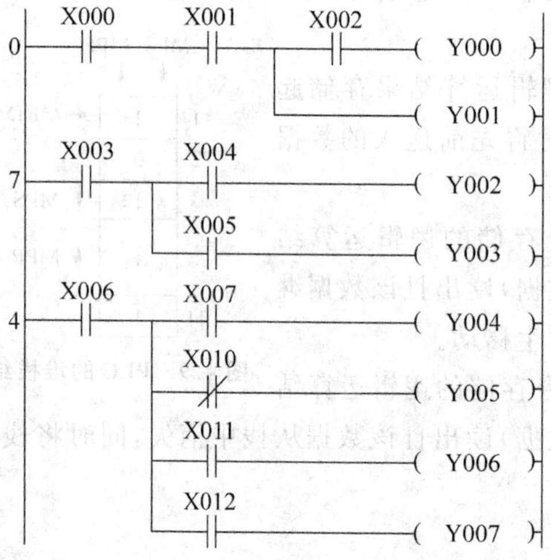

| 0 | LD | X000 | 11 | ORB | |
| 1 | MPS | | 12 | ANB | |
| 2 | LD | X001 | 13 | OUT | Y001 |
| 3 | OR | X002 | 14 | MPP | |
| 4 | ANB | | 15 | AND | X007 |
| 5 | OUT | Y000 | 16 | OUT | Y002 |
| 6 | MRD | | 17 | LD | X010 |
| 7 | LD | X003 | 18 | OR | X011 |
| 8 | AND | X004 | 19 | ANB | |
| 9 | LD | X005 | 20 | OUT | Y003 |
| 10 | AND | X006 | | | |

| 0 | LD | X000 | 14 | LD | X006 |
| 1 | AND | X001 | 15 | MPS | |
| 2 | MPS | | 16 | AND | X007 |
| 3 | AND | X002 | 17 | OUT | Y004 |
| 4 | OUT | Y000 | 18 | MRD | |
| 5 | MPP | | 19 | ANI | X010 |
| 6 | OUT | Y001 | 20 | OUT | Y005 |
| 7 | LD | X003 | 21 | MRD | |
| 8 | MPS | | 22 | AND | X011 |
| 9 | AND | X004 | 23 | OUT | Y006 |
| 10 | OUT | Y002 | 24 | MPP | |
| 11 | MPP | | 25 | AND | X012 |
| 12 | AND | X005 | 26 | OUT | Y007 |
| 13 | OUT | Y003 | | | |

图 4.11　一层堆栈编程

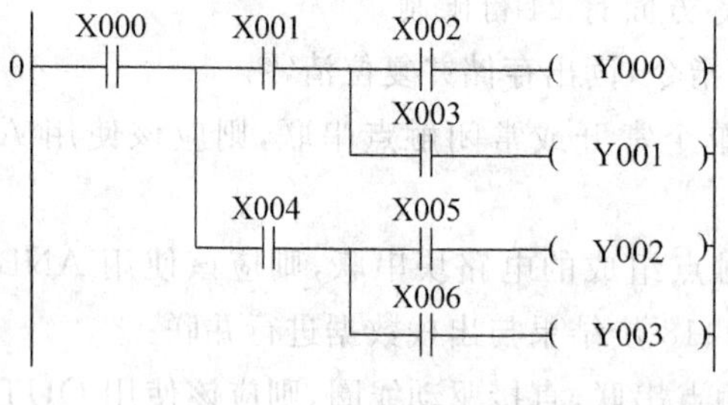

| 0 | LD | X000 | 9 | MPP | |
| 1 | MPS | | 10 | AND | X004 |
| 2 | AND | X001 | 11 | MPS | |
| 3 | MPS | | 12 | AND | X005 |
| 4 | AND | X002 | 13 | OUT | Y002 |
| 5 | OUT | Y000 | 14 | MPP | |
| 6 | MPP | | 15 | AND | X006 |
| 7 | AND | X003 | 16 | OUT | Y003 |
| 8 | OUT | Y001 | | | |

图 4.12　两层堆栈编程

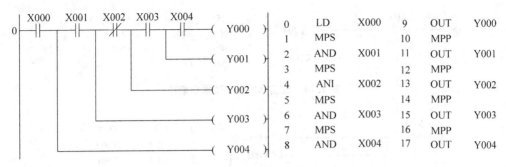

**图4.13　四层堆栈编程**

### 4.1.3　输出指令 OUT/SET/RST/PLS/PLF/INV

下面把 OUT/SET/RST/PLS/PLF/INV 6 条指令的符号、功能、目标元件、程序步以列表的形式加以说明,如表 4.3 所示。

**表4.3　OUT/SET/RST/PLS/PLF/INV 助记符和功能**

| 符号名称 | 功　　能 | 电路表示和目标元件 | 程序步 |
|---|---|---|---|
| OUT(输出) | 线圈驱动指令 | ─┤├─┤├─( YMSTC ) | Y、M:1;<br>S、特 M:2;<br>T:3;C:3~5 |
| SET(置位) | 动作保持具有自锁功能 | ─┤├─[ SET　YMS ]─ | Y、M:1;<br>S、特 M:2;<br>T、C:2;<br>D、Z、V、特 D:3 |
| RST(复位) | 消除动作保持,及寄存器清零 | ─┤├─[ RST　YMSTCDVZ ]─ | |
| PLS(上升沿脉冲) | 上升沿检测指令 | ─┤├─[ PLS　YM ]─ | 1 |
| PLF(下降沿脉冲) | 下降沿检测指令 | ─┤├─[ PLF　YM ]─ | 1 |
| INV(反向) | 运算结果的反向 | ─┤├─┤├─/─( )─<br>　　　　INV | 1 |

#### 1. 输出指令(OUT)

指令说明如下:

(1) OUT 指令用来驱动输出继电器、辅助继电器、状态继电器、定时器、计数器的线圈,而不能用于驱动输入继电器,因为输入继电器的状态是由输入信号决定的。

(2) OUT 指令之后,通过触点对其他线圈使用 OUT 指令,称为纵接输出。这种纵接输出如果顺序不错,可多次重复使用;如果顺序颠倒,就必须要用前面所学到的指令(MPS 进栈/MRD 读栈/MPP 出栈),如图 4.14 所示。

(3) OUT 指令可连续使用,如图 4.15 所示。

(4) 定时器的计时线圈或计数器的计数线圈,使用 OUT 指令后,必须设定值(常数 K

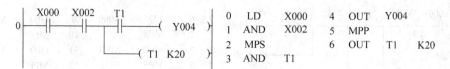

图 4.14　改变 AND、ANI 输出顺序

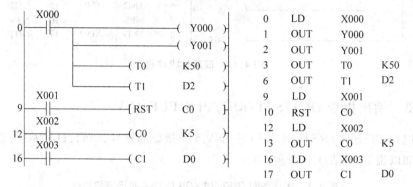

图 4.15　OUT 指令的并联

或指定数据寄存器的地址号）。如设定值是常数 $K$ 时，则 $K$ 的设定范围如表 4.4 所示，程序步序号是自动生成，在输入程序时不用输入程序步号，不同的指令，程序步序号有所不同。

表 4.4　$K$ 值设定范围

| 定时器、计数器 | $K$ 的设定范围 | 实际的设定值 | 步数 |
|---|---|---|---|
| 1ms 定时器 | 1～32 767 | 0.001～32.767s | 3 |
| 10ms 定时器 | | 0.01～327.67s | 3 |
| 100ms 定时器 | | 0.1～3276.7s | 3 |
| 16 位计数器 | | 1～32 767 | 3 |
| 32 计数器 | −2 147 483 648～+2 147 483 647 | −2 147 483 648～+2 147 483 647 | 3 |

**2. 置位与复位指令（SET/RST）**

SET（置位指令）的作用是使被操作的目标元件保持 ON 的指令。

RST（复位指令）的作用是使被操作的目标元件保持 OFF 的指令。

SET、RST 指令的使用说明：

（1）SET 指令的目标元件为 Y、M、S，RST 指令的目标元件为 Y、M、S、T、C、D、V、Z。RST 指令常被用来对 D、Z、V 的内容清零，还用来复位积算定时器和计数器。

（2）对于同一目标元件，SET、RST 可多次使用，顺序也可随意，但最后执行者有效。

（3）当控制触点闭合时，执行 SET 和 RST 指令，不管后来触点如何变化，逻辑运算结果都保持不变，且一直保持到相反的操作到来。在任何情况下，RST 指令都优先执行。

SET 和 RST 指令使用如图 4.16 所示，当 X0 接通时，Y0 接通并自保持；当 X1 接通时，Y0 清除保持。

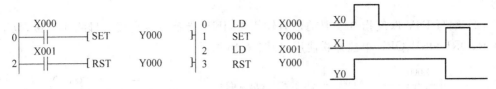

**图 4.16　SET/RST 指令应用**

### 3. 微分指令（PLS/PLF）

1）脉冲微分指令介绍

脉冲微分指令用于检测信号的变化，即检测从断开到接通的上升沿和从接通到断开的下降沿信号，如果条件满足，则被驱动的软元件产生一个扫描周期的脉冲信号。

PLS 指令：上升沿微分脉冲指令，当检测到逻辑关系的结果为上升沿信号时，驱动的操作软元件产生一个脉冲宽度为一个扫描周期的脉冲信号。

PLF 指令：下降沿微分脉冲指令，当检测到逻辑关系的结果为下降沿信号时，驱动的操作软元件产生一个脉冲宽度为一个扫描周期的脉冲信号。

2）指令应用

PLS/PLF 指令的应用如图 4.17 所示。当检测到 X0 的上升沿时，PLS 的操作软元件 M0 产生一个扫描周期的脉冲，M0 接通一个扫描周期；当检测到 X1 的上升沿时，PLF 的操作软元件 M1 产生一个扫描周期的脉冲，M1 接通一个扫描周期。

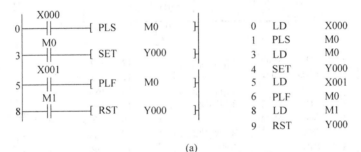

(a)

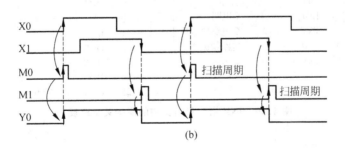

(b)

**图 4.17　PLS/PLF 指令应用**

（a）梯形图及指令程序；（b）波形图

### 4. 取反指令（INV）

1）指令使用说明

（1）INV 指令是在将执行 INV 指令之前的运算结果反转的指令，是不带操作数的独立指令。

（2）编写 INV 取反指令需要前面有输入量，INV 指令不能直接与母线相连接，也不能如 OR、ORI、ORP、ORF 单独并联使用，如图 4.18 所示。

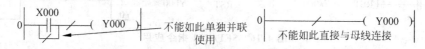

**图 4.18　INV 指令需要前面有输入量**

（3）可以多次使用，只是结果只有两个，要么通要么断，如图 4.19 所示。

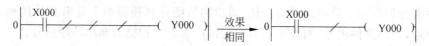

**图 4.19　INV 指令多次使用**

（4）INV 指令只对其前的逻辑关系取反，如图 4.20 所示，在包含 ORB 指令、ANB 指令的复杂电路中使用 INV 指令编程时，INV 的取反动作如指令表中所示，将各个电路块开始处的 LD、LDI、LDP、LDF 指令以后的逻辑运算结果作为 INV 运算的对象。

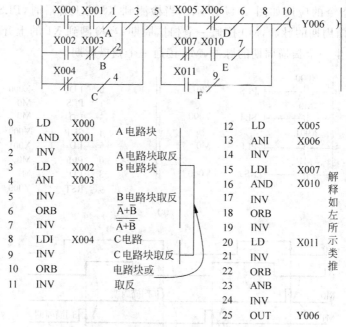

**图 4.20　INV 指令只对其前的逻辑关系取反**

2）指令应用

INV 指令的应用如图 4.21 所示。X0 接通，Y0 断开；X0 断开，Y0 接通。

### 4.1.4　主控指令 MC/MCR

当多个线圈同时受一个或一组触点控制，如果在每个线圈的控制电路中都串入相同的触点，在编程时将占用很多存储单元，使用主控指令就可以解决这一问题，如图 4.22 所示。

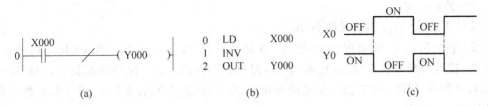

(a)              (b)              (c)

**图 4.21 取反指令 INV**

(a) 梯形图；(b) 指令表；(c) 时序图

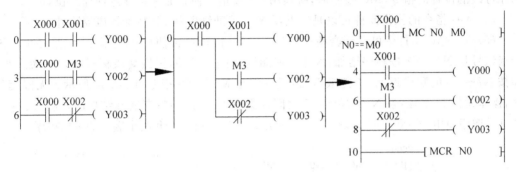

**图 4.22 主控指令等效示意图**

下面把 MC/MCR 两条指令的符号、功能、目标元件、程序步以列表的形式加以说明,如表 4.5 所示。

**表 4.5 MC/MCR 助记符和功能**

| 符号名称 | 功 能 | 电路表示和目标元件 | 程序步 |
|---|---|---|---|
| MC(主控) | 主控开始指令 | ┤├── MC N YM ── <br> M 除特殊辅助继电器以外 | 3 |
| MC(主控复位) | 主控复位指令 | ┤├── NCR N ── | 2 |

MC/MCR 指令的应用如图 4.23 所示。

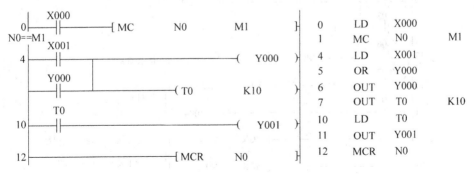

**图 4.23 MC/MCR 指令的应用**

指令使用说明：

（1）MC 指令的操作软元件 N、M。

（2）在如图 4.23 所示程序中，输入 X0 接通时，直接执行从 MC 到 MCR 之间的程序；如果 X0 输入为断开状态，则根据不同的情况形成不同的形式：保持当前状态，积算定时器（T63）、计数器、SET/RST 指令驱动的软元件；断开状态，非积算定时器、用 OUT 指令驱动的软元件。

（3）主控指令（MC）后，母线（LD、LDI）临时移到主控触点后，MCR 为其将临时母线返回原母线的位置的指令，MC 指令后，必须用 MCR 指令使临时左母线返回原来位置。

（4）MC 指令的操作元件可以是继电器 Y 或辅助继电器 M（特殊继电器除外）。

（5）MC/MCR 指令可以嵌套使用，即 MC 指令内可以再使用 MC 指令，但是必须使嵌套级编号从 N0～N7 按顺序增加，次序不能颠倒；而主控返回则嵌套级标号必须从大到小，即按 N7～N0 的顺序返回，不能颠倒，最后一定是 MCR N0 指令；图 4.24 所示为无嵌套程序，操作元件 N 编程，且 N 在 N0～N7 之间任意使用没有限制；有嵌套结构时，嵌套级 N 的地址号增序使用，即 N0～N7。图 4.25 和图 4.26 分别为有一个和两个嵌套的主控程序。

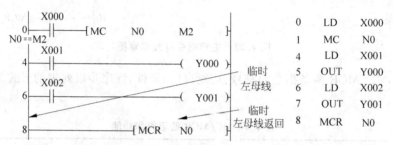

**图 4.24　主控指令的编程（无嵌套）**

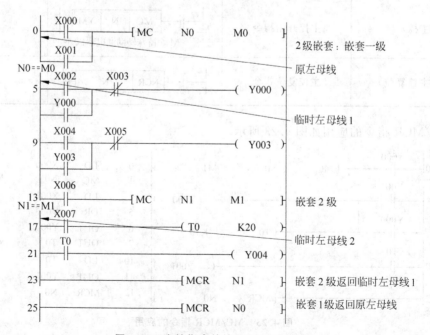

**图 4.25　主控指令的编程（有一个嵌套）**

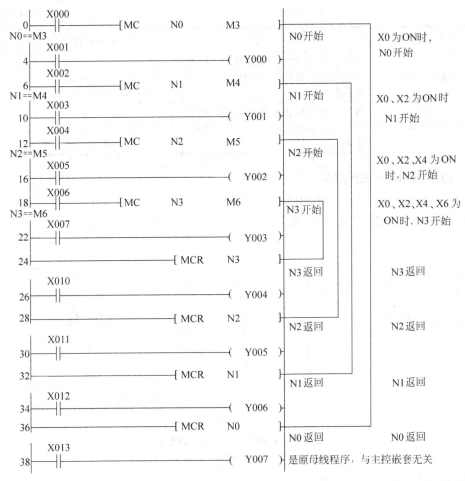

**图 4.26　主控指令的编程（有两个嵌套）**

### 4.1.5　取脉冲指令 LDP/LDF/ANDP/ANDF/ORP/ORF

下面把 LDP/LDF/ANDP/ANDF/ORP/ORF 6 条指令的符号、功能、目标元件、程序步以列表的形式加以说明，如表 4.6 所示。

**表 4.6　LDP/LDF/ANDP/ANDF/ORP/ORF 助记符和功能**

| 符号名称 | 功　能 | 电路表示和目标元件 | 程序步 |
|---|---|---|---|
| LDP（取脉冲上升沿） | 上升沿检测（检测到信号的上升沿时闭合一个扫描周期） | XYMSTC | 2 |
| LDF（取脉冲下降沿） | 下降沿检测（检测到信号的下降沿时闭合一个扫描周期） | XYMSTC | 2 |
| ANDP（与脉冲上升沿） | 上升沿串联连接（检测到位软元件上升沿信号时闭合一个扫描周期） | XYMSTC | 2 |
| ANDF（与脉冲下降沿） | 下降沿串联连接（检测到位软元件下降沿信号时闭合一个扫描周期） | XYMSTC | 2 |

续表

| 符号名称 | 功　能 | 电路表示和目标元件 | 程序步 |
|---|---|---|---|
| ORP（或脉冲上升沿） | 脉冲上升沿检测并联连接（检测到位软元件上升沿信号时闭合一个扫描周期） | XYMSTC | 2 |
| ORF（或脉冲下降沿） | 脉冲下降沿检测并联连接（检测到位软元件下降沿信号时闭合一个扫描周期） | XYMSTC | 2 |

### 1. LDP/ANDP/ORP 指令

LDP/ANDP/ORP 指令的应用如图 4.27 所示，当 X000、X001 从 OFF 变为 ON 时，M0 接通，时间为一个扫描周期；当 X002 从 OFF 变为 ON 时，M1 接通，时间为一个扫描周期。

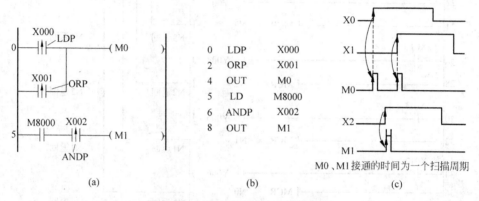

**图 4.27　LDP/ANDP/ORP 指令应用**
(a) 梯形图；(b) 指令表；(c) 动作时序图

指令使用说明：

（1）LDP、ANDP、ORP 指令是进行上升沿检测的触点指令，仅在指定位元件上升时（即由 OFF→ON 变化时）接通一个扫描周期。

（2）操作的目标元件是 X、Y、M、S、T、C。

### 2. LDF/ANDF/ORF 指令

LDF/ANDF/ORF 指令的梯形图和指令程序如图 4.28 所示，当 X000、X001 从 ON 变

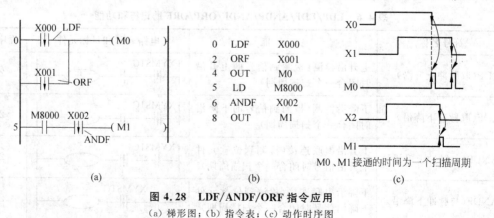

**图 4.28　LDF/ANDF/ORF 指令应用**
(a) 梯形图；(b) 指令表；(c) 动作时序图

为 OFF 时,M0 接通,时间为一个扫描周期;当 X002 从 ON 变为 OFF 时,M1 接通,时间为一个扫描周期。

指令使用说明:

(1) LDF、ANDF、ORF 指令是进行下降沿检测的触点指令,仅在指定位元件下降时(即由 ON→OFF 变化时)接通一个扫描周期。

(2) 操作的目标元件是 X、Y、M、S、T、C。

### 4.1.6　其他指令 NOP/END

下面把 NOP/END 两条指令的符号、功能、目标元件、程序步以列表的形式加以说明,如表 4.7 所示。

表 4.7　NOP/END 助记符和功能

| 符号名称 | 功　　能 | 电路表示和目标元件 | 程序步 |
| --- | --- | --- | --- |
| NOP 空操作 | 程序清除或空格用 | 无 | 1 |
| END(结束) | 程序结束,返回 0 步 | 无 | 1 |

#### 1. NOP 指令

NOP 指令称为空操作指令,无任何操作元件。其主要功能是在调试程序时,用其取代一些不必要的指令,即删除由这些指令构成的程序;另外在程序中使用 NOP 指令,可延长扫描周期。若在普通指令与指令之间加入空操作指令,可编程控制器可继续工作,就如没有加入 NOP 指令一样;若在程序执行过程中加入空操作指令,则在修改或追加程序时可减少步序号的变化。如图 4.29 所示,当把 AND X1 换成 NOP,则触点 X1 被消除,ANI X2 换成 NOP,触点 X2 被消除。

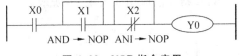

图 4.29　NOP 指令应用

#### 2. END 指令

END 指令称为结束指令,无操作元件。其功能是输入输出处理和返回到 0 步程序。

#### 3. NOP/END 指令使用说明

(1) 在将程序全部清除时,存储器内指令全部成为 NOP 指令。

(2) 若将已经写入的指令换成 NOP 指令,则电路会发生变化。

(3) 可编程控制器反复进行输入处理、程序执行、输出处理,若在程序的最后写入 END 指令,则 END 以后的其余程序步不再执行,而直接进行输出处理。

(4) 在程序中没有 END 指令时,可编程控制器处理完其全部的程序步。

(5) 在调试期间,在各程序段插入 END 指令,可依次调试各程序段程序的动作功能,确认后再删除各 END 指令。

(6) 可编程控制器在 RUN 开始时首次执行是从 END 指令开始。

(7) 执行 END 指令时,也刷新监视定时器,检测扫描周期是否过长。

## 4.2 步进指令

由于基本逻辑指令实现较为复杂的顺序控制时,不是很直观,因此 PLC 厂家开发出了专门用于顺序控制的指令,如三菱的 FX 系列为 STL、RET 指令,使得顺序控制变得直观简单。本节简单介绍步进指令,步进指令的具体应用见第 5 章。

步进指令有两条:STL(步进接点指令)和 RET(步进返回指令),如表 4.8 所示。

表 4.8  步进指令

| 助记符、名称 | 功　能 | 回路表示和可用软元件 | 程序步 |
|---|---|---|---|
| STL 步进梯形图 | 步进梯形图开始 | ─┤├─S─┤├─　　　　◯── | 1 |
| RET 返回 | 步进梯形图结束 | ─────[ RET ]── | 1 |

### 1. STL：步进接点指令

STL 指令的操作元件是状态继电器 S,STL 指令的意义为激活某个状态。在梯形图上体现为从主母线上引出的状态接点。STL 指令有建立子母线的功能,以使该状态的所有操作均在子母线上进行。

STL 指令的应用如图 4.30 所示。

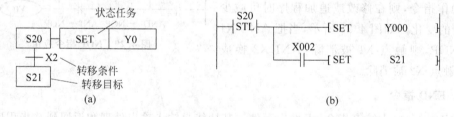

图 4.30  STL 指令应用

(a) 状态转移图；(b) 梯形图

可以看到,在状态转移图中状态有状态任务(驱动负载)、转移方向(目标)和转移条件三个要素。其中转移方向(目标)和转移条件是必不可少的,而驱动负载则视具体情况,也可能不进行实际的负载驱动。图 4.30 为状态转移图和梯形图的对应关系。其中 SET Y0 为状态 S20 的状态任务(驱动负载),S21 为其转移的目标,X2 为其转移条件。

图 4.30 的指令表程序如下:

```
STL     S20     使用 STL 指令,激活状态继电器 S20
SET     Y000    驱动负载
LD      X2      转移条件
SET     S21     转移方向(目标)处理
STL     S21     使用 STL 指令,激活状态继电器 S21
```

步进顺控的编程思想是：先进行负载驱动处理，然后进行状态转移处理。从程序中可以看出，首先要使用 STL 指令，这样负载驱动和状态转移均是在子母线上进行，并激活状态继电器 S20；然后进行本次状态下负载驱动，SET Y001；最后，如果转移条件 X2 满足，使用 SET 指令将状态转移到下一个状态继电器 S21。

步进接点只有常开触点，没有常闭触点。步进接点接通，需要用 SET 指令进行置位。步进接点闭合，其作用如同主控触点闭合一样，将左母线移到新的临时位置，即移到步进接点右边，相当于子母线，这时，与步进接点相连的逻辑行开始执行，与子母线相连的触点可以采用 LD 指令或者 LDI 指令。

**2. RET：步进返回指令**

RET 指令没有操作元件。RET 指令的功能是：当步进顺控程序执行完毕时，使子母线返回到原来主母线的位置，以便非状态程序的操作在主母线上完成，防止出现逻辑错误。

RET 指令的应用如图 4.31 所示。

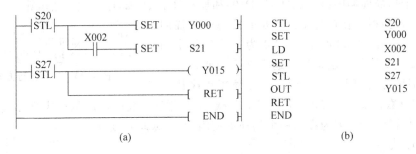

**图 4.31　RET 指令的应用**

（a）梯形图；（b）指令表

在每条步进指令后面，不必都加一条 RET 指令，只需在一系列步进指令的最后接一条 RET 指令即可。状态转移程序的结尾必须有 RET 指令。

# 4.3　应用指令

早期的 PLC 大多采用开关量控制，基本指令和步进指令已经能满足控制要求。为适应控制系统的其他控制要求，从 20 世纪 80 年代开始，PLC 生产厂家就在小型 PLC 上增设了大量的应用指令（也称功能指令），应用指令的出现大大拓宽了 PLC 的应用范围，也给用户编制程序带来了极大的方便，FX 系列的 PLC 应用指令共有 128 条（见附录 A）。本节针对 FX2N 系列，只对常用的应用指令进行介绍。

## 4.3.1　应用指令的基础知识

**1. 应用指令的通用格式**

如图 4.32 所示，为应用指令的通用格式，其中 X0 是应用指令的执行条件，其后的功能框中的内容就是应用指令，主要包括应用指令编号、助记符、数据长度、执行形式、操作数。

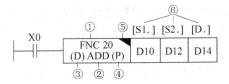

**图 4.32　应用指令的通用格式**

1) 应用指令编号

应用指令按功能号 FNC00~FNC246 来编号,如图 4.32 中①所示。

2) 助记符

应用指令的助记符是该指令的英文缩写。如图 4.32 中②所示的加法指令 ADD 是
ADDITION 的缩写。

3) 数据长度

应用指令可处理 16 位数据或 32 位数据。处理 32 位数据的指令是在助记符前加"D"
标志,无此标志即为处理 16 位数据的指令,如图 4.32 中③表示该指令处理 32 位数据。

4) 执行形式

应用指令有连续执行和脉冲执行两种类型。指令中标有"P"为脉冲执行型,如图 4.32
中④所示,在指令功能框中用"▼"警示,如图 4.32 中⑤所示。

脉冲执行型指令在执行条件满足时仅执行一个扫描周期。如图 4.32 所示,当 X0 闭合
时,只在一个扫描周期中将加数(D11、D10)和加数(D13、D12)作一次加法运算。

连续执行型指令在执行条件满足时的每个扫描周
期重复执行。如图 4.33 所示,在 X0 为 ON 的每个扫
描周期都要重复执行加法运算。通常在不需要每一个
扫描周期都执行时,用脉冲执行方式可缩短程序执行

图 4.33　连续执行方式

时间。XCH(数据交换)、INC(加 1)、DEC(减 1)等指令一般应使用脉冲执行方式。若用连
续执行时要特别注意,因为在每一个扫描周期内,其结果均在变化。

5) 操作数

操作数是应用指令涉及或产生的数据,如图 4.32 中⑥所示。它一般由 1~4 个操作数
组成,但有的应用指令只有助记符和功能号而不需要操作数。操作数分为源操作数、目标操
作数和其他操作数。每个操作数占两个或 4 个程序步(16 位操作数占两个程序步,32 位操
作数占 4 个程序步)。

[S]:源(Source)操作数,其内容不随指令执行而变化。使用变址功能时,表示为[S]
形式。源操作数不止一个时,可用[S1]、[S2]等表示。

[D]:目标(Destination)操作数,其内容随执行指令而改变。使用变址功能时,表示为
[D]形式。目标操作数不止一个时,可用[D1]、[D2]等表示。

[m]与[n]:表示其他操作数。常用来表示常数或作为源操作数和目标操作数的补充
说明。表示常数时,K 表示十进制,H 表示十六进制,注释可用 m1、m2 等表示。

**2. 数据软元件**

1) 位元件与位元件的组合

处理 ON/OFF 信息的软元件称为位元件,如 X、Y、M 和 S 为位元件。应用指令中的操
作数的形式有以下几种情形:K(十进制常数)、H(十六进制常数)、KnX、KnY、KnM、KnS、
T、C、D、V 和 Z。例如,用 KnP 的形式表示连续的位元件组,每组由 4 个连续的位元件组
成,P 为位元件的首地址,n 为组数(n=1~8);K2M0 表示由 M0~M7 组成的两个位元件
组,M0 为数据的最低位(首位)。

在使用位元件组件时应注意:

(1) 16 位操作数时,n=1~4,n<4 时高位为 0。

(2) 32 位操作数时,n=1~8,n<8 时高位为 0。

（3）在使用成组的位元件时，X 和 Y 的首地址的编号最低位尽可能地设定为 0，例如 X0、X10、Y20 等；对于 M 和 S，首地址可以采用能被 8 整除的数，也可以用最低位为 0 的地址作首地址，例如 M10、M32、S10、S32 等。

2）字元件

处理数据的元件称为字元件，如 T、C、D 等，一个字由 16 个二进制位组成。处理 32 位数据时，应用指令中用符号 D 表示。如图 4.33 所示，这时相邻的两个数据寄存器组成数据寄存器对，该指令将 D11 和 D10 中的数据与 D13 和 D12 中的数据相加的和传送到 D15 和 D14 中去，D10 中为低 16 位数据，D11 中为高 16 位数据，为了避免出现错误，建议首地址统一用偶数编号。指令前面没有 D 时表示 16 位数据。32 位计数器 C200～C255 不能用作 16 位指令的操作数。

**3. 变址寄存器**

在传送、比较指令中，变址寄存器 V、Z 用来修改操作对象的元件号，在循环程序中常使用变址寄存器。其操作方式与普通数据寄存器一样。当操作数据是 32 位时，V 作高 16 位，Z 作低 16 位。如图 4.34 中的各触点接通时，常数 10 送到 V0，常数 20 送到 Z1，ADD（加法）指令完成运算（D5V0）+（D15Z1）→（D40Z1），即（D15）+（D35）→（D60）。

### 4.3.2 程序流控制指令

**1. 条件跳转指令**

条件跳转指令（Conditional Jump）CJ：用于跳过顺序程序中的某一部分，以控制程序的流程。指针 P（Point）用于指示分支和跳步程序。在梯形图中，指针放在左侧母线的左边。条件跳转指令使用要素说明如表 4.9 所示。

表 4.9 条件跳转指令的使用要素

| 指令名称 | 指令编号 | 助记符 | 操作数[D.] | 指令步数 |
|---|---|---|---|---|
| 条件跳转 | FNC00(16) | CJ(P) | P0～P127<br>P63 即 END 所在步，不需标记 | CJ,CJP：3 步<br>标号 P：1 步 |

如图 4.35 所示，当 X0 为 ON 时，程序跳到指针 P8 处，如果 X0 为 OFF，不执行跳转，程序按原顺序执行。跳转时，不执行被跳过的那部分指令。多条跳转指令可以使用相同的指针，使用跳转指令可以缩短扫描周期。

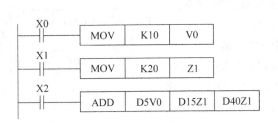

图 4.34 变址寄存器的使用

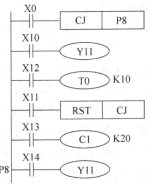

图 4.35 CJ 指令的使用

使用跳转指令时应注意：

(1) 指针可以出现在相应跳转指令之前，但是如果反复跳转的时间超过监控定时器的设定时间，则会引起监控定时器出错。

(2) 一个指针只能出现一次，如果出现两次或两次以上，则会出错。如果用 M8000 的常开触点驱动 CJ 指令，相当于无条件跳转指令，因为运行时特殊辅助继电器 M8000 总是为 ON。

(3) P63 是 END 所在的步序，在程序中不需要设置 P63。

(4) 设 Y、M、S 被 OUT、SET、RST 指令驱动，跳步期间即使驱动 Y、M、S 的电路状态改变了，它们仍保持跳步前的状态。例如，图 4.35 中的 X0 为 ON 时，Y11 的状态不会随 X10 发生变化，因为跳步期间根本没有执行这一行程序。

(5) 定时器和计数器如果被 CJ 指令跳过，跳步期间它们的当前值将被冻结。如果在跳步开始时定时器和计数器正在工作，在跳步期间它们将停止定时和计数，在 CJ 指令的条件变为不满足后继续工作。T192～199 和高速计数器 C235～C255 如果在驱动后跳转，则继续工作，输出触点也会动作。在跳步期间不执行应用指令，但是如果应用指令 PLSY(脉冲输出，FNC57)和 PWM(脉冲宽度调制，FNC 58)在刚开始被 CJ 指令跳过时正在执行，跳步期间将继续工作。

(6) 如果从主令控制区的外部跳入其内部，不管它的主控触点是否接通，都把它当成接通来执行主令控制区内的程序。如果跳步指令和标号都在同一主令控制区内，主控触点没有接通时不执行跳步。

**2. 子程序调用与子程序返回指令**

子程序调用指令(Sub Routine Call)CALL：用于在一定条件下调用并执行子程序，子程序返回用指令(Sub Routine Return)SRET。子程序调用与返回使用要素说明如表 4.10 所示。

表 4.10　子程序调用与返回指令的使用要素

| 指令名称 | 指令编号 | 助记符 | 操作数[D.] | 指令步数 |
|---|---|---|---|---|
| 子程序调用 | FNC01(16) | CALL(P) | 指针 P0～P62，P64～P127<br>嵌套 5 级 | CALL，CALLP：3 步<br>标号 P：1 步 |
| 子程序返回 | FNC02 | SRET | 无 | 1 步 |

如图 4.36 所示，在 X0 的上升沿调用子程序 1，程序将跳到指针 P11 处。

使用子程序调用时应注意：

(1) 子程序应放在 FEND(主程序结束)指令之后，同一指针只能出现一次，CJ 指令中用过的指针不能再用，不同位置的 CALL 指令可以调用同一指针的子程序。

(2) 在子程序中调用子程序称为嵌套调用，最多可以嵌套 5 级。在执行图 4.36 中的子程序 1 时，如果 X1 为 ON，CALL P12 指令被执行，程序跳到 P12 处，嵌套执行子程序 2。执行第二条 SRET 指令后，返回子程序 1 中 CALL P12 指令的下一条指令，执行第一条 SRET 指令后返回主程序

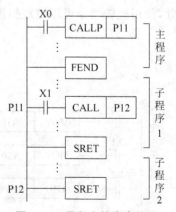

图 4.36　子程序的嵌套使用

中 CALLP P11 指令的下一条指令。

（3）因为子程序是间歇使用的,在子程序中使用的定时器应在 T192～T199 和 T246～T249 之间选择。

### 3. 中断指令

中断指令包括:中断返回指令(Interruption Return)IRET、允许中断指令(Interruption Enable)EI 和禁止中断指令(Interruption Disable)DI,中断指令使用要素说明如表 4.11 所示。

表 4.11　中断指令的使用要素

| 指令名称 | 指令编号 | 助记符 | 操作数 D | 指令步数 |
|---|---|---|---|---|
| 中断返回 | FNC03 | IRET | 无 | 1 步 |
| 中断允许 | FNC04 | EI | 无 | 1 步 |
| 中断禁止 | FNC05 | DI | 无 | 1 步 |

中断指针格式如图 4.37 所示,图 4.37(a)所示为输入中断指针,最高位与 X000～X005 的元件号相对应。最低位为 0 时表示下降沿中断,反之为上升沿中断。例如,中断指针 I001 之后的中断程序在输入信号 X000 的上升沿时执行。图 4.37(b)为定时器中断指针,中断号 为 I6～I8,设定时间在 10～99ms 选取,每隔设定时间就会中断一次。例如,I630 表示每隔 30ms 就执行标号为 I6 后面的中断服务程序一次,在 IRET 指令执行后返回。

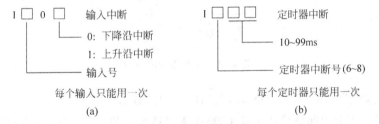

图 4.37　中断指针格式

（a）输入中断指针；（b）定时器中断指针

如图 4.38 所示,允许中断范围中若中断源 X0 有一个下降沿,则转入 I000 为标号的中断服务程序。

使用中断指令时应注意:

（1）PLC 通常处于禁止中断的状态,指令 EI 和 DI 之间的程序段为允许中断的区间,若程序执行到中断子程序中 IRET 指令时,返回原断点,继续执行原来的程序。

（2）中断程序从它唯一的中断指针开始,到第一条 IRET 指令结束。

（3）中断程序应放在 FEND 指令之后,IRET 指令只能在中断程序中使用。

（4）同一个输入中断源只能使用上升沿中断或下降沿中断,例如,不能同时使用中断指针 I000 和 I001。用于中断的输入点不能与已经用于高速计数器的输入点相冲突。

（5）特殊辅助继电器 M805△为 ON 时(△=0～8),禁止执行相应的中断 I△□□(□□是

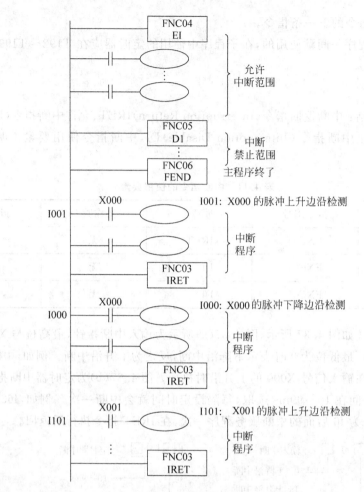

图 4.38　中断指令的应用

与中断有关的数字）。M8059＝ON 时，关闭所有的计数器中断。

（6）如果有多个中断信号依次发出，则优先级按发生的先后为序，发生越早的优先级越高。若同时发生多个中断信号，则中断指针号小的优先。

（7）执行一个中断子程序时，其他中断被禁止，在中断子程序中编入 EI 和 DI，可以实现双重中断，只允许两级中断嵌套。

（8）如果中断信号在禁止中断区间出现，该中断信号被储存，并在 EI 指令之后响应该中断。不需要关中断时，只使用 EI 指令，可以不使用 DI 指令。

**4. 主程序结束指令**

主程序结束指令（First End,FNC06）FEND：表示主程序的结束和子程序的开始，使用要素说明如表 4.12 所示。

表 4.12　主程序结束指令的使用要素

| 指令名称 | 指令编号 | 助记符 | 操作数 | 指令步数 |
| --- | --- | --- | --- | --- |
| 主程序结束 | FNC06 | FEND | 无 | 1 步 |

如图 4.39 所示,当 X010 为 OFF 时,不执行跳转指令,仅执行主程序;当 X010 为 ON 时,执行跳转指令,跳到指针标号 P20 处,执行第二个主程序。在第二个主程序中,若 X011 为 OFF,仅执行第二个主程序,若 X011 为 ON,调用指针标号为 P21 的程序。结束后,通过 SRET 指令返回原断点,继续执行第二个主程序。

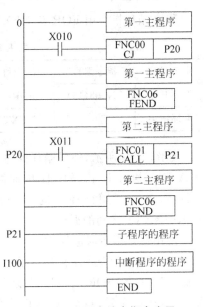

使用主程序结束指令时应注意:

(1) 执行到 FEND 指令时 PLC 进行输入输出处理、监控定时器刷新,完成后返回第 0 步。

(2) 子程序(包括中断子程序)应放在 FEND 指令之后。

(3) CALL 指令调用的子程序必须用 SRET 指令结束。

(4) 中断子程序必须以 IRET 指令结束。

(5) 若 FEND 指令在 CALL 指令执行之后和 SRET 指令执行之前出现,则程序出错。

**图 4.39 主程序结束指令应用**

(6) 另一个类似的错误是 FEND 指令出现在 FOR…NEXT 循环中。

(7) 使用多条 FEND 指令时,中断程序应放在最后的 FEND 指令和 END 指令之间。

**5. 监控定时器指令**

监控定时器指令(Watch Dog Timer,FNC 07)WDT 又称看门狗,使用要素说明如表 4.13 所示。

**表 4.13 监控定时器指令的使用要素**

| 指令名称 | 指令编号 | 助记符 | 操作数 | 指令步数 |
| --- | --- | --- | --- | --- |
| 监控定时器 | FNC07 | WDT(P) | 无 | 1 步 |

在执行 FEND 和 END 指令时,监控定时器被刷新(复位),PLC 正常工作时扫描周期小于它的定时时间。如果强烈的外部干扰使 PLC 偏离正常的程序执行路线,监控定时器不再被复位,定时时间到时,PLC 将停止运行,CPU 上面的发光二极管亮。监控定时器定时时间的默认值为 200ms,可以通过修改 D8000 来设定它的定时时间。图 4.40 是通过顺序程序改变其值。监控定时器时间更新应在 WDT 指令不编入程序的情况下,END 处理时,D8000 值才有效。

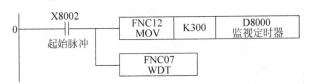

**图 4.40 监控定时器指令的应用**

**6. 循环指令**

程序循环指令由 FOR 及 NEXT 两条指令构成。使用要素说明如表 4.14 所示。

表 4.14　程序循环指令的使用要素

| 指令名称 | 指令编号 | 助记符 | 操作数 S | 指令步数 |
|---|---|---|---|---|
| 循环开始 | FNC08(16) | FOR | K,H,KnX,KnY,KnM,KnS,T,C,D,V,Z | 3 步 |
| 循环结束 | FNC09 | NEXT | 无 | 1 步 |

如图 4.41 所示,外层循环程序 A 嵌套了内层循环 B,循环 A 执行 5 次,每执行一次循环 A,就要执行 10 次循环 B,因此循环 B 一共要执行 50 次。利用循环中的 CJ 指令可以跳出 FOR…NEXT 之间的循环区。

使用循环指令时应注意:

(1) FOR 指令表示循环区的起点,NEXT 表示循环区终点,FOR 与 NEXT 之间的程序被反复执行,执行完后,执行 NEXT 后面的指令。执行次数 $N(N=1\sim32\,767)$ 由 FOR 指令的源操作数设定。如果 $N$ 为负数,当作 $N=1$ 处理。FOR 与 NEXT 循环可以嵌套 5 层。

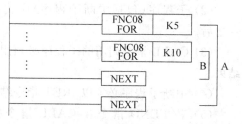

图 4.41　循环指令应用

(2) FOR 与 NEXT 指令总是成对使用的,FOR 指令应放在 NEXT 的前面,如果没有满足上述条件,或 NEXT 指令放在 FEND 和 END 指令的后面,都会出错。如果执行 FOR…NEXT 循环的时间太长,应注意扫描周期是否会超过监控定时器的设定时间。

## 4.3.3　比较传送与数据变换指令

**1. 比较指令**

比较指令包括比较(Compare)CMP 和区间比较(Zone Compare)ZCP,比较结果用目标元件的状态来表示。比较指令的使用要素如表 4.15 所示。

表 4.15　比较指令的使用要素

| 指令名称 | 指令编号 | 助记符 | 操作数 | | | 指令步数 |
|---|---|---|---|---|---|---|
| | | | S1(可变址) | S2(可变址) | D | |
| 比较 | FNC10 (16/32) | CMP(P) | K,H KnX,KnY,KnM,KnS, T,C,D,V,Z | | Y,M,S | CMP,CMPP:7 步 DCMP,DCMPP:13 步 |

| 指令名称 | 指令编号 | 助记符 | 操作数 | | | | 指令步数 |
|---|---|---|---|---|---|---|---|
| | | | S1(可变址) | S2(可变址) | S(可变址) | D | |
| 区间比较 | FNC11 (16/32) | ZCP(P) | K,H KnX,KnY,KnM,KnS, T,C,D,V,Z | | | Y,M,S | ZCP,ZCPP:9 步 DZCP,DZCPP:17 步 |

如图 4.42(a)所示的比较指令,将十进制常数 100 与计数器 C10 的当前值比较,比较结

果送到 M0~M2。当 X000 为 OFF 时不进行比较,M0~M2 的状态保持不变。当 X000 为 ON 时进行比较,其中,若 S1>S2,仅 M0 为 ON;若 S1=S2,仅 M1 为 ON;若 S1<S2,仅 M2 为 ON。

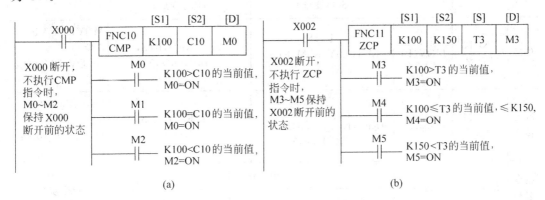

图 4.42　比较指令应用

(a) 比较指令;(b) 区间比较指令

如图 4.42(b)所示的区间比较指令,当 X002 为 ON 时,执行 ZCP 指令,将 T3 的当前值与常数 100 和 150 相比较,比较结果送到 M3~M5。X002 断开时,ZCP 指令不执行,M3~M5 保持 X002 断开前的状态。

使用比较指令时应注意:

(1) [S1.]、[S2.]可取任意数据格式,目标操作数[D.]可取 Y、M 和 S。

(2) 使用 ZCP 时,[S2.]的数值不能小于[S1.]。

(3) 所有的源数据都被看成二进制值处理。

**2. 传送指令**

传送指令包括 MOV(传送)、SMOV(BCD 码移位传送)、CML(取反传送)、BMOV(数据块传送)和 FMOV(多点传送)以及 XCH(数据交换)指令。

1) 传送、移位传送、取反传送指令

传送指令 MOV:将源数据传送到指定目的。

取反传送指令 CML:将源元件中的数据逐位取反(1→0,0→1),并传送到指定目的。

移位传送指令 SMOV:是进行数据分配与合成的指令,将 4 位 BCD 十进制源数据 S 中指定位数的数据传送到 4 位十进制目的操作数 D 中指定的位置。

传送、移位传送、取反传送指令的使用要素如表 4.16 所示。

如图 4.43 所示的 MOV 指令:X001 为 ON 时,源操作数中的常数 100 被传送到目的操作数软元件 D10 中,并自动转换为二进制数;当 X000 断开,指令不执行时,D10 中的数据保持不变。

如图 4.43 所示的 CML 指令:将 D0 的低 4 位取反后传送到 Y003~Y000 中。

如图 4.43 所示的 SMOV 指令:X000 为 ON 时,将 D1 中转换后的 BCD 码右起第 4 位($m_1=4$)开始的 2 位($m_2=2$)移到目的操作数 D2 的右起第 3 位($n=3$)和第 2 位,然后 D2 中的 BCD 码自动转换为二进制码,D2 中的 BCD 码的第 1 位和第 4 位不受移位传送指令的影响。

表 4.16　传送、移位传送、取反传送指令的使用要素

| 指令名称 | 指令编号 | 助记符 | 操作数 | | 指令步数 |
|---|---|---|---|---|---|
| | | | S(可变址) | D(可变址) | |
| 传送 | FNC12 (16/32) | MOV(P) | K,H KnX,KnY,KnM,KnS, T,C,D,V,Z | KnY,KnM,KnS, T,C,D,V,Z | MOV, MOVP: 5步 DMOV,DMOVP: 9步 |
| 取反传送 | FNC14 (16/32) | CML(P) | K,H KnX,KnY,KnM,KnS, T,C,D,V,Z | KnY,KnM,KnS, T,C,D,V,Z | CML、CMLP: 5步 DCML、DCMLP: 9步 |

| 指令名称 | 指令编号 | 助记符 | 操作数 | | | | | 指令步数 |
|---|---|---|---|---|---|---|---|---|
| | | | S(可变址) | $m_1$ | $m_2$ | D(可变址) | $n$ | |
| 移位传送 | FNC13 (16) | SMOV(P) | KnX,KnY, KnM,KnS, T,C,D,V,Z | K,H= 1~4 | K,H= 1~4 | KnY, KnM,KnS, T,C,D,V,Z | K,H= 1~4 | SMOV, SMOVP: 11步 |

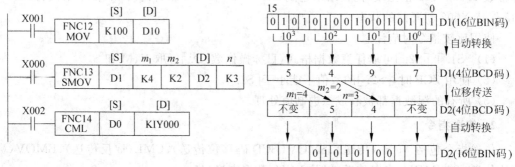

图 4.43　传送、移位传送与取反指令应用

2) 数据块传送、多点传送、数据交换指令

块传送指令(Block Move)BMOV：是将源操作数指定元件开始的 $n$ 个数据组成数据块传送到指定的目标。传送顺序既可从高元件号开始，也可从低元件号开始，传送顺序自动决定。若用到需要指定位数的位元件，则源操作数和目标操作数的指定位数应相同。

多点传送指令(Fill Move)FMOV：将单个元件中的数据传送到指定目标地址开始的 $n$ 个元件中，传送后 $n$ 个元件中的数据完全相同。如果元件号超出允许的范围，数据仅送到允许的范围中。

数据交换指令(Exchange)XCH：它是将数据在指定的目标元件之间交换。执行数据交换指令时，数据在指定的目标元件[D1]和[D2]之间交换，交换指令一般采用脉冲执行方式(指令助记符后面加 P)，否则每一个扫描周期都要交换一次。M8160 为 ON 且[D1]和[D2]是同一元件时，将交换目标元件的高、低字节。

数据块传送、多点传送、数据交换指令的使用要素如表 4.17 所示。

表 4.17 数据块传送、多点传送、数据交换指令的使用要素

| 指令名称 | 指令编号 | 助记符 | 操 作 数 | | | 指 令 步 数 |
| --- | --- | --- | --- | --- | --- | --- |
| | | | S(可变址) | D(可变址) | $n$ | |
| 块传送 | FNC15 (16) | BMOV(P) | KnX,KnY, KnM,KnS, T,C,D | KnY, KnM,KnS, T,C,D | K,H≤ 512 | BMOV, BMOVP：7 步 |
| 多点传送 | FNC16 (16/32) | FMOV(P) | K,H KnX,KnY, KnM,KnS, T,C,D,V,Z | KnY, KnM,KnS, T,C,D | K,H≤ 512 | FMOV, FMOVP：7 步 DFMOV, DFMOVP：13 步 |

| 指令名称 | 指令编号 | 助记符 | 操 作 数 | | 指 令 步 数 |
| --- | --- | --- | --- | --- | --- |
| | | | S(可变址) | D(可变址) | |
| 数据交换 | FNC17 (16/32) | XCH(P) | KnY,KnM,KnS, T,C,D,V,Z | KnY,KnM,KnS, T,C,D,V,Z | XCH, XCHP：5 步 DXCH,DXCHP：9 步 |

如图 4.44 所示的 BMOV 指令：源文件与目标文件的类型相同时的传送顺序。

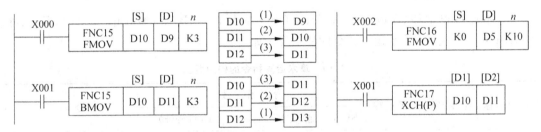

图 4.44 数据块传送、多点传送、数据交换指令应用

如图 4.44 所示的 FMOV 指令：X002 为 ON 时将常数 0 送到 D5～D14 这 10 个($n=10$)数据寄存器中。

如图 4.44 所示的 XCH 指令：数据在指定的目的元件 D1 和 D2 之间交换，交换指令一般采用脉冲执行方式。

### 3. 数据变换指令

数据变换指令包括 BCD 变换指令(Binary Code to Decimal)和 BIN(Binary)指令，数据变换指令的使用要素如表 4.18 所示。

表 4.18 数据变换指令的使用要素

| 指令名称 | 指令编号 | 助记符 | 操 作 数 | | 指 令 步 数 |
| --- | --- | --- | --- | --- | --- |
| | | | S(可变址) | D(可变址) | |
| BCD 转换 | FNC18 (16/32) | BCD(P) | KnX,KnY,KnM,KnS, T,C,D,V,Z | KnY,KnM,KnS, T,C,D,V,Z | BCD, BCDP：5 步 DBCD,DBCDP：9 步 |
| BIN 转换 | FNC19 (16/32) | BIN(P) | KnX,KnY,KnM,KnS, T,C,D,V,Z | KnY,KnM,KnS, T,C,D,V,Z | BIN, BINP：5 步 DBIN,DBINP：9 步 |

BCD 变换指令：将源元件中的二进制数转换为 BCD 码并送到目标元件中。如果执行的结果超出 0～9999 的范围，或双字的执行结果超出 0～99 999 999 的范围，将会出错。PLC 内部的算术运算用二进制数进行，可以用 BCD 指令将二进制数变换为 BCD 数后输出到 7 段显示器。

BIN 变换指令：将源元件中的 BCD 码转换为二进制数后送到目标元件中。BCD 数字拨码开关的 10 个位置对应于十进制数 0～9，通过内部的编码，拨码开关的输出为当前位置对应的十进制数转换后的 4 位二进制数。可以用 BIN 指令将拨码开关提供的 BCD 设定值转换为二进制数后输入到 PLC。

如图 4.45 所示，当 X000 为 ON 时，源元件 D12 中的二进制数转换成 BCD 码送到目标元件 D11 中。

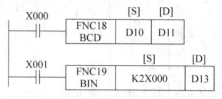

图 4.45　BCD/BIN 指令应用

### 4.3.4　算术运算与字逻辑运算指令

#### 1. 算术运算指令

算术运算包括加（Addition）ADD、减（Subtraction）SUB、乘（Multiplication）MUL、除（Division）DIV 指令，算术运算指令的使用要素如表 4.19 所示。

表 4.19　算术运算指令的使用要素

| 指令名称 | 指令编号 | 助记符 | 操　作　数 | | | 指　令　步　数 |
| --- | --- | --- | --- | --- | --- | --- |
| | | | S1(可变址) | S2(可变址) | D(可变址) | |
| 加法 | FNC20 (16/32) | ADD(P) | K,H KnX,KnY,KnM,KnS, T,C,D,V,Z | | KnY,KnM,KnS, T,C,D,V,Z | ADD, ADDP: 7 步 DADD,DADDP: 13 步 |
| 减法 | FNC21 (16/32) | SUB(P) | K,H KnX,KnY,KnM,KnS, T,C,D,V,Z | | KnY,KnM,KnS, T,C,D,V,Z | SUB, SUBP: 7 步 DSUB,DSUBP: 13 步 |
| 乘法 | FNC22 (16/32) | MUL(P) | K,H KnX,KnY,KnM,KnS, T,C,D,V,Z | | KnY,KnM,KnS, T,C,D V,Z(限 16 位) | MUL, MULP: 7 步 DMUL,DMULP: 13 步 |
| 除法 | FNC23 (16/32) | DIV(P) | K,H KnX,KnY,KnM,KnS, T,C,D,V,Z | | KnY,KnM,KnS, T,C,D V,Z(限 16 位) | DIV, DIVP: 7 步 DDIV,DDIVP: 13 步 |

加法指令 ADD：将源元件中的二进制数相加，结果送到指定的目标元件。

减法指令 SUB：将[S1]指定的元件中的数减去[S2]指定的元件中的数，结果送到[D]指定的目标元件。

16 位乘法指令 MUL：将源元件中的二进制数相乘，结果（32 位）送到指定的目标元件。

除法指令 DIV：用[S1]除以[S2]，商送到[D]的首元件，余数送到[D]的下一个元件。商和余数的最高位为符号位。

如图 4.46 所示的加法指令,当 X000 为 ON 时,执行(D10)+(D12)→(D14)。

如图 4.46 所示的减法指令,当 X001 由 OFF 变为 ON 时,执行(D0)-22→(D0),因为运算结果送入存放源操作数的 D0,必须使用脉冲执行方式(即在指令的后面加 P)。

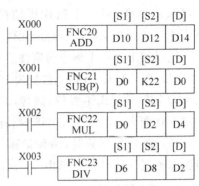

图 4.46　算术运算指令说明

使用加法和减法指令时应该注意:

(1) 数据为有符号二进制数,最高位为符号位 (0 为正,1 为负)。

(2) 加法指令有三个标志:零标志(M8020)、借位标志(M8021)和进位标志(M8022)。当运算结果超过 32 767(16 位运算)或 2 147 483 647(32 位运算)则进位标志置1;当运算结果小于-32 767(16 位运算)或-2 147 483 647(32 位运算),借位标志就会置1。

如图 4.46 所示的 16 位乘法指令,当 X002 为 ON 时,执行(D0)×(D2)→(D5,D4),乘积的低位字送到 D4,高位字送到 D5。如图 4.47 所示的 32 位乘法指令,当 X1 为 ON 时,(D1,D0)×(D3,D2)→(D7,D6,D5,D4)。

如图 4.46 所示为 16 位除法指令,当 X003 为 ON 时,执行 32 位除法运算,(D7、D6)/(D9、D8),商送到(D3、D2),余数送到(D5、D4)。如图 4.48 所示为 32 位除法指令,当 X1 为 ON 时(D1,D0)÷(D3,D2)→(D5,D4)商,(D7,D6)余数。

图 4.47　32 位乘法指令说明　　　　图 4.48　32 位除法指令说明

使用乘法和除法指令时应注意:

(1) 32 位乘法运算中,如果用位元件作目标,则只能得到乘积的低 32 位,高 32 位将丢失,这种情况下应先将数据移入字元件再运算;除法运算中将位元件指定为[D.],则无法得到余数,除数为 0 时发生运算错误。

(2) 积、商和余数的最高位为符号位。

**2. 二进制数加 1 和减 1 指令**

加 1 指令 INC(Increment,FNC 24)和减 1 指令 DEC(Decrement,FNC 25)的使用要素如表 4.20 所示。

表 4.20　二进制数加 1、减 1 指令的使用要素

| 指令名称 | 指令编号 | 助记符 | 操作数 D(可变址) | 指令步数 |
|---|---|---|---|---|
| 加 1 | FNC24 (16/32) | INC(P) | KnY,KnM,KnS, T,C,D,V,Z | INC、INCP:3 步 DINC、DINCP:5 步 |
| 减 1 | FNC25 (16/32) | DEC(P) | KnY,KnM,KnS, T,C,D,V,Z | DEC、DECPP:3 步 DDEC、DDECP:5 步 |

如图 4.49 所示,当 X004 每次由 OFF 变为 ON 时,由 D 指定的元件中的数加 1。如果不用脉冲指令,每一个扫描周期都要加 1。当 X001 每次由 OFF 变为 ON 时,由 D 指定的元件中的数减 1。

使用加 1 和减 1 指令时应注意:

(1) 在 INC 运算时,如数据为 16 位,则由 +32 767 再加 1 变为 −32 768,但标志不置位;同样,32 位运算由 +2 147 483 647 再加 1 就变为 −2 147 483 648 时,标志也不置位。

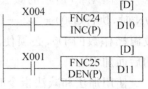

图 4.49　二进制数加 1、减 1 指令说明

(2) 在 DEC 运算时,16 位运算 −32 768 减 1 变为 +32 767,且标志不置位;32 位运算由 −2 147 483 648 减 1 变为 +2 147 483 647,标志也不置位。

### 3. 字逻辑运算指令

字逻辑运算指令包括字逻辑与(Word AND)WAND、字逻辑或(Word OR)WOR、字逻辑异或(Word Exclusive OR)WXOR 和求补(Negation)NEG 指令,使用要素如表 4.21 所示。

表 4.21　字逻辑与、或、异或、求补指令的使用要素

| 指令名称 | 指令编号 | 助记符 | 操作数 | | | 指令步数 |
| --- | --- | --- | --- | --- | --- | --- |
| | | | S1(可变址) | S2(可变址) | D(可变址) | |
| 逻辑与 | FNC 26 (16/32) | WAND (P) | K,H KnX,KnY,KnM,KnS, T,C,D,V,Z | | KnY,KnM,KnS, T,C,D,V,Z | WAND,WANDP：7 步 DWAND,DWANDP：13 步 |
| 字逻辑或 | FNC 27 (16/32) | WOR(P) | K,H KnX,KnY,KnM,KnS, T,C,D,V,Z | | KnY,KnM,KnS, T,C,D,V,Z | WOR,WORP：7 步 DWOR,DWORP：13 步 |
| 字逻辑异或 | FNC 28 (16/32) | WXOR(P) | K,H KnX,KnY,KnM,KnS, T,C,D,V,Z | | KnY,KnM,KnS, T,C,D,V,Z | WXOR,WXORP：7 步 DWXOR,DWXORP：13 步 |
| 求补 | FNC 29 (16/32) | NEG(P) | 无 | | KnY,KnM,KnS, T,C,D,V,Z | NEG,NEGP：3 步 DNEG,DNEGP：5 步 |

逻辑与指令 WAND:是将两个源操作数按位进行与操作,结果送指定元件。

逻辑或指令 WOR:是对两个源操作数按位进行或运算,结果送指定元件。

逻辑异或指令 WXOR:是对源操作数位进行逻辑异或运算。

求补指令 NEG:是将[D.]指定的元件内容的各位先取反再加 1,将其结果再存入原来的元件中。

如图 4.50 所示,当 X000 为 ON 时,D10 与 D12 中的数据按各位对应进行逻辑字与运算,结果存放在元件 D14 中。当 X001 为 ON 时,D20 与 D22 中的数据按各位对应进行逻辑字或运算,结果存放在元件 D24 中。当 X002 为 ON 时,D30 与 D32 中的数据按各位对应进行逻辑字异或运算,结果存放在元件 D34 中。当 X004 为 ON 时,D50 中的二进制负数按位取反后加 1,求得的补码存入原来的 D50 中。

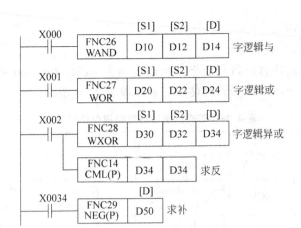

图 4.50 字逻辑与、或、异或、求补指令的应用

### 4.3.5 循环移位与移位指令

**1. 循环移位指令**

1) 循环右移和左移指令

ROR(Rotation Right)和 ROL(Rotation Left)分别为右、左循环移位指令。它们只有目标操作数,可以取 KnY、KnM、KnS、T、C、D、V 和 Z。使用要素如表 4.22 所示。

表 4.22 循环右移和左移指令的使用要素

| 指令名称 | 指令编号 | 助记符 | 操作数 | | 指令步数 |
| --- | --- | --- | --- | --- | --- |
| | | | D(可变址) | $n$ | |
| 循环右移 | FNC30 (16/32) | ROR(P) | KnY,KnM,KnS, T,C,D,V,Z | K,H $n \leqslant 16(32)$ | ROR,RORP:5 步 DROR,DRORP:9 步 |
| 循环左移 | FNC31 (16/32) | ROL(P) | KnY,KnM,KnS, T,C,D,V,Z | K,H $n \leqslant 16(32)$ | ROL,ROLP:5 步 DROL,DROLP:9 步 |

执行这两条指令时,各位的数据向右(或向左)循环移动 $n$ 位($n$ 为常数),16 位指令和 32 位指令中 $n$ 应分别小于 16 和 32,每次移出来的那一位同时存入进位标志 M8022 中(见图 4.51)。若在目标元件中指定位元件组的组数,只有 K4(16 位指令)和 K8(32 位指令)有

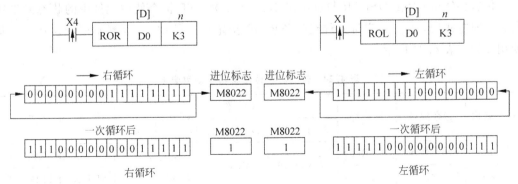

图 4.51 循环右移和左移指令应用

效,如 K4Y10 和 K8M0。

2) 带进位的循环移位指令

带进位的右、左循环移位指令的指令代码分别为 RCR(Rotation Right with Carry)和 RCL(Rotation Left with Carry)。其使用要素如表 4.23 所示。

表 4.23    带进位的循环移位指令使用要素

| 指令名称 | 指令编号 | 助记符 | 操作数 | | 指令步数 |
|---|---|---|---|---|---|
| | | | D(可变址) | n | |
| 带进位的循环右移 | FNC 32 (16/32) | RCR | KnY,KnM,KnS, T,C,D,V,Z | K,H $n \leqslant 16(32)$ | RCR、RCRP:5 步 DRCR、DRCRP:9 步 |
| 带进位的循环左移 | FNC 33 (16/32) | RCL | KnY,KnM,KnS, T,C,D,V,Z | K,H $n \leqslant 16(32)$ | RCL、RCLP:5 步 DRCL、DRCLP:9 步 |

执行这两条指令时,各位的数据与进位位 M8022 一起(16 位指令时一共 17 位)向右(或向左)循环移动 $n$ 位(见图 4.52)。在循环中移出的位送入进位标志,后者又被送回到目标操作数的另一端。若在目标元件中指定位元件组的组数,只有 K4(16 位指令)和 K8(32 位指令)有效。

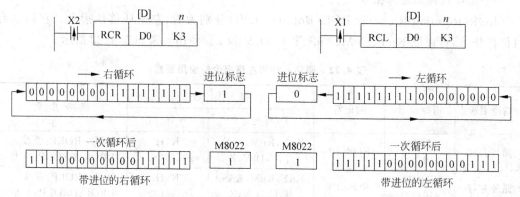

图 4.52    带进位的循环移位指令应用

## 2. 移位指令

1) 位右移和位左移指令

位右移(Shift Right)SFTR 与位左移(Shift Left)SFTL 指令使位元件中的状态成组地向右或向左移动,由 $n_1$ 指定位元件组的长度,$n_2$ 指定移动的位数,常数 $n_2 \leqslant n_1 \leqslant 1024$。其使用要素如表 4.24 所示。

表 4.24    位右移和位左移指令使用要素

| 指令名称 | 指令编号 | 助记符 | 操作数 | | | | 指令步数 |
|---|---|---|---|---|---|---|---|
| | | | S(可变址) | D(可变址) | $n_1$ | $n_2$ | |
| 位右移 | FNC34(16) | SFTR(P) | X,Y,M,S | Y,M,S | K,H $n_2 \leqslant n_1 \leqslant 1024$ | | SFTR、SFTRP:9 步 |
| 位左移 | FNC35(16) | SFTL(P) | X,Y,M,S | Y,M,S | K,H $n_2 \leqslant n_1 \leqslant 1024$ | | SFTL、SFTLP:9 步 |

如图 4.53 所示的位右移指令,当 X10 由 OFF 变为 ON 时,位右移指令(3 位 1 组)按以下顺序移位:M2～M0 中的数溢出,M5～M3→M2～M0,M8～M6→M5～M3,X2～X0→M8～M6。

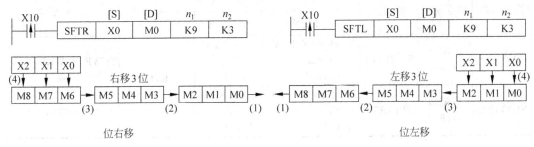

**图 4.53　位右移和位左移指令应用**

如图 4.53 所示的位左移指令,当 X10 由 OFF 变为 ON 时,位左移指令按图中所示的顺序移位。

2) 字右移和字左移指令

字右移(Word Shift Right)WSFR、字左移(Word Shift Left)WSFL 指令的使用要素如表 4.25 所示。

**表 4.25　字右移和字左移指令使用要素**

| 指令名称 | 指令编号 | 助记符 | 操作数 | | | | 指令步数 |
|---|---|---|---|---|---|---|---|
| | | | S(可变址) | D(可变址) | $n_1$ | $n_2$ | |
| 字右移 | FNC36(16) | WSFR(P) | KnX,KnY,<br>KnM,KnS,<br>T,C,D | KnY,KnM,<br>KnS,<br>T,C,D | K,H<br>$n_2 \leqslant n_1 \leqslant 512$ | | WSFR,WSFRP:9 步 |
| 字左移 | FNC37(16) | WSFL(P) | | | | | WSFL,WSFLP:9 步 |

如图 4.54 所示的字右移指令,当 X0 由 OFF 变为 ON 时,字右移指令按图中所示的顺序移位。如图 4.54 所示的字左移指令,当 X10 由 OFF 变为 ON 时,字左移指令按图中所示的顺序移位。

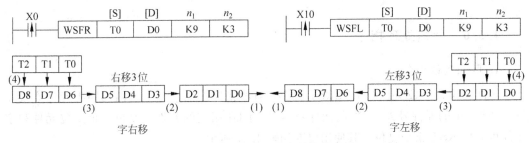

**图 4.54　字右移和字左移指令应用**

3) 移位寄存器写入与读出指令

移位寄存器又称为 FIFO(First In First Out,先入先出)堆栈,堆栈的长度范围为 2～512 个字。移位寄存器写入指令(Shift Register Write)SFWR 和移位寄存器读出指令(Shift Register Read)SFRD 用于 FIFO 堆栈的读写,先写入的数据先读出。其使用要素如

表 4.26 所示。

表 4.26　FIFO 指令使用要素

| 指令名称 | 指令编号 | 助记符 | 操 作 数 | | | | 指令步数 |
| --- | --- | --- | --- | --- | --- | --- | --- |
| | | | S(可变址) | D(可变址) | $n_1$ | $n_2$ | |
| FIFO 写入 | FNC38 (16) | SFWR(P) | K,H,KnX,KnY, KnM,KnS, T,C,D,V,Z | KnY,KnM, KnS, T,C,D | K,H $n_2 \leqslant n_1 \leqslant 512$ | | SFWR,SFWRP：7 步 |
| FIFO 读出 | FNC39 (16) | SFRD(P) | KnX,KnY,KnM, KnS, T,C,D | KnY,KnM, KnS, T,C,D | | | SFRD,SFRDP：7 步 |

如图 4.55(a)所示：目标元件 D1 是 FIFO 堆栈的首地址，也是堆栈的指针，移位寄存器未装入数据时应将 D1 清 0。在 X000 由 OFF 变为 ON 时，指针的值加 1 后写入数据。第一次写入时，源操作数 D0 中的数据写入 D2。如果 X000 再次由 OFF 变为 ON，D1 中的数变为 2，D0 中的数据写入 D3。以此类推，源操作数 D0 中的数据依次写入堆栈。当 D1 中的数据等于 $n-1$($n$ 为堆栈的长度)时，不再执行上述处理，进位标志 M8022 置 1。

如图 4.55(b)所示：X000 由 OFF 变为 ON 时，D2 中的数据送到 D20，同时指针 D1 的值减 1，D3～D9 的数据向右移一个字。数据总是从 D2 读出，指针 D1 为 0 时，FIFO 堆栈被读空，不再执行上述处理，零标志 M8020 为 ON。执行本指令的过程中，D9 的数据保持不变。

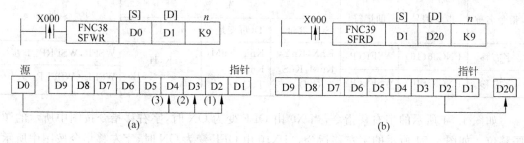

图 4.55　FIFO 指令使用说明
(a) FIFO 写入指令；(b) FIFO 读出指令

### 4.3.6　数据处理指令

**1. 区间复位指令**

区间复位指令(Zone Reset)ZRST 将 D1～D2 指定的元件号范围内的同类元件成批复位。如果 D1 的元件号大于 D2 的元件号，则只有 D1 指定的元件被复位。单个位元件和字元件可以用 RST 指令复位。其使用要素如表 4.27 所示。

表 4.27　区间复位指令使用要素

| 指令名称 | 指令编号 | 助记符 | 操 作 数 | | 指令步数 |
| --- | --- | --- | --- | --- | --- |
| | | | D1(可变址) | D2(可变址) | |
| 区间复位 | FNC40(16) | ZRST(P) | Y,M,S,T,C,D D1 元件号≤D2 元件号 | | ZRST, ZRSTP：5 步 |

如图 4.56 所示,当 M8002 由 OFF→ON 时,执行区间复位指令。位元件 M500～M599 成批复位,字元件 C235～C255 成批复位,状态元件 S0～S127 成批复位。虽然 ZRST 指令是 16 位指令,D1 和 D2 也可以指定 32 位计数器。

| M8002 | | [D1] | [D2] |
|---|---|---|---|
| ⊣⊢ | FNC40 ZRST | M500 | M599 |
| | FNC40 ZRST | C235 | C255 |
| | FNC40 ZRST | S0 | S127 |

图 4.56  区间复位指令应用

**2. 解码与编码指令**

解码(译码)指令(Decode)DECO、编码指令(Encode)ENCO 的使用要素如表 4.28 所示。

表 4.28  解码与编码指令使用要素

| 指令名称 | 指令编号 | 助记符 | 操作数 | | | 指令步数 |
|---|---|---|---|---|---|---|
| | | | S(可变址) | D(可变址) | $n$ | |
| 解码 | FNC41 (16) | DECO(P) | K,H,X,Y,M,S, T,C,D,V,Z | Y,M,S,T,C,D | K,H $1 \leqslant n \leqslant 8$ | DECO,DECOP：7 步 |
| 编码 | FNC42 (16) | ENCO(P) | X,Y,M,S, T,C,D,V,Z | T,C,D,V,Z | | ENCO, ENCOP：7 步 |

如图 4.57(a)所示:X002～X000 组成的 3 位($n=3$)二进制数为 011,相当于十进制数 3,由目标操作数 M7～M0 组成的 8 位二进制数的第 3 位(M0 为第 0 位)M3 被置 1,其余各位为 0。如源数据全零,则 M0 置 1。使用译码指令时应注意:

(1) 位源操作数可取 X、T、M 和 S,位目标操作数可取 Y、M 和 S,字源操作数可取 K、H,T,C,D,V 和 Z,字目标操作数可取 T,C 和 D。

(2) 若[D.]指定的目标元件是字元件 T、C、D,则 $n \leqslant 4$;若是位元件 Y、M、S,则 $n = 1 \sim 8$。译码指令为 16 位指令,占 7 个程序步。

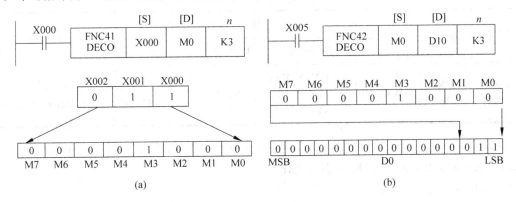

图 4.57  编码与解码指令应用

(a) 解码指令；(b) 编码指令

如图 4.57(b)所示:$n=3$,编码指令将源元件 M7～M0 中为"1"的 M3 的位数 3 编码为二进制数 011,并送到目标元件 D10 的低 3 位。使用编码指令时应注意:

(1) 源操作数是字元件时,可以是 T、C、D、V 和 Z;源操作数是位元件,可以是 X、Y、M

和 S。目标元件可取 T、C、D、V 和 Z。编码指令为 16 位指令，占 7 个程序步。

（2）操作数为字元件时应使用 $n \leqslant 4$，为位元件时则 $n = 1 \sim 8$，$n = 0$ 时不作处理。

（3）若指定源操作数中有多个 1，则只有最高位的 1 有效。

### 3. 求置 ON 位总和与 ON 位判别指令

1）求置 ON 位总和指令

位元件的值为 1 时称为 ON，求置 ON 位总和指令 SUM 统计源操作数中为 ON 的位的个数，并将它送入目标操作数。其使用要素如表 4.29 所示。

表 4.29　求置 ON 位总和指令使用要素

| 指令名称 | 指令编号 | 助记符 | 操　作　数 | | 指　令　步　数 |
| --- | --- | --- | --- | --- | --- |
| | | | S(可变址) | D(可变址) | |
| 求置 ON 位总和 | FNC43 (16/32) | SUM(P) | K,H,KnX,KnY, KnM,KnS, T,C,D,V,Z | KnY,KnM,KnS, T,C,D,V,Z | SUM, SUMP：5 步 DSUM, DSUMP：9 步 |

如图 4.58 所示，当 X000 为 ON 时，将 D0 中置 1 的总和存入目标元件 D2 中，若 D0 为 0，则 0 标志 M8020 动作。

2）ON 位判别指令

ON 位判别指令（Bit ON Check）BON 用来检测指定元件中的指定位是否为 ON，若为 ON，则位目标操作数变为 ON，目标元件是源操作数中指定位的状态的镜像。其使用要素如表 4.30 所示。

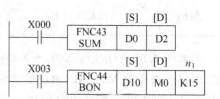

图 4.58　求 ON 位总和与 ON 位判别指令应用

表 4.30　ON 位判别指令使用要素

| 指令名称 | 指令编号 | 助记符 | 操　作　数 | | | 指　令　步　数 |
| --- | --- | --- | --- | --- | --- | --- |
| | | | S(可变址) | D(可变址) | $n$ | |
| ON 位判别 | FNC44 (16/32) | BON(P) | K,H,KnX,KnY, KnM,KnS, T,C,D,V,Z | Y,M,S | K,H $n = 1 \sim 15(31)$ | BON,BONP：7 步 DBON,DBONP：13 步 |

如图 4.58 所示，当 X003 为 ON 时，判别 D10 中第 15 位，若为 1，则 M0 为 ON，反之为 OFF。X000 变为 OFF 时，M0 状态不变化。

使用 BON 指令时应注意：

（1）源操作数可取所有数据类型，目标操作数可取 Y、M 和 S。

（2）进行 16 位运算，占 7 程序步，$n = 0 \sim 15$；32 位运算时则占 13 个程序步，$n = 0 \sim 31$。

### 4. 报警器置位复位指令

报警器置位指令（Annunciator Set）ANS、报警器复位指令（Annunciator Reset）ANR 的使用要素如表 4.31 所示。

表 4.31　报警器置位复位指令使用要素

| 指令名称 | 指令编号 | 助记符 | 操作数 | | | 指令步数 |
|---|---|---|---|---|---|---|
| | | | S(可变址) | n | D(可变址) | |
| 报警器置位 | FNC46 (16) | ANS(P) | T0~T199 | n=1~32 767 (100ms 单位) | S900~S999 | ANS, ANSP: 7 步 |
| 报警器复位 | FNC47 (16) | ANR(P) | 无 | | | ANR, ANRP: 1 步 |

如图 4.59 所示,M8000 的常开触点一直接通,使 M8049 的线圈通电,特殊数据寄存器 D8049 的监视功能有效,D8049 用来存放 S900~S999 中处于活动状态且元件号最小的状态继电器的元件号。Y000 变为 ON 后,100ms 定时器 T0 开始定时,如果 X000 在 10s 内未动作(n=100),S900 变为 ON。X003 为 ON 后,100ms 定时器 T1 开始定时,如果在 20s 内 X004 未动作,S901 将会动作。故障复位按钮 X005 和 ANR 指令将用于故障诊断的状态继电器复位。在使用应用指令 ANS(信号报警器置位)和 ANR(信号报警器复位)时,状态标志 S900~S999 用作外部故障诊断的输出,称为信号报警器。

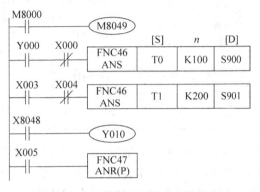

图 4.59　报警器置位复位指令应用

使用报警器置位与复位指令时应注意:

(1) ANS 指令的源操作数为 T0~T199,目标操作数为 S900~S999,n=1~32 767;ANR 指令无操作数。

(2) ANS 为 16 位运算指令,占 7 的程序步;ANR 指令为 16 位运算指令,占 1 个程序步。

(3) ANR 指令如果用连续执行,则会按扫描周期依次逐个将报警器复位。

**5. 平均值指令**

平均值指令 MEAN 是将 S 中指定的 n 个源操作数据的平均值存入目标操作数 D 中,舍去余数。其使用要素如表 4.32 所示。

表 4.32　平均值指令使用要素

| 指令名称 | 指令编号 | 助记符 | 操作数 | | | 指令步数 |
|---|---|---|---|---|---|---|
| | | | S(可变址) | D(可变址) | n | |
| 平均值 | FNC45 (16/32) | MEAN(P) | KnX,KnY, KnM,KnS, T,C,D | KnY,KnM,KnS, T,C,D,V,Z | K,H n=1~64 | MEAN, MEANP: 7 步 DMEAN,DMEANP: 13 步 |

如图 4.60 所示：若 $n$ 超出元件规定地址号范围时，$n$ 值自动减小。$n$ 在 1~64 以外时，会发生错误。

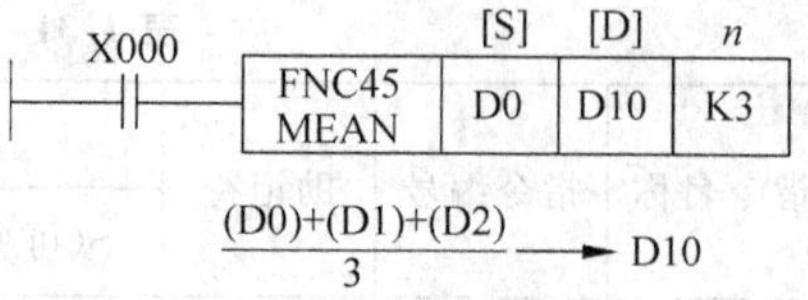

### 4.3.7  其他数据处理指令

二进制平方根指令（Square Root）SQR、浮点数转换指令（Floating Point）FLT、高低字节交换指令 SWAP，其使用要素如表 4.33 所示。

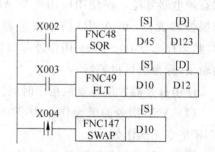

图 4.60    平均值指令使用说明

表 4.33    二进制平方根指令、浮点数转换指令、高低字节交换指令使用要素

| 指令名称 | 指令编号 | 助记符 | 操作数 S（可变址） | 操作数 D（可变址） | 指令步数 |
|---|---|---|---|---|---|
| 二进制平方根 | FNC48 (16/32) | SQR(P) | K，H，D | D | SQR，SQRP：5 步 DSQR，DSQRP：9 步 |
| 浮点数转换 | FNC49 (16/32) | FLT(P) | D | D | FLT，FLTP：5 步 DFLT，DFLTP：9 步 |

| 指令名称 | 指令编号 | 助记符 | 操作数 S（可变址） | 指令步数 |
|---|---|---|---|---|
| 高低字节交换 | FNC147 (16/32) | SWAP(P) | KnY，KnM，KnS，T，C，D，V，Z | SWAP，SWAPP：5 步 DSWAP，DSWAPP：9 步 |

如图 4.61 所示，当 X002 为 ON 时，将存放在 D45 中的数开方，结果存放在 D123 内。计算结果舍去小数，只取整数。M8023 为 ON 将对 32 位浮点数开方，结果为浮点数；X003 为 ON，且 M8023（浮点数标志）为 OFF 时，该指令将存放在源操作数 D10 中的数据转换为浮点数，并将结果存放在目的寄存器 D13 和 D12 中；M8023 为 ON 时，将把浮点数转换为整数。用于存放浮点数的目的操作数应为双整数，源操作数可以是整数或双整数；X004 为 ON 时，16 位指令将 D10 中的高 8 位与低 8 位字节交换。

图 4.61    二进制平方根指令、浮点数转换指令、高低字节交换指令

### 4.3.8  高速处理指令

**1. 与输入输出有关的指令**

1）输入输出刷新指令

输入输出刷新指令（Refresh）REF 可用于对指定的输入输出口立即刷新。其使用要素如表 4.34 所示。

表 4.34    输入输出刷新指令使用要素

| 指令名称 | 指令编号 | 助记符 | 操作数 D（可变址） | 操作数 $n$ | 指令步数 |
|---|---|---|---|---|---|
| 输入输出刷新 | FNC50(16) | REF(P) | X，Y | K，H $n$ 为 8 的倍数 | REF，REFP：7 步 |

如图 4.62 所示,当 X000 为 ON 时,X010~X017 这 8 点输入($n=8$)被立即刷新。当 X001 为 ON 时, Y000~Y027 共 24 点输($n=24$)被立即刷新。

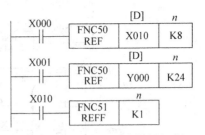

图 4.62　输入输出刷新和滤波时间常数调整指令应用

2) 刷新和滤波时间常数调整指令

刷新和滤波时间常数调整指令(Refresh and Filter Adjust)REFF 用来刷新输入口 X000~X017,并指定它们的输入滤波时间常数 $n$($n=0~60$ms)。其使用要素如表 4.35 所示。

表 4.35　刷新和滤波时间常数调整指令使用要素

| 指令名称 | 指令编号 | 助记符 | 操作数 $n$ | 指令步数 |
|---|---|---|---|---|
| 刷新和滤波时间常数调整 | FNC51(16) | REFF(P) | K,H $n=0~60$ms | REFF,REFFP:7 步 |

如图 4.62 所示,当 X010 为 ON 时,X000~X017 的输入映像寄存器被刷新,它们的输入滤波时间常数被设定为 1ms($n=1$)。

3) 矩阵输入指令

矩阵输入指令(Matrix)MTR 用连续的 8 点输入与 $n$ 点输出,组成 $n$ 行 8 列的输入矩阵,从输入端快速、批量接收数据。矩阵输入占用由 S 指定的输入号开始的 8 个输入点,并占用由 D1 指定的输出号开始的 $n$ 个晶体管输出点。其使用要素如表 4.36 所示。

表 4.36　矩阵输入指令使用要素

| 指令名称 | 指令编号 | 助记符 | 操作数 | | | | 指令步数 |
|---|---|---|---|---|---|---|---|
| | | | S(可变址) | D1(可变址) | D2(可变址) | $n$ | |
| 矩阵输入 | FNC52 (16) | MTR | X | Y | Y,M,S | K,H $n=2~8$ | MTR:9 步 |

如图 4.63 所示,$n=3$,是一个 8 点输入、3 点输出,可以存储 24 点输入的矩阵电路。3 个输出点(Y020~Y022)依次反复顺序接通。Y020 为 ON 时读入第一行输入的状态,存于 M30~M37,Y021 为 ON 时读入第二行输入的状态,存于 M40~M47,以此类推,如此反复执行。

**2. 高速计数器指令**

高速计数器比较置位(Set by High Speed Counter)HSCS、高速计数器比较复位(Reset by High Speed Counter)HSCR、高速计数器区间比较(Zone Compare for High Speed Counter)HSZ,其使用要素如表 4.37 所示,它们均为 32 位指令。

高速计数器比较置位指令 HSCS 和高速计数器比较复位指令 HSCR 只有 32 位运算。源操作数[S1]可以取所有的数据类型,[S2]为 C235~C255,目标操作数可以取 Y、M 和 S。建议用一直为 ON 的 M8000 的常开触点来驱动高速计数器指令。

高速计数器区间比较指令 HSZ 有三种工作模式:标准模式、多段比较模式和频率控制

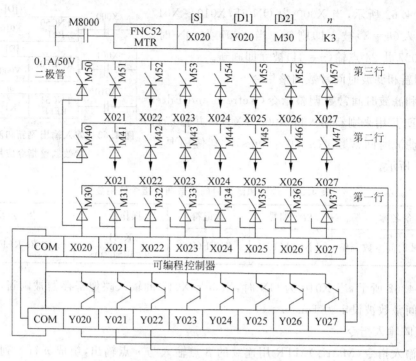

图 4.63　矩阵输入指令应用

表 4.37　高速计数器指令使用要素

| 指令名称 | 指令编号 | 助记符 | 操作数 | | | 指令步数 |
|---|---|---|---|---|---|---|
| | | | S1(可变址) | S2(可变址) | D(可变址) | |
| 比较置位 | FNC53 (32) | HSCS | K,H KnX,KnY,KnM, KnS T,C,D,V,Z | C C235~C255 | Y,M,S I010~I060 | HSCS:13 步 |
| 比较复位 | FNC54 (32) | HSCR | | | Y,M,S | HSCR:13 步 |

| 指令名称 | 指令编号 | 助记符 | 操作数 | | | | 指令步数 |
|---|---|---|---|---|---|---|---|
| | | | S1(可变址) | S2(可变址) | S(可变址) | D(可变址) | |
| 区间比较 | FNC55 (32) | HSZ | K,H,KnX,KnY,KnM, KnS,T,C,D,V,Z S1≤S2 | | C C235~C255 | Y,M,S | HSZ:17 步 |

模式。若在同一程序中多处使用高速计数器控制指令,其被控对象输出继电器的编号的高两位应相同,以便在同一中断处理过程中完成控制。例如:使用 Y000 时,应为 Y000~ Y007。使用 Y010 时,应为 Y010~Y017。

如图 4.64 所示,C255 的设定值为 100(S1=100),其当前值由 99 变为 100 或由 101 变为 100 时,Y010 立即置 1,不受扫描时间的影响。C254 的设定值为 200(S1=200),其当前值由 199 变为 200 或由 201 变为 200 时,Y020 立即复位。C251 的当前值小于 1000 时,Y010 置 1;大于 1000 小于 1200 时,Y011 置 1;大于 1200 时,Y012 置 1。

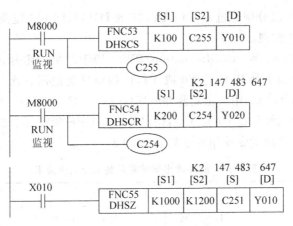

图4.64 高速计数器指令应用

### 3. 脉冲密度速度检测与脉冲输出指令

#### 1) 脉冲密度速度检测指令

脉冲密度速度检测指令(Speed Detect)SPD用来检测给定时间内从编码器输入的脉冲个数,并计算出速度。其使用要素如表4.38所示。SPD指令中用到的输入不能用于其他高速处理。

表4.38 脉冲密度指令使用要素

| 指令名称 | 指令编号 | 助记符 | 操 作 数 | | | 指令步数 |
|---|---|---|---|---|---|---|
| | | | S1(可变址) | S2(可变址) | D(可变址) | |
| 脉冲密度 | FNC56 (16) | SPD | X000~X005 | K,H,KnX,KnY,KnM, KnS,T,C,D,V,Z | T,C,D,V,Z | SPD:7步 |

如图4.65所示,用D1对X000输入的脉冲个数计数,100ms后计数结果送到D0、D1中的当前值复位,重新开始对脉冲计数。计数结束后D2用来测量剩余时间。

转速 $n$ 用下式表示:

$$n = \frac{60 \times (D0)}{n_0 t} \times 10^3$$

式中,(D0)为D0中的数;$t$ 为S2指定的计数时间(ms);$n_0$ 为每转的脉冲数。

#### 2) 脉冲输出与脉宽调制指令

脉冲输出指令(Pulse Output)PLSY用于产生指定数量和频率的脉冲,该指令只能使用一次。16位指令的脉冲数范围为1~32 767,32位指令的脉冲数范围为1~2 147 483 647。若指定脉冲数为0,则持续产生脉冲。[D]用来指定

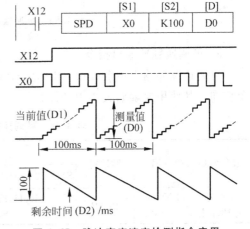

图4.65 脉冲密度速度检测指令应用

脉冲输出元件(只能用晶体管输出型PLC的Y0或Y1)。脉冲的占空比为50%,以中断方式输出。指定脉冲数输出完后,指令执行完成标志M8029置1。FX2N为20kHz。Y0或

Y1 输出的脉冲个数可以分别通过 D8140、D8141 或 D8142、D8143 监视,脉冲输出的总数可以用 D8136 和 D8137 监视。

脉宽调制指令(Pulse Width Modulation)PWM 用于产生指定脉冲宽度和周期的脉冲串。只能用于晶体管输出型 PLC 的 Y0 或 Y1,该指令只能使用一次。[S1]用来指定脉冲宽度($t = 1 \sim 32\,767\text{ms}$),[S2]用来指定脉冲周期($T = 1 \sim 32\,767\text{ms}$),[S1]应小于[S2],[D]用来指定输出脉冲的元件号(_Y0 或 Y1),输出的 ON/OFF 状态用中断方式控制。

脉冲输出与脉宽调制指令使用要素如表 4.39 所示。

表 4.39　脉冲输出与脉宽调制指令使用要素

| 指令名称 | 指令编号 | 助记符 | 操作数 | | | 指令步数 |
|---|---|---|---|---|---|---|
| | | | S1(可变址) | S2(可变址) | D(可变址) | |
| 脉冲输出 | FNC57 (16/32) | PLSY | K,H,KnX,KnY,KnM, KnS,T,C,D,V,Z | | 晶体管输出型 Y000 或 Y001 | PLSY:7 步 DPLSY:13 步 |
| 脉宽调制 | FNC58 (16) | PWM | K,H,KnX,KnY,KnM, KnS,T,C,D,V,Z | | 晶体管输出型 Y000 或 Y001 | PWM:7 步 |

如图 4.66 所示,当 X010 由 ON 变为 OFF 时,M8029 复位,脉冲输出停止。X010 重新变为 ON 时,重新开始输出脉冲。在发生脉冲期间 X010 若变为 OFF,Y000 也变为 OFF。D10 的值从 0~50 变化时,Y001 输出的脉冲的占空比从 0~1 变化。X011 变为 OFF 时,Y001 也 OFF。

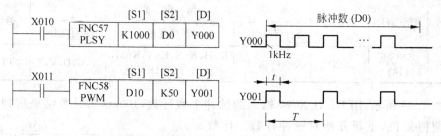

图 4.66　脉冲输出与脉宽调制指令应用

3) 可调速脉冲输出指令

可调速脉冲输出指令(Pulse R)PLSR 的源操作数和目的操作数的类型与 PLSY 的指令相同。其使用要素如表 4.40 所示。

表 4.40　可调速脉冲输出指令使用要素

| 指令名称 | 指令编号 | 助记符 | 操作数 | | | | 指令步数 |
|---|---|---|---|---|---|---|---|
| | | | S1(可变址) | S2(可变址) | S3(可变址) | D(可变址) | |
| 可调速 脉冲输出 | FNC59 (16/32) | PLSR | K,H,KnX,KnY,KnM, KnS,T,C,D,V,Z | | | 晶体管输出型 Y000 或 Y001 | PLSR:9 步 DPLSR:17 步 |

该指令只能使用一次,只能用于晶体管输出型 PLC 的 Y0 或 Y1。[S1]用来指定最高频率($10 \sim 20\,000\text{Hz}$),应为 10 的整倍数。[S2]用来指定总的输出脉冲,16 位指令的脉冲数范围为 110~32 767,32 位指令的脉冲数范围为 110~2 147 483 647。设定值不到 110 时,脉

冲不能正常输出。[S3]用来设定加减速时间(0～5000ms),其值应大于 PLC 扫描周期最大值(D8012)的 10 倍,且应满足

$$\frac{9000 \times 5}{[S1]} \leqslant [S3] \leqslant \frac{[S2] \times 818}{[S1]}$$

如图 4.67 所示,当 X010 为 OFF 时,输出中断,又变为 ON 时,从初始值开始输出。输出频率范围为 2～20kHz,最高速度、加减速时的速度超过此范围时,将自动调到允许值内。

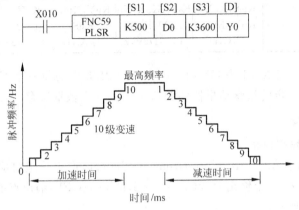

图 4.67 可调速脉冲输出指令

### 4.3.9 方便指令

#### 1. 状态初始化指令

状态初始化指令(Initial State)IST 与步进梯形 STL 指令一起使用,用于自动设置多种工作方式的控制系统的初始状态,以及设置有关的特殊辅助继电器的状态。指令中 S 指定运行模式的初始输入。其使用要素如表 4.41 所示。

表 4.41 状态初始化指令使用要素

| 指令名称 | 指令编号 | 助记符 | 操 作 数 | | | 指令步数 |
|---|---|---|---|---|---|---|
| | | | S(可变址) | D1(可变址) | D2(可变址) | |
| 状态初始化 | FNC60(16) | IST | X,Y,M | S20～S899<br>D1<D2 | | IST:7 步 |

如图 4.68 所示,当 M8000=ON,执行 IST 指令时,下列元件被自动切换控制。当 M8000=OFF 时下列元件状态清除。禁止转移 M8040:所有状态被禁止;S0:手动操作状态初始化;转移开始 M8041:从初始状态转移;S1:返零状态初始化;启动脉冲 M8042:输出脉冲;S2:自动操作状态初始化;STL 监测有效 M8047:动作时将 S0～S899 的状态按顺序存入 D8040～D8047 中。

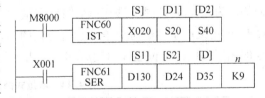

图 4.68 状态初始化及数据搜索指令使用说明

#### 2. 数据搜索指令

数据搜索指令(Data Search)SER 用于在数据表中查找指定的数据。[S1]指定表的首

地址,[S2]指定检索值,[D]用来存放搜索结果,$n$ 用来指定表的长度,即搜索的项目数,16 位指令 $n=256$,32 位指令 $n=128$。其使用要素如表 4.42 所示。

**表 4.42　数据搜索指令的使用要素**

| 指令名称 | 指令编号 | 助记符 | 操 作 数 | | | | 指令步数 |
| --- | --- | --- | --- | --- | --- | --- | --- |
| | | | S1(可变址) | S2(可变址) | D(可变址) | $n$ | |
| 数据搜索 | FNC61<br>(16/32) | SER(P) | KnX,KnY,<br>KnM,KnS,<br>T,C,D | K,H,KnX,Kn<br>KnM,KnS,<br>T,C,D,V,Z | KnY,KnM,<br>KnS,<br>T,C,D | K,H,D<br>1~256<br>(1~128) | SER,SERP:9 步<br>DSER,DSERP:17 步 |

如图 4.68 所示:当 X001 为 ON 时,将 D130~D138 中的每一个值与 D24 中的内容相比较,结果存放在以指定的检索结果器件 D35 开始的 5 个数据寄存器(D35~D39)中。

### 3. 凸轮顺控指令

1) 绝对值式凸轮顺控指令

绝对值式凸轮顺控指令(Absolute Drum)ABSD 可以产生一组对应于计数值变化的输出波形,用来控制最多 64 个输出变量(Y、M 和 S)的 ON/OFF,输出点的个数由 $n$ 指定。其使用要素如表 4.43 所示。

**表 4.43　绝对值式凸轮顺控指令使用要素**

| 指令名称 | 指令编号 | 助记符 | 操 作 数 | | | | 指令步数 |
| --- | --- | --- | --- | --- | --- | --- | --- |
| | | | S1(可变址) | S2(可变址) | D(可变址) | $n$ | |
| 绝对值式<br>凸轮顺控 | FNC62<br>(16/32) | ABSD | KnX,KnY,<br>KnM,KnS,T,C,D | C | Y,M,S | K,H<br>1~64 | ABSD:9 步<br>DABSD:17 步 |

如图 4.69 所示,X000 为凸轮执行条件。凸轮平台旋转一周产生每度一个脉冲从 X001 入。有 4 个输出点($n=4$)用 M0~M3 来控制。从 D300 开始的 8 个($2n=8$)数据寄存器用来存放 M0~M3 的开通点和关断点的位置值。

2) 增量式凸轮顺控指令

增量式凸轮顺控指令(Increment Drum) INCD 根据计数器对位置脉冲的计数值,实现对最多 64 个输出变量的循环顺序控制,使它们依次为 ON,并且同时只有一个输出变量为

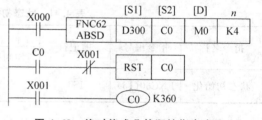

**图 4.69　绝对值式凸轮顺控指令应用**

ON。可用来产生一组对应于计数值变化的输出波形。源操作数和目标操作数与 ABSD 指令的相同,只有 16 位运算,$1 \leqslant n \leqslant 64$,该指令只能用一次。其使用要素如表 4.44 所示。

**表 4.44　增量式凸轮顺控指令的要素**

| 指令名称 | 指令编号 | 助记符 | 操 作 数 | | | | 指令步数 |
| --- | --- | --- | --- | --- | --- | --- | --- |
| | | | S1(可变址) | S2(可变址) | D(可变址) | $n$ | |
| 增量式<br>凸轮顺控 | FNC63<br>(16) | INCD | K4X,K4Y,<br>K4M,K4S,T,C,D | C | Y,M,S | K,H<br>1~64 | INCD:9 步 |

如图 4.70 所示,有 4 个输出点($n=4$)用 M0~M3 来控制。从 D300 开始的 4 个($n=4$)数据寄存器用来存放使 M0~M3 处于 ON 状态的脉冲个数,可以用 MOV 指令将它们写入 D300~D303。C0 的当前值依次达到 D300~D303 中的设定值时自动复位,然后又开始重新计数,M0~M3 按 C1 的值依次动作。由 $n$ 指定的最后一段完成后,标志 M8029 置 1,以后又重复上述过程。

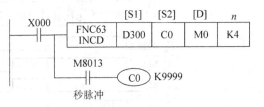

图 4.70 增量式凸轮顺控指令说明

#### 4. 定时器指令

1) 示教定时器指令

示教定时器指令(Teachering Timer)TTMR 可以通过按钮按下的时间调整定时器的设定值。其使用要素如表 4.45 所示。

表 4.45 示教定时器指令的要素

| 指令名称 | 指令编号 | 助记符 | 操 作 数 | | 指令步数 |
| --- | --- | --- | --- | --- | --- |
| | | | D(可变址) | $n$ | |
| 示教定时器 | FNC64(16) | TTMR | D | K,H,$n=0\sim2$ | TTMR:5 步 |

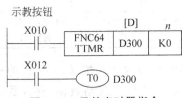

图 4.71 示教定时器指令

如图 4.71 所示,示教定时器将按钮 X010 按下的时间乘以系数 $10n$ 后作为定时器的预置值。按钮按下的时间由 D301 记录,该时间乘以 $10n$ 后存入 D300。X010 为 OFF 时,D301 复位,D300 保持不变。

2) 特殊定时器指令

特殊定时器(Special Timer)STMR 指令用来产生延时断开定时器、单脉冲定时器和闪动定时器。其使用要素如表 4.46 所示。

表 4.46 特殊定时器指令的要素

| 指令名称 | 指令编号 | 助记符 | 操 作 数 | | | 指令步数 |
| --- | --- | --- | --- | --- | --- | --- |
| | | | S(可变址) | $m$ | D(可变址) | |
| 特殊定时器 | FNC65(16) | STMR | T0~T199 | K,H,0~32 767 | Y,M,S | STMR:7 步 |

如图 4.72 所示,T10 的设定值为 10s($m=100$)。目的操作数 D 中指定起始号为 M0 的 4 个器件作为特殊定时器。M0 是延时断开定时器,M1 是 X000 由 ON→OFF 后的单脉冲定时器,产生的脉宽为 10s;M2 是 X000 由 OFF→ON 后的单脉冲定时器,产生的脉宽也为 10s;M3 为滞后输入信号 10s 向相反方向变化的脉冲定时器。M2 和 M3 是为闪动而设的。

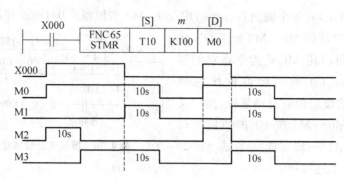

图 4.72　特殊定时器指令使用说明及工作波形

### 4.3.10　外部 I/O 设备指令

**1. 数据输入指令**

1) 十键输入指令

十键输入指令(Ten Key)TKY 是用 10 个按键输入十进制数的功能指令。该指令只能使用一次。其使用要素如表 4.47 所示。

表 4.47　十键输入指令的使用要素

| 指令名称 | 指令编号 | 助记符 | 操 作 数 | | | 指令步数 |
| --- | --- | --- | --- | --- | --- | --- |
| | | | S(可变址) | D1(可变址) | D2(可变址) | |
| 十键输入 | FNC70<br>(16/32) | TKY | X,Y,M,S<br>(10 个连号元件) | KnY,KnM,KnS,<br>T,C,D,V,Z | Y,M,S<br>(11 个连号元件) | TKY：7 步<br>DTKY：13 步 |

如图 4.73 所示,为十键输入梯形图程序以及与本梯形图配合的输入按键与 PLC 的连接情况,其功能为由接在 X000~X011 端口上的 10 个按键输入 4 位十进制数据,存入数据寄存器 D0 中。当使用 DTKY 指令时,D0 与 D1 成对使用,最大存入的数据为 99 999 999。

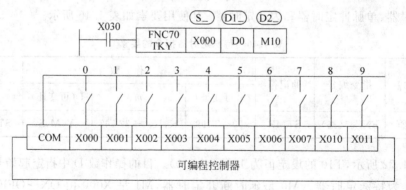

图 4.73　十键输入指令应用

如图 4.74 所示,为按键输入的动作时序,若按键的顺序为①、②、③、④时,则 D0 中存的数据为用二进制码表示的十进制数 2130。若输入的数据大于 9999,则高位溢出并丢失。

在图 4.74 中,给出了与 X000~X011 一一对应的辅助继电器 M10~M19 以及辅助继电器 M20 的动作情况。当 X002 按下后 M12 置 1 并保持至下一键 X001 按下,X001 按下后

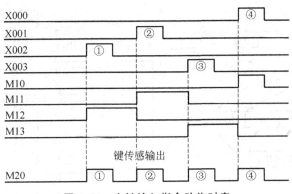

**图 4.74　十键输入指令动作时序**

M11 置 1 并保持到下一键 X003 按下，X003 按下后 M13 置 1 并保持到下一键 X000 按下，X000 按下后 M10 置 1 并保持到下一键按下。M20 为键输入脉冲，可用于记录键按下的次数。当有两个或更多的键按下时，首先按下的键有效。X030 变为 OFF 时，D0 中的数据保持不变，但 M10～M19 全部变为 OFF。

2）十六键输入指令

十六键输入指令（Hexa Decimal Key）HKY：用矩阵方式排列的 16 个键来输入 BCD 数字和 6 个功能键 A～F 的状态的功能指令。其使用要素如表 4.48 所示。

**表 4.48　十六键输入指令的使用要素**

| 指令名称 | 指令编号 | 助记符 | 操作数 | | | | 指令步数 |
|---|---|---|---|---|---|---|---|
| | | | S(可变址) | D1(可变址) | D2(可变址) | D3(可变址) | |
| 十六键输入 | FNC71 (16/32) | HKY | X(4 个连号元件) | Y(4 个连号元件) | T,C,D,V,Z | Y,M,S(8 个连号元件) | HKY：9 步 DHKY：17 步 |

如图 4.75 所示为十六键输入梯形图程序以及与本梯形图配合的十六键键盘与 PLC 的连接情况。十六键分为数字键和功能键。如图 4.75(a)所示每次按数字键 0～9，以 BIN 形式向 D0 存入上限值为 9999 的数值，超出此值则溢出。使用 DHKY 指令时，D0 与 D1 成对使用，最大存入的数据为 99 999 999。

如图 4.75 中(b)所示，功能键 A～F 与 M0～M5 一一对应，按下 A 键时，M0 动作保持，按下 D 键时，M0 OFF，M3 动作保持，以此类推。多个键按下时，首先按下的键有效。在一个程序中，此指令只能使用一次，而且只能用于晶体管输出的 PLC。此指令与 PLC 的扫描定时器同时操作，一系列的键扫描完毕需要 8 个扫描周期，为防止键输入的滤波延迟所造成的存储错误，请使用恒定扫描模式和采用定时器中断处理。

3）数字开关指令

数字开关指令（Digital Switch）DSW 是输入 BCD 码开关数据的专用指令，用于读入一组或两组 4 位 BCD 码数字开关的设置值，占用 PLC 的 4 个或 8 个输入点和 4 个输出点。[S]用来指定选通输入点的首位元件号，[D1]用来指定选通输出点的首位元件号，n 用来指定开关的组数，n=1 或 2。在一个程序中，此指令只能使用两次。其使用要素如表 4.49 所示。

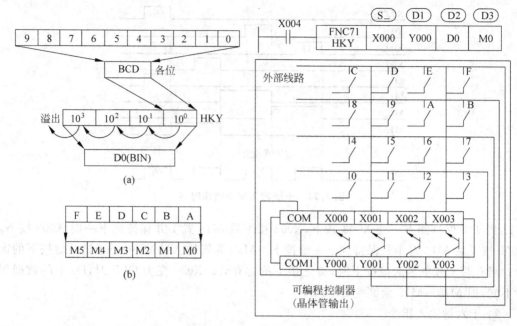

图 4.75　十六键输入指令应用

表 4.49　数字开关指令使用要素

| 指令名称 | 指令编号 | 助记符 | 操 作 数 | | | | 指令步数 |
| --- | --- | --- | --- | --- | --- | --- | --- |
| | | | S(可变址) | D1(可变址) | D2(可变址) | n | |
| 数字开关 | FNC72 (16) | DSW | X | Y | T,C,D,V,Z | K,H n=1,2 | DSW：9 步 |

　　图 4.76 所示为数字开关梯形图程序与本梯形图配合的数字开关与 PLC 的连接情况。每组开关由 4 个 BCD 拨码数字开关组成,一组 BCD 数字开关接到 X010～X013,由 Y010～Y013 顺次选通读入,数据以 BIN 码形式存在 D0 中。若 $n=K2$,则表示有两组 BCD 码数字开关,第二组数字开关接到 X014～X017 上,由 Y010～Y013 顺次选通读入,数据以 BIN 码存放在 D1 中。X000 为 ON 时,Y010～Y013 顺次为 ON,一个周期完成后标志位 M8029 置 1。图中的二极管用于防止在输入电路中出现寄生回路,可以选用 0.1A/50V 的二极管。

　　如果需要连续读入数字开关的值,应使用晶体管输出型的 PLC,如果不需要连续读入,也可以使用继电器输出的 PLC,可以用按钮输入和 SET 指令将 M0 置位,用 M0 驱动 DSW 指令,并用执行完毕标志 M8029 和复位指令将 M0 复位。

　　其时序如图 4.77 所示。数字开关指令 DSW 在操作中被中止后再重新开始工作时,是从头开始而不是从中止处开始。

**2. 数字译码输出指令**

1) 7 段译码指令

7 段译码指令(Seven Segment Decoder)SEGD 将源操作数[S]指定的元件的低 4 位中的十六进制数(0～F)译码后送给 7 段显示器显示,译码信号存于目标操作数[D]指定的元件中,输出时要占用 7 个输出点。其使用要素如表 4.50 所示。

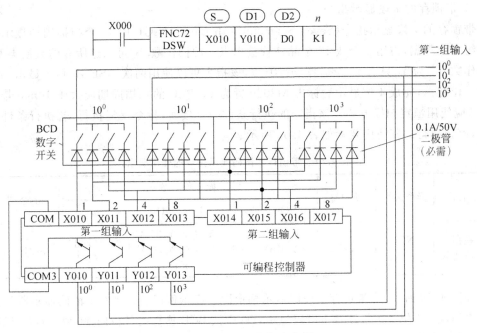

图 4.76  数字开关指令应用

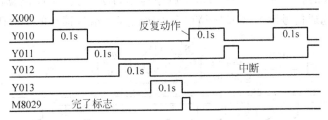

图 4.77  数字开关指令时序

表 4.50  7 段码译码指令的使用要素

| 指令名称 | 指令编号 | 助记符 | 操作数 | | 指令步数 |
| --- | --- | --- | --- | --- | --- |
| | | | S(可变址) | D(可变址) | |
| 7 段码译码 | FNC73 (16) | SEGD(P) | K,H,KnX,KnY,KnM, KnS,T,C,D,V,Z | KnY,KnM,KnS, T,C,D,V,Z | SEGD(P)：5 步 |

图 4.78 中 7 段显示器的 B0～B6 分别对应于[D]的最低位(第 0 位)～第 6 位,某段应亮时[D]中对应的位为 1,反之为 0。例如,显示数字"0"时,B0～B5 均为 1,B6 为 0,[D]的值为十六进制数 3FH。

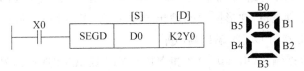

图 4.78  7 段译码指令应用

2) 带锁存的 7 段显示指令

带锁存的 7 段显示指令(Seven Segment with Latch)SEGL 用 12 个扫描周期显示一组或两组 4 位数据,占用 8 个或 12 个晶体管输出点。源操作数[S]可以选所有的数据类型,目标操作数[D]为 Y,只有 16 位运算,$n=0\sim7$,该指令可以使用两次。SEGL 指令显示一组或两组 4 位数据,完成 4 位显示后标志 M8029 置为 1。PLC 的扫描周期应大于 10ms,若小于 10ms,应使用恒定扫描方式。该指令的执行条件一旦接通,指令反复执行,若执行条件变为 OFF,停止执行。其使用要素如表 4.51 所示。

表 4.51　带锁存 7 段码显示指令的使用要素

| 指令名称 | 指令编号 | 助记符 | 操　作　数 | | | 指令步数 |
| --- | --- | --- | --- | --- | --- | --- |
| | | | S(可变址) | D(可变址) | $n$ | |
| 带锁存 7 段码显示 | FNC74 (16) | SEGL | K,H,KnX, KnY,KnM,KnS, T,C,D,V,Z | Y(8 个(1组)或 12 个(2 组)连号元件) | 0~3(1组) 4~7(2组) | SEGL:7 步 |

如图 4.79 所示,为带锁存 7 段码显示梯形图程序示例以及带锁存 7 段码显示器与 PLC 的连接情况。4 位 1 组带锁存 7 段码显示,D0 中按 BCD 换算的各位向 Y000~Y003 顺序输出,选通信号脉冲 Y004~Y007 依次锁存带锁存的 7 段码;4 位 2 组带锁存 7 段码显示,D0 中按 BCD 换算的各位向 Y000~Y003 顺序输出,D1 中按 BCD 换算的各位向 Y010~Y013 顺序输出,选通信号脉冲 Y004~Y007 依次锁存 2 组带锁存的 7 段码。

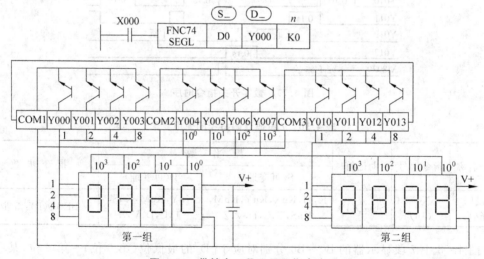

图 4.79　带锁存 7 段码显示指令应用

PLC 的晶体管输出电路有漏输出(即集电极输出)和源输出(即发射极输出)两种(见图 4.80),前者为负逻辑,梯形图中的输出继电器为 ON 时输出低电平;后者为正逻辑,梯形图中的输出继电器为 ON 时输出高电平。

7 段显示器的数据输入(由 Y0~Y3 和 Y10~Y13 提供)和选通信号(由 Y4~Y7 提供)也有正逻辑和负逻辑之分。若数据输入以高电平为"1",则为正逻辑;反之为负逻辑。选通信号若在高电平时锁存数据,则为正逻辑;反之为负逻辑。

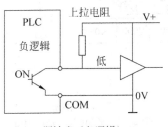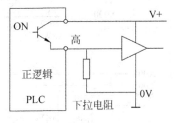

图 4.80　PLC 晶体管输出电路

参数 $n$ 的值由显示器的组数、PLC 与 7 段显示器的逻辑是否相同来确定（见表 4.52）。设 PLC 的输出为负逻辑，显示器的数据输入为负逻辑（相同），选通信号为正逻辑（不同），一组显示时 $n=1$，两组显示时 $n=5$。

表 4.52　参数 $n$ 的确定

| 组　　数 | 1 | | | | 2 | | | |
|---|---|---|---|---|---|---|---|---|
| PLC 与数据输入类型 | 相同 | | 不同 | | 相同 | | 不同 | |
| PLC 与选通脉冲类型 | 相同 | 不同 | 相同 | 不同 | 相同 | 不同 | 相同 | 不同 |
| $n$ | 0 | 1 | 2 | 3 | 4 | 5 | 6 | 7 |

### 3）方向开关

方向开关指令（Arrow Switch）ARWS 用方向开关（4 只按钮）来输入 4 位 BCD 数据，用带锁存的 7 段显示器来显示当前设置的数值。移位按钮用来移动输入和显示的位，增加键和减少键用来修改该位的数据。指令只能使用一次，且必须使用晶体管输出型 PLC。其使用要素如表 4.53 所示。

表 4.53　方向开关指令的使用要素

| 指令名称 | 指令编号 | 助记符 | 操　作　数 | | | | 指令步数 |
|---|---|---|---|---|---|---|---|
| | | | S(可变址) | D1(可变址) | D2(可变址) | $n$ | |
| 方向开关 | FNC75<br>(16) | ARWS | X,Y,M,S<br>(4 个连号元件) | T,C,D,V,Z | Y<br>(8 个连号元件) | K,H<br>$n=0\sim3$ | ARWS：9 步 |

如图 4.81 所示，为方向开关梯形图程序以及与本梯形图配合的带锁存 7 段码显示器与 PLC 的连接和箭头开关确定的情况，每一位的选通输出上并联一个指示灯指示当前被选中的位。驱动输入 X000 置为 ON 时，位指定为 103 位，每次按退位输入时，位指定按 103→102→101→100→103 变化；每次按进位输入时，位指定按 103→100→101→102→103 变化。对于被指定的位，每次按增加输入时，D0 的内容 0→1→···→8→9→0 变化；每次按减少输入时，D0 的内容按 0→9→8→···→1→0→9 变化，其内容用带锁存的 7 段码显示器显示。

### 3. 其他指令

### 1）ASCII 码转换指令和打印指令

ASCII 码转换指令（ASCII Code）ASC 是 8 个以下字母的 ASCII 码转换存储的指令，该指令适合于用外部显示单元来显示出错等信息。ASCII 码打印命令 PR（Print）是存储元件

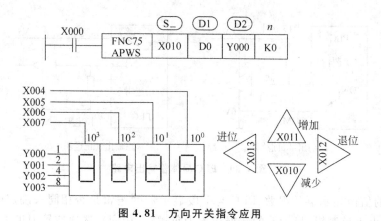

图 4.81　方向开关指令应用

中的 8 个 ASCII 码数据输出的指令。PR 指令和 ASCII 指令配合使用,可以用外部显示单元显示出错信息等。其使用要素如表 4.54 所示。

表 4.54　ASCII 码转换与打印指令的要素

| 指令名称 | 指令编号 | 助记符 | 操　作　数 | | 指令步数 |
|---|---|---|---|---|---|
| | | | S | D(可变址) | |
| ASCII 转换 | FNC76 (16) | ASC | 8 个字节以下的字母 | T,C,D,V,Z (4 个或 8 个连号元件) | ASC:11 步 |
| ASCII 打印 | FNC77 (16) | PR | T,C,D,V,Z (可变址) | Y (10 个连号元件) | PR:5 步 |

ASC 指令将字符变为 ASCII 码并存放在指定的元件中,图 4.82 中的 X3 由 OFF 变为 ON 时,将 8 个字符变换为 ASCII 码后存放在目标元件 D300～D303 中。

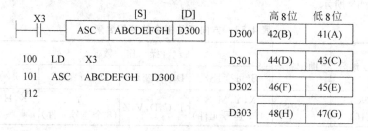

图 4.82　ASCII 码转换

在 M8161 为 ON 时(8 位处理模式)执行该指令,向 D300～D307 的低 8 位传送 ASCII 码,高 8 位为 0。

执行图 4.83 中的 PR 指令时,D300～D303 中的 8 个 ASCII 码送到 Y0～Y7 去打印,同时用 Y10 和 Y11 输出选通信号和执行标志信号。PR 指令可以使用两次,且必须使用晶体管输出型 PLC。若扫描时间短,可以用定时中断方式执行。标志 M8027 为 ON 时 PR 指令可以一次送 16 个 ASCII 码。

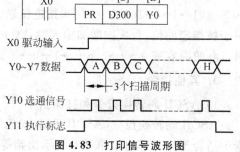

图 4.83　打印信号波形图

2）BFM 读出与写入指令

BFM 读出指令 FROM 是将特殊单元缓冲存储器 BFM 的内容读出到 PLC 的指令。接在 FX 系列 PLC 基本单元右边扩展总线上的功能模块，从最靠基本单元的那个开始，其编号 $m_1$ 依次为 0～7。

BFM 写入指令 TO 是由 PLC 向特殊单元缓冲存储器 BFM 写入数据的指令。

BFM 读出与写入指令使用要素如表 4.55 所示。

**表 4.55　BFM 读出与写入指令的要素**

| 指令名称 | 指令编号 | 助记符 | 操作数 | | | | 指令步数 |
| --- | --- | --- | --- | --- | --- | --- | --- |
| | | | $m_1$ | $m_2$ | D(可变址) | $n$ | |
| BFM 读出 | FNC78 (16/32) | FROM(P) | K,H 0～7 | K,H 0～32 767 | KnY,KnM,KnS, T,C,DV,Z | K,H 0～32 767 | FROM (P)…9 步 DFROM (P)…17 步 |

| 指令名称 | 指令编号 | 助记符 | 操作数 | | | | 指令步数 |
| --- | --- | --- | --- | --- | --- | --- | --- |
| | | | $m_1$ | $m_2$ | S(可变址) | $n$ | |
| BFM 写入 | FNC79 (16/32) | TO (P) | K,H 0～7 | K,H 0～32 767 | K,H,KnX,KnY, KnM,KnS, T,C,DV,Z | K,H 0～32 767 | TO (P)…9 步 DTO (P)…17 步 |

图 4.84 中的 X3 为 ON 时，将编号为 $m_1$ 的特殊功能模块内编号为 $m_2$ 开始的 $n$ 个缓冲寄存器(BFM)的数据读入 PLC，并存入[D]开始的 $n$ 个数据寄存器中。$m_2$ 是特殊功能模块中缓冲寄存器的首元件号，$m_2 = 0 \sim 32\,767$，$n$ 是待传送数据的字数，$n=1\sim 32\,767$，32 位指令以双字为单位传送数据，指定的 BFM 为双字的低 16 位。

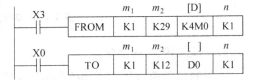

**图 4.84　BFM 读出与写入指令应用**

图 4.84 中的 X0 为 ON 时，将 PLC 基本单元中从[S]指定的 D0 开始的 $n$ 个字的数据写到编号为 $m_1$ 的特殊功能模块中编号 $m_2$ 开始的 $n$ 个缓冲寄存器中。

M8028 为 ON 时，在 FROM 和 TO 指令执行过程中，禁止中断；在此期间发生的中断在 FROM 和 TO 指令执行完后执行。M8028 为 OFF 时，在这两条指令的执行过程中不禁止中断。

### 4.3.11　外部设备指令

**1. 串行通信指令**

串行通信传送指令（RS-232C）RS 为使用 RS-232C、RS-485 功能扩展板及特殊适配器进行发送接收串行数据的指令。其使用要素如表 4.56 所示。

**表 4.56　串行通信传送指令的使用要素**

| 指令名称 | 指令编号 | 助记符 | 操作数 | | | | 指令步数 |
| --- | --- | --- | --- | --- | --- | --- | --- |
| | | | S(可变址) | $m$ | D(可变址) | $n$ | |
| 串行通信 | FNC80(16) | RS | D | K,H,D 0～4096 | D | K,H,D 0～4096 | RS：9 步 |

如图 4.85 所示,为串行通信梯形图程序。RS 指令的驱动输入 X010 置于 ON 时,PLC 处于接收等待状态;在接收等待状态或接收完成状态时,用脉冲指令置位 M8122,就开始发送从 D200 开始的 D0 长度的数据,发送结束时 M8122 自动复位。接收完成标志 M8123 变为 ON 后,先将接收数据传送到其他存储地址后,再对 M8123 进行复位;复位 M8123 后,再次进入接收等待状态;用 D1＝0 执行 RS 指令时,M8123 将不动作,也不进入接收等待状态。

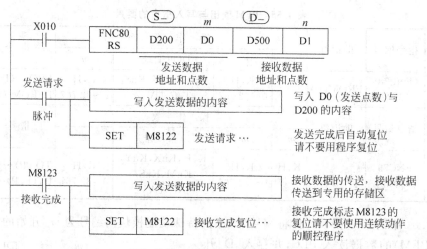

图 4.85　串行通信传送指令应用

### 2. 八进制位传送指令

八进制位传送指令(Parallel Running)PRUN 根据位指定的信号源与目的元件号,以八进制数处理传送数据。PRUN 将数据送入位发送区或从位接收区读出。传送时位元件的地址为八进制数,用 PRUN 指令将 16 个输入点 K4X20(X20～X27 和 X30～X37)送给发送缓冲区中的 K4M810(M810～M817 和 M820～M827)时,数据不会写入 M818 和 M819,因为它们不属于八进制计数系统。其使用要素如表 4.57 所示。

表 4.57　八进制位传送指令的要素

| 指令名称 | 指令编号 | 助记符 | 操 作 数 | | 指令步数 |
| --- | --- | --- | --- | --- | --- |
| | | | S(可变址) | D(可变址) | |
| 八进制位传送 | FNC81(16/32) | PRUN(P) | KnX,KnM | KnY,KnM | PRUN(P)：5 步<br>DPRUN(P)：9 步 |

### 3. ASCII 与 HEX 变换与 CCD 校验码指令

HEX→ASCII 变换:指令(ASCII)将源操作数 S 中的 HEX 数据的各位转换成 ASCII 码向目的操作数 D 传送,转换的字符数用辅助操作数 $n$ 指定,$n=1$～256。HEX 是十六进制数的缩写,数字后面的"H"表示十六进制数。该指令将[S]中的 HEX 转换为 ASCII 码。在运行时如果 M8161 为 OFF 则为 16 位模式,每 4 个 HEX 占一个数据寄存器,转换后每两个 ASCII 码占一个数据寄存器。

ASCII→HEX 变换指令(HEX)将源操作数中 8 位的 ASCII 字符装换成 HEX 数据,每

4 位向目的操作数 D 传送,转换的字符数由辅助操作数 $n$ 指定,$n=1\sim256$。M8161 为 ON 时为 8 位模式,只转换源操作数低字节中的 ASCII 码。

CCD 校验码指令(Check Code)将以源操作数指定的元件为起始的 $n$ 点数据的 8 位数据的总和与水平校验数据存储于目的操作数元件中,可以用于通信数据的校验。M8161 为 OFF 时为 16 位模式,CCD 指令将[S]指定的 D150～D154 中 10 个字节的 8 位二进制数据求和并异或,求和与异或的结果分别送到[D]指定的 D170 和 D171,可以将求和与异或的结果随同数据发送出去,对方收到后对接收到的数据也求和与异或,并判别接收到的求和与异或的结果是否等于自己求出来的,如果不等则说明数据传送出了错误。

ASCII 与 HEX 变换与 CCD 校验码指令的使用要素如表 4.58 所示。

表 4.58 ASCII 与 HEX 变换、CCD 校验码指令的使用要素

| 指令名称 | 指令编号 | 助记符 | 操作数 | | | 指令步数 |
| --- | --- | --- | --- | --- | --- | --- |
| | | | S(可变址) | D(可变址) | $n$ | |
| ASCII 变换 | FNC82 (16) | ASCI(P) | K,H,KnX,KnY, KnM,KnS,T,C,D | KnY,KnM,KnS, T,C,D | K,H | ASCI(P):7 步 |
| HEX 变换 | FNC83 (16) | HEX(P) | K,H,KnX,KnY, Kn M,KnS,T,C,D | KnY,KnM,KnS, T,C,D,V,Z | K,H | HEX(P):7 步 |
| 校验码 | FNC84 (16) | CCD(P) | KnX,KnY, KnM,KnS,T,C,D | KnY,KnM,KnS, T,C,D | K,H,D | CCD(P):7 步 |

如图 4.86 所示的 ASCII,设 D100 中存放的是十六进制数 0ABCH,X12 为 ON 时,ASCII 指令将 D100 中的十六进制数 0ABCH 转换为对应的 4 个 ASCII 码,存入 D120 和 D121,0 对应的 ASCII 码 30H 存入 D120 的低位字节,十六进制数 C 对应的 ASCII 码 43H 存入 D121 的高位字节。

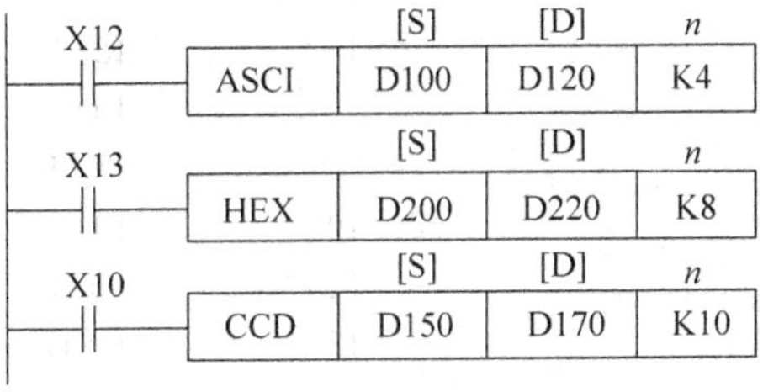

在运行时如果 M8161 一直为 ON,则为 8 位模式,[S]中的 HEX 数据被转换为 ASCII 码,传送给[D]的低 8 位,其高 8 位为 0。设 D100 中存

图 4.86 ASCII 与 HEX 变换与 CCD 校验码指令应用

放的是十六进制数 0ABCH,十六进制数 0 对应的 ASCII 码 30H 存入 D120 的低位字节,十六进制数 CH 对应的 ASCII 码 43H 存入 D123 的低位字节。

如图 4.86 所示的 HEX 指令,设 $n=8$,D200～D203 中存放的是 0ABC1234H 对应的 ASCII 码字符 30H、41H、42H、43H、31H、32H、33H 和 34H,转换后的十六进制数 1234H 存放在 D220 中,0ABCH 存放在 D221 中,其中的 4H 放在 D220 的低 4 位。

M8161 为 ON 时为 8 位模式,每个 ASCII 码占一个数据寄存器,设 D200～D207 中存放的是 0ABC1234H 对应的 ASCII 码字符,转换后的十六进制数的存放方式与 16 位模式时相同。

如图 4.86 所示的 CCD 指令,M8161 为 ON 时为 8 位模式,CCD 指令将[S]指定的 D150～D159 中 10 个数据寄存器低 8 位的数据求和并异或,结果送到[D]指定的 D170 和 D171。

# 习　题

4-1　基本逻辑指令都由哪几部分组成？各指令的功能是什么？

4-2　请画出以下指令表的梯形图。

| | | | | | |
|---|---|---|---|---|---|
| 0 | LD | X000 | 11 | ORB | |
| 1 | MPS | | 12 | ANB | |
| 2 | LD | X001 | 13 | OUT | Y001 |
| 3 | OR | X002 | 14 | MPP | |
| 4 | ANB | | 15 | AND | X007 |
| 5 | OUT | Y000 | 16 | OUT | Y002 |
| 6 | MRD | | 17 | LD | X010 |
| 7 | LDI | X003 | 18 | ORI | X011 |
| 8 | AND | X004 | 19 | ANB | |
| 9 | LD | X005 | 20 | OUT | Y003 |
| 10 | ANI | X006 | | | |

4-3　画出如图 4.87 所示指令语句表的梯形图。

| | | | |
|---|---|---|---|
| 0 | LD | X000 | |
| 1 | ANI | M0 | |
| 2 | OUT | M0 | |
| 3 | LDI | X000 | |
| 4 | RST | C0 | |
| 6 | LD | M0 | |
| 7 | OUT | C0 | K6 |
| 10 | LD | C0 | |
| 11 | OUT | Y000 | |
| 12 | END | | |

**图 4.87　习题 4-3 图**

4-4　画出如图 4.88 所示指令语句表的梯形图。

| | | | | | |
|---|---|---|---|---|---|
| 0 | LD | X000 | 9 | OUT | Y000 |
| 1 | MPS | | 10 | MPP | |
| 2 | AND | X001 | 11 | OUT | Y001 |
| 3 | MPS | | 12 | MPP | |
| 4 | AND | X002 | 13 | OUT | Y002 |
| 5 | MPS | | 14 | MPP | |
| 6 | AND | X003 | 15 | OUT | Y003 |
| 7 | MPS | | 16 | MPP | |
| 8 | AND | X004 | 17 | OUT | Y004 |
| | | | 18 | END | |

**图 4.88　习题 4-4 图**

4-5　写出如图 4.89 所示梯形图的指令语句表。

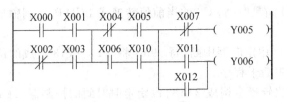

图 4.89 习题 4-5 图

4-6 写出如图 4.90 所示梯形图的指令语句表。

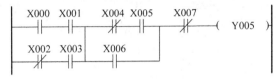

图 4.90 习题 4-6 图

4-7 写出如图 4.91 所示梯形图的指令语句表。

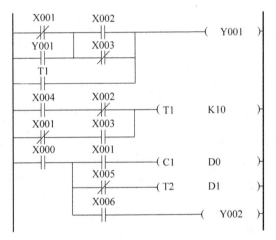

图 4.91 习题 4-7 图

4-8 对如图 4.92 所示梯形图进行时序分析。

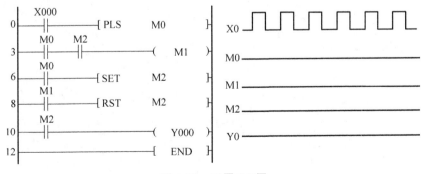

图 4.92 习题 4-8 图

4-9 计算 D5、D7、D9 之和并放入 D20 中,求以上三个数的平均值,并将其放入 D30。

4-10 当输入条件 X0 满足时,将 C8 的当前值转换成 BCD 码送到输出元件 K4Y0 中,画出梯形图。

4-11 当 X1 为 ON 时,用定时器中断,每 99ms 将 Y10～Y13 组成的位元件组 K1Y10 加 1,设计主程序和中断子程序。

4-12 应用计数器与比较指令构成 24h 可设定定时时间的控制器,每 15min 为一设定单位,共 96 个时间单位。现控制实现如下:①6:30 电铃 Y0 每秒响一次,6 次后自动停止;②9:00—17:00,启动校园报警系统 Y1;③18:00 开校内照明 Y2;④22:00 关校园内照明 Y2。

# 第5章

# 可编程控制器的程序设计方法

在可编程控制器系统应用中，梯形图的设计往往是最主要的问题。由于梯形图的设计是计算机程序设计与电气控制设计思想结合的产物，因此，在设计方法上与计算机设计和电气控制设计既有相同点，也有不同点。

本章主要介绍 PLC 梯形图的编程规则，一些典型单元的梯形图程序以及常用 PLC 程序设计方法（经验设计法、替代设计法、顺序控制设计法）。

## 5.1 梯形图的编程规则

梯形图是 PLC 使用最多的一种编程语言，与继电器控制系统的电路图很相似，具有直观易懂的优点，很容易被工厂电气人员掌握，特别适用于开关量逻辑控制。尽管梯形图与继电器电路图有许多相似之处，但它们又有许多不同之处，梯形图具有自己的编程规则，在编程时，梯形图需遵循一定的规则。

（1）梯形图按自上而下、从左到右的顺序排列。每个继电器线圈为一个逻辑行，即一层阶梯。每一个逻辑行起于左母线，然后是触点的连接，最后终止于继电器线圈或右母线。绘制梯形图时应注意的是：线圈与右母线之间没有任何触点，而线圈与左母线之间必须要有触点，如图 5.1 所示。

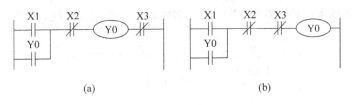

图 5.1　梯形图编程规则（1）

(a) 错误；(b) 正确

（2）梯形图中的触点可以任意串联或并联，且触点的使用次数不受限制，但继电器线圈只能并联而不能串联，如图 5.2 所示。

（3）同一编号的输出元件在一个程序中使用两次或多次，即形成"双线圈输出"。对于"双线圈输出"，有些 PLC 将其视为语法错误，绝对不允许，有些 PLC 则将前面的输出视为

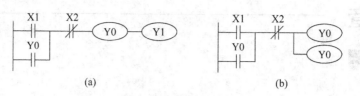

**图 5.2　梯形图编程规则（2）**
(a) 错误；(b) 正确

无效，只有最后一次输出有效。因此编程时应尽量避免双线圈输出。但有些 PLC，在含有跳转指令或步进指令的梯形图中允许线圈重复输出，如图 5.3 所示。

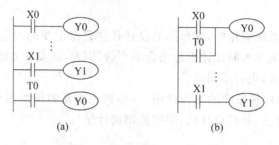

**图 5.3　梯形图编程规则（3）**
(a) 错误；(b) 正确

（4）适当安排编程顺序，以减少程序步数。

① 有几个串联电路相并联时，串联触点多的电路应尽量放在上部，如图 5.4 所示。

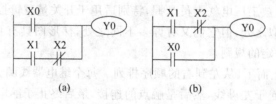

**图 5.4　梯形图编程规则（4）①**
(a) 电路安排不当；(b) 电路安排得当

② 有几个并联电路相串联时，并联触点多的电路应靠近左母线，如图 5.5 所示。

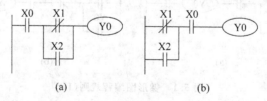

**图 5.5　梯形图编程规则（4）②**
(a) 电路安排不当；(b) 电路安排得当

（5）不能编程的电路应进行等效变换后再编程，如图 5.6(a) 所示桥式电路应变换成如图 5.6(b) 所示的电路才能编程。

另外，在设计梯形图时，输入继电器的触点状态最好按输入设备全部为常开设计更为合

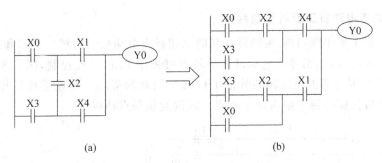

**图 5.6 梯形图编程规则(5)**

(a) 桥式电路；(b) 等效电路

适,不易出错。如果某些信号只能用常闭输入,可先按输入设备为常开来设计,然后将梯形图中对应的输入继电器触点取反(常开改成常闭、常闭改成常开)。

# 5.2 PLC 程序的经验设计法

## 5.2.1 典型单元的梯形图程序

PLC 应用程序往往是一些典型控制环节和基本单元电路的组合,熟练掌握这些典型环节和基本单元电路,可以使程序设计变得简单。

### 1. 启保停电路程序

启动-保持-停止电路简称启保停电路,它仅使用与触点和线圈有关的指令,该电路在梯形图中的应用极为广泛。图 5.7(a)所示为启保停电路,图中输入继电器信号 X1、X2 分别称为启动信号和停止信号,通常与启动按钮和停止按钮相连接。按钮的动作时间较短促,采用启保停电路后就具有"记忆"功能。若按下启动按钮,输入继电器 X1 得电,其常开触点接通,如果此时未按停止按钮,输入继电器 X2 的常闭触点保持闭合,Y0 线圈"得电",同时其常开触点接通;放开启动按钮,输入继电器 X1 失电,其常开触点断开,此时"能流"经 Y0 的常开触点和 X2 的常闭触点流过 Y0 的线圈,Y0 仍处于得电状态。这种利用自身的常开触点使线圈持续保持通电即 ON 状态的功能即称为自锁。当按下停止按钮,输入继电器 X2 得电,其常闭触点断开,输出继电器 Y0"失电"。

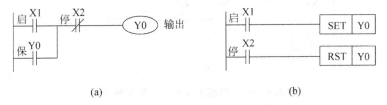

**图 5.7 启保停控制程序**

启保停程序也可用置位(SET)和复位(RST)指令来实现,其电路如图 5.7(b)所示,按下启动按钮,Y0 得电并保持,按下停止按钮,Y0 复位。

### 2. 三相异步电动机正反转控制程序

第1章介绍了采用继电器-接触器控制的三相异步电动机正反转主电路和控制电路,其电路图如图5.8所示,三相异步电动机正反转也可采用 PLC 实现控制,图5.9所示为采用 PLC 控制三相异步电动机正反转的外部 I/O 接线图和梯形图。实现正反转控制功能的梯形图是由两个启保停的梯形图再加上两者之间的互锁触点构成。

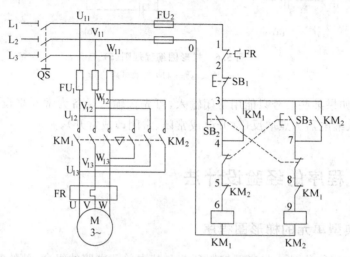

**图 5.8　继电器接触器控制的电动机正反转电路**

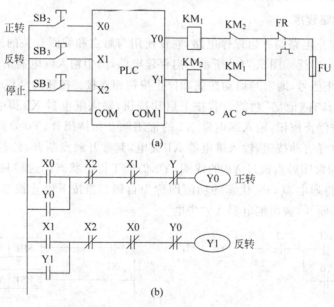

**图 5.9　PLC 控制电动机正反转控制电路**

(a) PLC 外部硬件接线图;(b) 梯形图

应该注意,虽然在梯形图中已经有了软继电器的互锁触点(X1 与 X0、Y1 与 Y0),但在 I/O 接线图的输出电路中还必须使用 KM$_1$、KM$_2$ 的常闭触点进行硬件互锁。因为 PLC 软继电器互锁只相差一个扫描周期,而外部硬件接触器触点的断开时间往往大于一个扫描周期,来不及响应,且触点的断开时间一般较闭合时间长。例如,Y0 虽然断开,可能接触器 $KM_1$ 的触点还未断开,在没有外部硬件互锁的情况下,接触器 $KM_2$ 的触点可能接通,引起主电路短路,因此必须采用软硬件双重互锁。这样可以确保两个接触器主触头不会同时接通引起电动机主电路短路。

**3. 周期可调的脉冲信号发生器**

图 5.10 所示是产生周期可调的脉冲信号发生器的程序。当 X1 常开触点闭合后,第一次扫描到定时器 T1 常闭触点时,它是闭合的,于是 T1 线圈得电,经过 1s 的延时,T1 常闭触点断开,常开触点闭合,Y0 线圈得电。T1 常闭触点断开后的下一个扫描周期中当扫描到 T1 常闭触点时,因它是断开的,使 T1 线圈失电,其常开触点断开,Y0 线圈失电。同时,T1 常闭触点又随之恢复闭合。这样,在下一个扫描周期扫描到 T1 常闭触点时,又使 T1 线圈得电,重复以上的动作,T1 的常开触点连续闭合、断开,使 Y0 有连续脉冲输出,脉冲的宽度为一个扫描周期、脉冲周期为 1s。改变 T1 的设定值,就可改变脉冲周期。

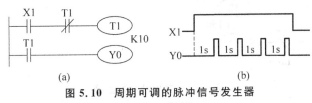

**图 5.10　周期可调的脉冲信号发生器**

(a) 梯形图；(b) 时序图

**4. 脉冲宽度可调的脉冲信号发生器(闪烁电路)**

图 5.11(a)所示为脉宽可调的脉冲信号发生器程序,设初始时 X0 为 OFF,T0 和 T1 的线圈均为断电状态,当 X0 线圈得电后,X0 的常开触点接通,T0 线圈得电,3s 后定时时间到,T0 的常开触点闭合,使 Y0 线圈得电,同时 T1 线圈得电,开始计时,4s 后 T1 定时时间到,它的常闭触点断开,使 T0 线圈失电,T0 的常开触点断开,使 Y0 变为 OFF,同时使 T1 的线圈得电。在下一个扫描周期,因为 T1 的常开触点接通,T0 又开始计时,以后 Y0 的线圈将这样周期性地“通电”和“断电”,直到 X0 变为 OFF。Y0 接通和断开的时间分别等于 T1 和 T0 的设定值,图 5.11(b)所示为脉冲时序图,可根据不同控制要求得到不同宽度的脉冲输出。

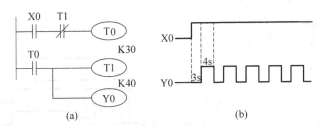

**图 5.11　脉冲宽度可调的脉冲信号发生器**

(a) 梯形图；(b) 时序图

**5. 顺序脉冲发生器**

图 5.12(a)所示为用三个定时器产生一组顺序脉冲的梯形图程序。当 X0 接通时,T0

开始计时,同时 Y1 线圈得电,5s 后 T0 定时时间到,其常闭触点断开,Y1 断电;T0 常开触点闭合,定时器 T1 开始计时,同时 Y2 得电,10s 后 T1 定时时间到,T1 常闭触点断开,Y2 断电;T1 常开触点闭合,定时器 T2 开始计时,同时 Y3 得电,T2 定时 15s 后,Y3 断电。如果 X0 仍接通,重新开始产生顺序脉冲,直至 X0 断开。当 X0 断开时,所有的定时器全部断电,定时器触点复位,输出 Y1、Y2 及 Y3 全部断电。

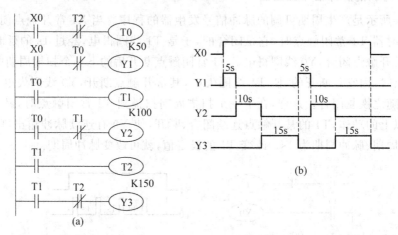

**图 5.12　顺序脉冲发生器**

(a) 梯形图;(b) 时序图

### 6. 延时程序

一般 PLC 的定时器的延时时间都较短,如 FX 系列 PLC 中一个 100ms 通用定时器的定时范围为 0.1~3276.7s。如果需要延时更长时间,可采用多个定时器串级或利用定时器与计数器级联组合等方法来实现长时间延时。

1) 多个定时器组合的延时程序

图 5.13 所示为定时时间为 1h 的梯形图及时序图,辅助继电器 M0 用于定时启停控制,采用两个 100ms 定时器 T20 和 T21 串级使用。当 T20 开始定时后,经 1800s 延时,T20 的常开触点闭合,使 T21 再开始定时,又经 1800s 的延时,T21 的常开触点闭合,Y4 线圈接通。从 X0 接通到 Y4 输出,其延时时间为 1800s+1800s=3600s=1h。

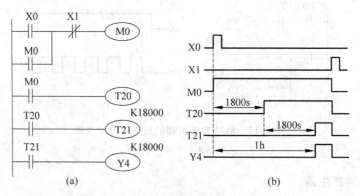

**图 5.13　用定时器串级的长延时程序**

(a) 梯形图;(b) 时序图

从上面的分析可知,采用多个定时器串级来实现长时间延时时,其总的定时时间为各定时时间之和。

2) 采用计数器的延时程序

采用计数器延时,只要提供一个时钟脉冲信号作为计数器的计数输入信号,就可以实现定时功能。时钟脉冲信号的周期与计数器的设定值相乘就是定时时间。时钟脉冲信号可以由 PLC 内部特殊继电器产生(如 FX 系列 PLC 的 M8011、M8012、M8013 和 M8014 等),也可以由连续脉冲发生程序产生,还可以由 PLC 外部时钟电路产生。

图 5.14 所示为采用一个计数器实现延时的程序,由 M8013 产生周期为 1s 的时钟脉冲信号。当启动信号 X0 闭合时,M1 得电并自锁,M8013 时钟脉冲加到 C0 的计数输入端。当 C0 累计到 3600 个脉冲时,C0 常开触点闭合,Y3 线圈接通,Y3 的触点动作。从 X0 闭合到 Y3 动作的延时时间为 3600×1s=3600s。延时误差和精度主要由时钟脉冲信号的周期决定,要提高定时精度,就必须用周期更短的脉冲信号作为计数信号。

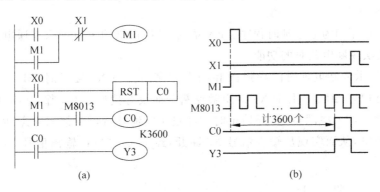

**图 5.14 采用一个计数器的延时程序**

(a) 梯形图;(b) 时序图

延时程序中最大延时时间受计数器的最大计数值和时钟脉冲的周期限制,如图 5.14 中,计数器 C0 的最大计数值为 32 767,所以最大延时时间为:32 767×1s=32 767s。要增大延时时间,可以增大时钟脉的周期,但这又使定时精度下降。为获得更长时间的延时,同时又能保证定时精度,可以采用两级或多级计数器串级计数。如图 5.15 所示为采用两级计数器串级计数延时的一个例子。其延时时间为 3600×0.1s×100=36 000s=10h。

3) 定时器与计数器组合的延时程序

图 5.16 所示为采用定时器与计数器级联组合的延时程序。图中 T1 形成一个 60s 的自复位定时器,当 X0 接通后,T1 线圈接通并开始延时,60s 后 T1 常闭触点断开,T1 定时器的线圈断开并复位,待下一个扫描时,T1 常闭触点闭合,T1 定时器线圈又重新接通并开始延时。所以当 X0 接通后,T1 每过 60s 其常开触点接通一次,为计数器输入一个脉冲信号,计数器 C1 计数一次,当 C1 计数 60 次时,其常开触点接通 Y2 线圈。可见从 X0 接通到 Y2 动作,延时时间为定时器定时值和计数器设定值的乘积即 60s×60=3600s。

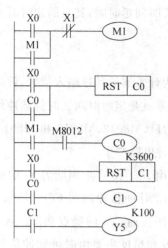

图 5.15 应用两个计数器的延时程

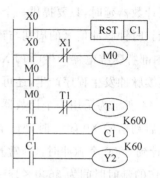

图 5.16 定时器与计数器组合的延时程序

4）断电延时程序

上述延时程序均为通电延时程序。FX 系列 PLC 提供的定时器只有通电延时类型，但可以通过编程实现断电延时的功能。

图 5.17 所示为断电延时的梯形图和动作时序图。当 X0 接通时，M2 线圈接通并自锁，Y6 线圈通电，这时 T3 由于 X0 常闭触点断开而没有接通定时；当 X0 断开时，X0 的常闭触点恢复闭合，T3 线圈得电，开始定时。经过 10s 延时后，T3 常闭触点断开，使 M2 复位，Y6 线圈断电，从而实现从输入信号 X0 断开，经 10s 延时后，输出信号 Y6 才断开的延时功能。

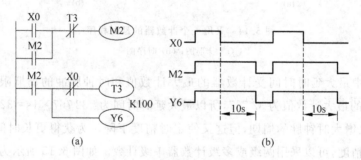

图 5.17 断电延时程序
（a）梯形图；（b）时序图

### 7. 分频程序

在许多控制场合，需要对信号进行分频。图 5.18 所示为 PLC 的一个二分频程序。图中 Y1 产生的脉冲信号是 X0 脉冲信号的二分频。当 X0 的上升沿到来时，M10 接通一个扫描周期，由于 PLC 程序是按顺序执行的，此时，Y1 的常开触点是断开的，M11 线圈不会接通，程序执行到下一行时，Y1 线圈得电并自锁，而当下一个扫描周期时，虽然 Y1 是接通的，但此时 M10 已经断开，所以 M11 也不会接通，直到下一个 X0 的上升沿到来时，M11 才会接通，并把 Y1 断开，从而实现二分频。

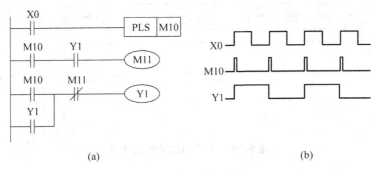

图 5.18　二分频程序

(a) 梯形图；(b) 时序图

除了以上介绍的几种基本程序外，还有很多这样的程序，不再一一列举，它们都是组成较复杂的 PLC 应用程序的基本环节。

### 5.2.2　PLC 程序经验设计法概述

经验设计法，顾名思义就是依据设计者的经验进行设计的方法。设计者需要掌握大量的控制系统的实例和典型的控制程序，用经验设计法设计程序时，可将生产机械的运动分成各自独立的简单运动，分别设计这些简单运动的控制程序，再在基本的控制程序基础上，设置必要的连锁和保护环节。经过多次反复的调试和修改，增加一些中间编程元件和触点，最后才能完善梯形图。

这种方法没有普遍的规律可以遵循，具有很大的试探性和随意性，最后的结果不是唯一的，设计所用的时间、设计的质量与设计者的经验有很大的关系，一般用于逻辑关系较简单的梯形图程序或复杂系统的某一局部程序，如手动程序等。如果用经验设计法设计复杂系统的梯形图，则存在以下问题：

(1) 考虑不周、设计麻烦、设计周期长。

(2) 梯形图的可读性差、系统维护困难。用经验设计法设计的梯形图是按照设计者的经验和习惯来设计的，因此，即使是设计者的同行，要分析这种程序也非常困难，更不用说维修人员了，这给 PLC 系统的维护和改进带来了许多困难。

### 5.2.3　设计举例

**例 5.1**　流水灯设计。

**1. 控制要求**

当按下启动按钮时，三个灯按图 5.19 动作顺序自动循环三次后停止。在循环的过程中，按下停止按钮，循环立即停止，所有灯熄灭。

**2. 控制分析**

由图 5.19 可知，三个灯亮除有一定的顺序要求外，还有时间和计数要求，即要使用 PLC 的内部资源定时器和计数器，对于顺序控制的系统可用经验法或顺序控制法编程，该控制比较简单，因此可采用经验法设计程序。

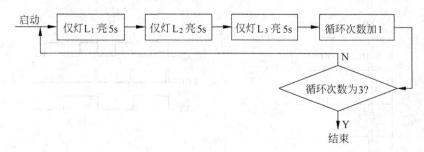

图 5.19　三盏灯的动作循环图

### 3. PLC 输入输出分配表和 I/O 接线图

根据控制要求和控制分析可知,该系统有两个输入,三个输出设备;PLC 控制流水灯的输入输出分配表如表 5.1 所示,其 I/O 接线图如图 5.20 所示。

表 5.1　流水灯的输入输出分配表

| 输　　　入 | | 输　　　出 | |
| --- | --- | --- | --- |
| 输 入 设 备 | PLC 地址 | 输 出 设 备 | PLC 地址 |
| 启动按钮 $SB_1$ | X0 | 灯 $L_1$ | Y0 |
| 停止按钮 $SB_2$ | X1 | 灯 $L_2$ | Y1 |
| | | 灯 $L_3$ | Y2 |

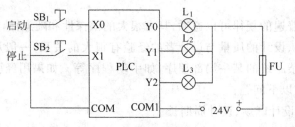

图 5.20　I/O 接线图

### 4. 程序设计与分析

根据控制要求,按下启动按钮时,仅灯 $L_1$ 亮,由图 5.21(a)程序可实现,即按下启动按钮时,灯 $L_1$ 亮,松开时,灯 $L_1$ 灭;但控制要求中要求,按下启动按钮时,灯 $L_1$ 亮,且只能亮 5s,所以应在图 5.21(a)程序中加上自锁和定时器线圈,然后用定时器的常闭触点使灯 $L_1$ 熄灭,程序如图 5.21(b)所示;灯 $L_1$ 亮 5s 熄灭后,灯 $L_2$ 亮,因此可以用定时器 T0 的常开触点来驱动 Y1,使灯 $L_2$ 亮,且灯 $L_2$ 亮 5s 后熄灭,程序如图 5.21(c)所示;灯 $L_2$ 熄灭后,灯 $L_3$ 亮,且仅亮 5s,程序如图 5.21(d)所示;此时一个循环结束,循环次数加 1,在程序中用计数器实现,如图 5.21(e)所示;灯 $L_3$ 熄灭后,灯 $L_1$ 再次亮,用 T2 的常开触点来接通 Y0,三个灯亮三次后,熄灭,可以用 C0 的常闭触点来断开。因使用了计数器,所以在程序中还应对计数器进行复位,程序如图 5.21(f)所示;系统要求按下停止按钮,循环立即停止,所有灯熄灭,因此在图 5.21(f)程序的前面加上 X1 的常闭触点即可,如图 5.21(g)所示,即为系统的程序。

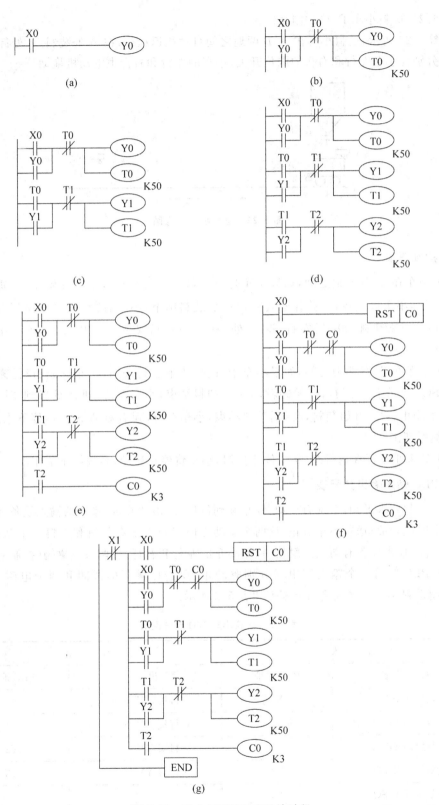

图 5.21 流水灯系统程序设计过程

**例 5.2**　送料小车 PLC 控制系统。

如图 5.22 所示,送料小车在 $A$、$B$ 两地之间自动往返运行,在 $A$ 处装料,$B$ 处卸料,$SQ_1$ 和 $SQ_2$ 分别为小车左行和右行的限位开关,小车的左行和右行由电动机拖动。

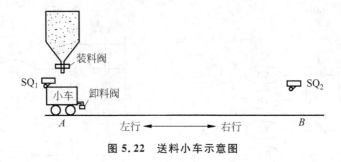

图 5.22　送料小车示意图

**1. 控制要求**

(1) 小车在 $A$、$B$ 两地之间,如果小车是空车,按下左行按钮,小车开始左行,碰到左限位开关 $SQ_1$,小车停止运行,并开始装料,25s 后装料结束,小车右行,到 $B$ 处碰到右限位开关 $SQ_2$ 后停下来卸料,30s 后左行,返 $A$ 处,碰到 $SQ_1$ 后又停下来装料,这样不停地循环工作。

(2) 小车在 $A$、$B$ 两地之间,如果小车中有料,按下右行按钮,小车开始右行,碰到右限位开关 $SQ_2$,小车停止运行,开始卸料,30s 后卸料结束,小车左行,到 $A$ 处碰到左限位开关 $SQ_1$,小车停止运行,开始装料,25s 后装料结束,小车右行,到 $B$ 处碰 $SQ_2$ 后停下来卸料,这样不停地循环工作。

(3) 如果小车正在运行时,按下停止按钮,小车将停止运动,系统停止工作。

**2. PLC 输入输出分配表**

根据控制要求可知,系统有启动、停止和到位信号,由此确定,系统的输入设备有三个按钮和两个限位开关;送料小车有正、反两个运动方向以及系统有装料和卸料两个动作,由此确定,系统的输出设备有两只接触器(控制小车的左行和右行)和两只电磁阀(控制系统装料和卸料),PLC 应用 4 个输出继电器分别驱动正、反转接触器的线圈和两个电磁阀线圈。PLC 控制送料小车的输入输出分配表如表 5.2 所示。

表 5.2　送料小车 I/O 点分配表

| 输　　　入 | | 输　　　出 | |
| --- | --- | --- | --- |
| 输 入 设 备 | PLC 地址 | 输 出 设 备 | PLC 地址 |
| 停止按钮 $SB_1$ | X0 | 左行接触器 $KM_1$ | Y0 |
| 左行启动 $SB_2$ | X1 | 右行接触器 $KM_2$ | Y1 |
| 右行启动 $SB_3$ | X2 | 装料阀 $YV_1$ | Y2 |
| 左限位开关 $SQ_1$ | X3 | 卸料阀 $YV_2$ | Y3 |
| 右限位开关 $SQ_2$ | X4 | | |

### 3. 程序设计与分析

小车的左行和右行由电动机的正、反转来拖动,要完成这一动作可采用电动机正反转基本控制程序;在电动机正反转控制程序的基础上,为使小车自动停止,将 X3 和 X4 的常闭触点分别与 Y0 和 Y1 的线圈串联;为了使小车自动启动,将控制装、卸料延时的定时器 T1 和 T0 的常开触点,分别与手动启动左行和右行的 X1 和 X2 的常开触点并联;为了使小车到达位置后自动装、卸料,将两个限位开关对应的输入 X3 和 X4 的常开触点分别接通装料、卸料电磁阀和相应的定时器。根据以上的分析,设计出满足要求的梯形图程序如图 5.23 所示。

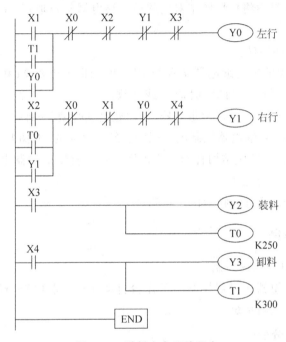

图 5.23　送料小车系统程序

# 5.3　PLC 程序的替代设计法

## 5.3.1　概述

所谓替代设计法,就是根据继电器电路图来设计梯形图,即将继电器电路图"翻译"为具有相同功能的 PLC 的外部硬件接线图和梯形图,因此又称这种设计方法为"移植设计法"或"翻译法"。通常用在旧设备改造中,用 PLC 改造继电器控制系统,这种设计方法没有改变系统的外部特性,对于操作工人来说,除了控制系统的可靠性提高之外,改造前后的系统没有什么区别。这种改造一般不需要改动控制面板及器件,因此可以减少硬件改造的费用和改造的工作量。

替代设计法基本设计步骤如下：

（1）根据继电器控制电路图分析和掌握控制系统的控制功能。

（2）确定 PLC 的 I/O 端点的输入器件和输出负载，画出 PLC 的 I/O 外部接线图。

继电器控制电路中的执行元件（如交直流接触器、电磁阀、指示灯等）与 PLC 的输出继电器对应；继电器电路中的主令电器（如按钮、位置开关、转换开关等）与 PLC 的输入继电器对应；热继电器的触点可作为 PLC 的输入，也可接在 PLC 外部电路中，主要是看 PLC 的输入点是否富余。注意处理好 PLC 内、外触点的常开和常闭的关系。通常采用常开按钮作为停止按钮，但为了保持原有设备不变，也可采用原常闭按钮作为停止按钮，编程时可先按输入设备为常开来设计，然后将梯形图中对应的输入继电器触点取反（常开改成常闭、常闭改成常开）。

（3）确定 PLC 内部器件。

继电器控制电路中的中间继电器 KA 与 PLC 的辅助继电器 M 相对应；继电器控制电路中的时间继电器 KT 与 PLC 的定时器 T 或计数器 C 对应。但要注意：时间继电器有通电延时型和断电延时型两种，而通常定时器只有"通电延时型"一种。

（4）根据对应关系，将继电器控制电路图"翻译"成对应的"准梯形图"，再根据梯形图的编程规则将"准梯形图"转换成结构合理的梯形图。对于复杂的控制电路可化整为零，先进行局部的转换，最后再综合起来。

（5）对转换后的梯形图仔细校对，认真调试。

### 5.3.2　设计举例

**例 5.3**　工作台自动往返控制。

图 5.24 为采用继电器接触器控制的工作台自动往返控制电路，现要求将继电器-接触器控制系统改成 PLC 控制系统。

#### 1. 电器控制系统分析

合上刀开关 QS 接通三相电源。按下正向启动按钮 $SB_2$，接触器 $KM_1$ 得电并自锁，$KM_1$ 主触头闭合，接通电动机三相电源，电动机正转，带动机械部件向左运动（设左为正向）。当到达预定位置时，挡块压下行程开关 $SQ_1$，$SQ_1$ 常闭触点断开使接触器 $KM_1$ 断电，主触头释放，电动机断电。与此同时 $SQ_1$ 的常开触点闭合，使接触器 $KM_2$ 得电并自锁，其主触头使电动机电源相序改变，电动机由正转变为反转，电动机拖动机械部件向右运动。在运动部件运动过程中，挡块离开行程开关 $SQ_1$，$SQ_1$ 复位，为下次 $KM_1$ 动作做好准备。当机械部件向右运动到预定位置时，挡块压下行程开关 $SQ_2$，$SQ_2$ 的常闭触点使接触器 $KM_2$ 断电，主触头释放，$SQ_2$ 的常开触点闭合使 $KM_1$ 得电并自锁，$KM_1$ 主触头闭合接通电动机电源，电动机正转。如此周复始地自动往返工作。当按下停止按钮 $SB_1$ 时，电动机停止转动，工作台停止运动。

#### 2. PLC 系统的 I/O 分配

工作台自动往返电器控制电路中的设备有停止按钮 $SB_1$、左行启动按钮 $SB_2$、右行启动按钮 $SB_3$、左限位开关 $SQ_1$、右限位开关 $SQ_2$、热继电器触点 FR、接触器线圈 $KM_1$、$KM_2$；其

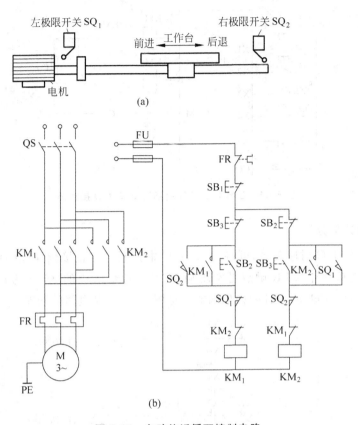

**图 5.24 自动往返循环控制电路**

(a) 机械运动的示意图；(b) 往返循环电气控制原理图

中输入设备为停止按钮 SB$_1$、左行启动按钮 SB$_2$、右行启动按钮 SB$_3$、左限位开关 SQ$_1$、右限位开关 SQ$_2$、热继电器触点 FR,输出设备为接触器线圈 KM$_1$、KM$_2$,PLC 的输入输出分配表如表 5.3 所示,PLC 外部接线图如图 5.25 所示。

**表 5.3 工作台自动往返系统 PLC I/O 点分配表**

| 输　　　入 | | 输　　　出 | |
| --- | --- | --- | --- |
| 输入设备 | PLC 地址 | 输出设备 | PLC 地址 |
| 停止按钮 SB$_1$ | X0 | 接触器 KM$_1$ | Y0 |
| 左行启动 SB$_2$ | X1 | 接触器 KM$_2$ | Y1 |
| 右行启动 SB$_3$ | X2 | | |
| 左限位开关 SQ$_1$ | X3 | | |
| 右限位开关 SQ$_2$ | X4 | | |
| 热继电器 FR | X5 | | |

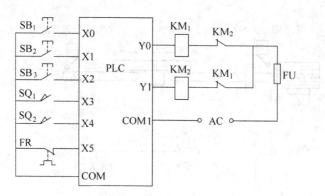

**图 5.25　工作台自动往返系统 PLC I/O 接线图**

### 3. 程序设计与分析

根据 PLC 的 I/O 对应关系,可将图 5.24(b)中控制电路直接翻译成梯形图,如图 5.26 所示,因 PLC 连接的外部 FR 触点是常闭触点,所以梯形图中的 X5 应为常开触点。分析图 5.25 与图 5.26 可知,所设计的梯形图能满足图 5.24 控制电路的功能。

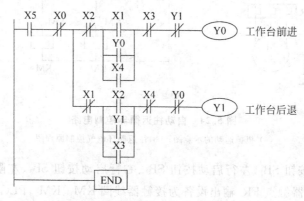

**图 5.26　工作台自动往返系统梯形图**

**例 5.4**　两台电动机顺序启动。

图 5.27 为两台电动机顺序启动电器控制电路,现要求将继电器-接触器控制系统改为 PLC 控制。

### 1. 电器控制系统分析

图 5.27 中,两台电机顺序启动系统的工作过程为:按下 $SB_2$ 按钮,$KM_1$ 线圈得电,其触点动作,常开触点闭合,电机 M1 得电启动,与 $SB_1$ 并联的 $KM_1$ 触点起自锁作用,$KM_1$ 线圈得电的同时,KT 线圈得电,开始延时,延时时间到,其常开触点闭合,使 $KM_2$ 线圈得电,$KM_2$ 触点动作,常开触点闭合,电机 M2 得电启动,与 $SB_2$ 并联的 $KM_2$ 触点起自锁作用。按下 $SB_1$ 按钮,$KM_1$、$KM_2$、KT 线圈断电,触点动作,M1、M2 电机停止。电路中 $FR_1$、$FR_2$ 起过载保护的作用,FU 起短路保护。

### 2. PLC 系统的 I/O 分配

改造后的 PLC 系统,主电路不变,控制电路的功能由 PLC 实现,图 5.27 控制电路中有

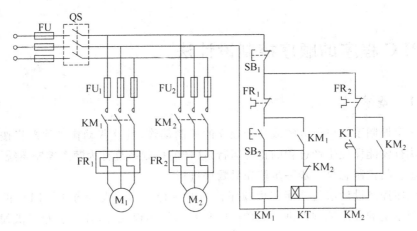

图 5.27　两台电机顺序启动控制线路

设备：按钮 $SB_1$、$SB_2$，接触器 $KM_1$、$KM_2$；通电延时时间继电器 KT，以及热继电器 $FR_1$、$FR_2$ 触点，其中输入设备为 $SB_1$、$SB_2$，与 PLC 输入点 X 相对应；输出设备为接触器线圈 $KM_1$、$KM_2$，与 PLC 输出点 Y 相对应，热继电器 $FR_1$、$FR_2$ 触点可作为 PLC 的输入，也可以装在外部电路中，通电延时时间继电器 KT 可与 PLC 内部元件 T0 相对应，PLC 的输入输出分配表如表 5.4 所示，PLC 外部接线图如图 5.28 所示。

表 5.4　两台电机顺序启动系统 PLC I/O 点分配表

| 输　　入 | | 输　　出 | |
|---|---|---|---|
| 输 入 设 备 | PLC 地址 | 输 出 设 备 | PLC 地址 |
| 停止按钮 $SB_1$ | X0 | 接触器 $KM_1$ | Y0 |
| 启动按钮 $SB_2$ | X1 | 接触器 $KM_2$ | Y1 |

### 3．程序设计与分析

根据 PLC 的 I/O 对应关系，再加上原控制电路中 KT 与 PLC 内部元件 T0 相对应，可将图 5.27 中控制电路直接翻译成梯形图，如图 5.29 所示。

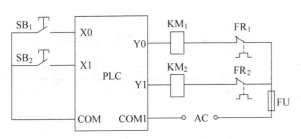

图 5.28　两台电机顺序启动系统
PLC I/O 接线图

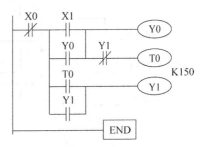

图 5.29　两台电机顺序启动 PLC
控制系统梯形图

# 5.4　PLC 程序的顺序控制设计法

## 5.4.1　概述

如果一个控制系统可以分解成几个独立的控制动作，且这些动作必须严格按照一定的先后次序执行才能保证生产过程的正常运行，这样的控制系统称为**顺序控制系统**，也称为**步进控制系统**。其控制总是一步一步按先后顺序进行。

所谓顺序控制设计法就是能实现顺序控制的一种专门的设计方法。PLC 的设计者们为顺序控制系统的程序编制提供了大量通用和专用的编程元件，开发了专门供编制顺序控制程序用的顺序功能图，使这种先进的设计方法成为当前 PLC 程序设计的主要方法。使用顺序控制设计法时首先根据系统的工艺过程，画出顺序功能图，然后根据顺序功能图编写梯形图。有的 PLC 编程软件为用户提供了顺序功能图(SFC)语言，在编程软件中生成顺序功能图后便完成了编程工作。

## 5.4.2　顺序控制法设计步骤

采用顺序控制设计法进行程序设计的基本步骤如下。

### 1. 划分步

顺序控制设计法最基本的思想是将系统的一个工作周期划分为若干个顺序相连的阶段，这些阶段称为步(Step)，在顺序功能图中用矩形框表示步，方框内是该步的编号，编程时一般用 PLC 内部编程元件(如内部辅助继电器 M 和状态继电器 S)来代表各步。因此经常直接用该步的编程元件的元件号作为步的编号，如 S20、M100 等，这样在根据顺序功能图设计梯形图时较为方便。

步是根据输出量的状态变化来划分的。在任何一步之内，各输出量的 ON/OFF 状态不变，但是相邻两步输出量总的状态是不同的，步的这种划分方法使代表各步的编程元件的状态与各输出量的状态之间有着极为简单的逻辑关系，图 5.30(a)中，某系统共有三个输出，每个输出的状态如图所示，则根据上面的原则可以将该系统分为 6 步。

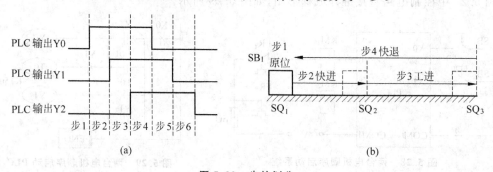

**图 5.30　步的划分**

(a) 划分方法一；(b) 划分方法二

步也可以根据被控对象工作状态的变化来划分,但被控对象工作状态的变化应该是由PLC 输出状态变化引起的。如某机床滑台,根据滑台的状态,整个工作过程可划分为原位、快进、工进、快退 4 步,如图 5.30(b)所示。这 4 步的状态改变都必须是由 PLC 输出状态的变化引起的,例如,从快进转为工进,PLC 输出由 Y0 得电变化为 Y1 得电。

初始步:与系统的初始状态相对应的步称为初始步,初始状态一般是系统等待启动命令的相对静止的状态。初始步用双线方框表示,每一个顺序功能图必须有一个初始步。

活动步:当系统正处于某一步所在的阶段时,该步处于活动状态,称该步为活动步。步处于活动状态时,相应的动作被执行;处于不活动状态时,相应的非保持型动作被停止执行。

### 2. 确定转换条件

使系统由当前步转入下一步的信号称为转换条件。转换条件可能是外部输入信号,如按钮、限位开关的接通/断开等,也可能是 PLC 内部产生的信号,如定时器、计数器触点的接通/断开等,转换条件还可能是若干个信号的与、或、非组合。如图 5.30(b)所示,$SB_1$、$SQ_1$、$SQ_2$、$SQ_3$ 均为转换条件。

转换条件可以用文字语言、布尔代数表达式或图形符号标注在表示转换的短线的旁边,使用得最多的是布尔代数表达式。

例如,转换条件 X0 表示当输入信号 X0 为 ON 时转换条件满足;↑X0 表示当 X0 从 0→1状态时转换条件满足;X4·C1 表示输入信号 X4 和计数器 C1 的逻辑与为"1"时转换条件满足。

### 3. 确定每一步中系统的动作

一个控制系统可以分为被控系统和施控系统,对于被控系统,在某一步中要完成某些操作,对于施控系统,在某一步中则要向被控系统发出某些命令,将操作或者命令简称为动作。在顺序功能图中,用矩形框中的文字或符号表示,该矩形框应与相应的步的符号相连。如果某一步有几个动作,可以用图 5.31 中的两种画法来表示,但是图中并不表示这些动作之间的任何顺序。顺序功能图中的动作分为保持型(存储型)动作和非保持型(非存储型)动作。

保持型(存储型)动作:若为保持型动作,则该步不活动时继续执行该动作。

非保持型(非存储型)动作:若为非保持型动作,则指该步不活动时,动作也停止执行。

一般在顺序功能图中保持型的动作应该用文字或助记符标注,而非保持型动作不要标注。如图 5.32 所示,Y0 为保持型动作,Y1 和 Y2 为非保持型动作,第 M2 步为活动步时,

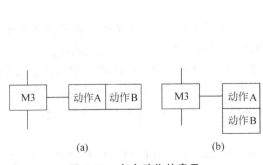

(a)　　　　　　　　(b)

图 5.31　多个动作的表示

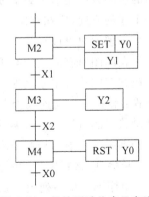

图 5.32　保持型动作表示方法

Y0、Y1 被执行,当转换条件 X1 满足时,M2 变为不活动步,M3 变为活动步,此时 Y1 终止,Y2 被执行,同时 Y0 继续被执行,直到 M4 变为活动步时,Y0 才被终止执行。

**4. 绘制顺序功能图**

根据以上分析,将步、转换条件、动作,按照控制顺序用有向连线连接起来的图形即为顺序功能图,顺序功能图又称作状态转移图,是描述控制系统的顺序控制过程、功能和特性的一种图形表示法,也是设计 PLC 的顺序控制程序的有力工具。顺序功能图主要由步、有向连线、转换、转换条件和动作(或指令)组成。如图 5.33 所示为某机械滑台的顺序功能图。

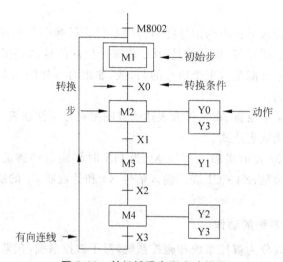

**图 5.33 某机械滑台顺序功能图**

顺序功能图并不涉及所描述的控制功能的具体技术,它是一种通用的技术语言,可以供进一步设计和不同专业的人员之间进行技术交流之用。1993 年 5 月公布的 IEC PLC 标准(IEC1131)中,顺序功能图被定为 PLC 位居首位的编程语言。

有向连线:在顺序功能图中,随着时间的推移和转换条件的实现,将会发生步的活动状态的进展,这种进展按有向连线规定的路线和方向进行。在画顺序功能图时,将代表各步的方框按它们成为活动步的先后次序顺序排列,并用有向连线将它们连接起来。步的活动状态习惯的进展方向是从上到下或从左至右,在这两个方向有向连线上的箭头可以省略。如果不是上述的方向,应在有向连线上用箭头注明进展方向。在可以省略箭头的有向连线上,为了更易于理解也可以加箭头。

如果在画图时有向连线必须中断(例如在复杂的图中,或用几个图来表示一个顺序功能图时),应在有向连线中断之处标明下一步的标号和所在的页数,如步 10、8 页。

转换:转换用有向连线上与有向连线垂直的短画线来表示,转换将相邻两步分隔开。步的活动状态的进展是由转换的实现来完成的,并与控制过程的发展相对应。

一个系统的功能与控制要求不同,其顺序功能图的结构也不相同,顺序功能图的基本结构包含:单序列、选择序列、并行序列等。

(1)单序列 单序列由一系列相继激活的步组成,每一步的后面仅有一个转换,每一个转换的后面只有一个步,如图 5.34(a)所示。

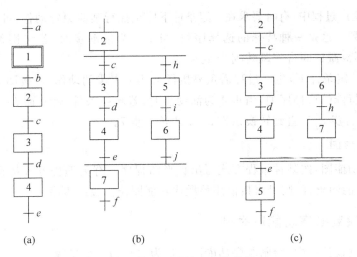

**图5.34　顺序功能图几种结构**

(a) 单序列；(b) 选择序列；(c) 并行序列

(2) 选择序列　选择序列的结构如图5.34(b)所示。

选择序列的开始称为分支，如图5.34(b)所示，转换符号只能标在水平连线之下。如果步2是活动步，并且转换条件$c=1$，将发生由步2→步3的进展。如果步2是活动步，并且$h=1$，将发生由步2→步5的进展。如果将选择条件$h$改为$ch$，则当$c$和$h$同时为ON时，将优先选择$c$对应的序列。一般在某一时刻只允许选择一个序列，即选择序列中的各序列是互相排斥的，其中的任何两个序列都不会同时执行。

选择序列的结束称为合并，如图5.34(b)所示，几个选择序列合并到一个公共序列时，用需要重新组合的序列相同数量的转换符号和水平连线来表示，转换符号只允许标在水平连线之上。如果步4是活动步，并且转换条件$e=1$，将发生由步4→步7的进展。如果步6是活动步，并且$j=1$，将发生由步6→步7的进展。

(3) 并行序列　并行序列的结构如图5.34(c)所示。

并行序列的开始称为分支，如图5.34(c)所示，当转换的实现导致几个序列同时激活时，这些序列称为并行序列。当步2是活动步，并且转换条件$c=1$，3和6这两步同时变为活动步，同时步2变为不活动步。为了强调转换的同步实现，水平连线用双线表示。步3、6被同时激活后，每个序列中活动步的进展将是独立的。在表示同步的水平双线之上，只允许有一个转换符号。并行序列用来表示系统的几个同时工作的独立部分的工作情况。

并行序列的结束称为合并，如图5.34(c)所示，在表示同步的水平双线之下，只允许有一个转换符号。当直接连在双线上的所有前级步(步4、7)都处于活动状态，并且转换条件$e=1$时才会发生步4、7到步5的进展，即步4、7同时变为不活动步，而步5变为活动步。

(4) 跳步和重复　跳步和重复是属于特殊的选择序列，如图5.35所示。

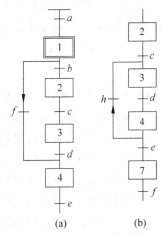

**图5.35　跳步和重复**

(a) 跳步；(b) 重复

跳步：在生产过程中，有时要求在一定条件下停止执行某些原定动作，可用如图 5.35(a) 所示的跳步序列。这是一种特殊的选择序列，当步 1 为活动步时，若转换条件 $f=1,b=0$ 时，则步 2、3 不被激活而直接跳转到步 4。

重复：在一定条件下，生产过程需重复执行某几个工步的动作，可按图 5.35(b) 绘制功能图。它也是特殊的选择序列，当步 4 为活动步时，若转换条件 $e=0$ 而 $h=1$ 时，序列返回到步 3，重复执行步 3、4，直到转换条件 $e=1$ 才转入步 7。

**5. 编写梯形图**

根据顺序功能图，按某种编程方式写出梯形图程序。有关编程方式将在后面介绍。如果 PLC 支持功能图语言，则可直接使用该顺序功能图作为最终程序。

### 5.4.3 绘制顺序功能图举例

在顺序控制设计法中，绘制顺序功能图是最为关键的一个步骤。

**1. 绘制顺序功能表图应注意的问题**

下面是针对绘制顺序功能图时常见的错误提出的注意事项：

(1) 两个步绝对不能直接相连，必须用一个转换将它们分隔开。

(2) 两个转换也不能直接相连，必须用一个步将它们分隔开。

(3) 顺序功能图中的初始步一般对应于系统等待启动的初始状态，这一步可能没有输出动作。但初始步是必不可少的，一方面因为该步与它的相邻步相比，输出变量的状态各不相同；另一方面如果没有该步，无法表示初始状态，系统也无法返回等待启动的停止状态。

(4) 自动控制系统应能多次重复执行同一工艺过程，因此在顺序功能图中一般应有由步和有向连线组成的闭环，即在完成一次工艺过程的全部操作之后，应从最后一步返回初始步，系统停留在初始状态。在连续循环工作方式时，应从最后一步返回下一工作周期开始运行的第一步。换句话说，在顺序功能图中不能有"到此为止"的死胡同或盲肠。

(5) 在顺序功能图中，只有当某一步的前级步是活动步时，该步才有可能变成活动步。如果用没有断电保持功能的编程元件代表各步，则 PLC 开始进入 RUN 方式时各部均处于"0"状态，因此必须用初始化信号将初始步预置为活动步，否则顺序功能图中永远不会出现活动步，系统将无法工作。

**2. 实例**

**例 5.5** 绘制某机床机械滑台的顺序功能图。

某机床机械滑台进给运动示意图如图 5.30(b) 所示，滑台的前进和后退由电动机通过丝杆拖动。该滑台具有两台进给电动机，一台为快速进给电动机 $M_1$，用来拖动滑台快进和快退运动；另一台为工进电动机 $M_2$，拖动滑台工作进给运动。在工进时，只允许工进电机单独工作，快速进给电机由断电制动器制动。滑台的具体工作过程如下：滑台开始停在原位，按下启动按钮，滑台开始快进，碰到限位开关 $SQ_2$，由快进变为工进，碰到限位开关 $SQ_3$ 后由工进变为快退，当退到原位时，碰到限位开关 $SQ_1$，滑台停止，一个循环结束。

1) 系统输入输出设备与 PLC 的 I/O 对应关系

该系统输入设备有：启动按钮以及三个限位开关。输出设备为：控制电机启停的接触器,工进电机只有一个方向旋转,因此只需要一个接触器,快进电机要求能正反转运行,所以需要两个接触器控制。PLC的I/O对应关系如表5.5所示。

表5.5 输入输出端子分配表

| 输 入 | | 输 出 | |
|---|---|---|---|
| 输入设备名称 | PLC地址 | 输出设备名称 | PLC地址 |
| 启动按钮 $SB_1$ | X0 | 交流接触器(控制快进)$KM_1$ | Y0 |
| 原位限位开关 $SQ_1$ | X1 | 交流接触器(控制工进)$KM_2$ | Y1 |
| 快进转工进限位开关 $SQ_2$ | X2 | 交流接触器(控制快退)$KM_3$ | Y2 |
| 终点限位开关 $SQ_3$ | X3 | 断电型制动器 YA | Y3 |

2) 绘制顺序功能图

根据滑台的工作状态可知,系统可以分为4步,分别是:滑台停在原位、快进、工进、快退。其相应的转换条件为 $SB_1$、$SQ_2$、$SQ_3$、$SQ_1$;每一步对应的动作为:原位时没有任何动作;滑台快进时需要快进电机正转工作同时断电型制动器得电;滑台工进时,快进电机停止,工进电机工作;滑台快退时,工进电机停止,快进电机反转。根据分析,绘制滑台的顺序功能图如图5.36(a)所示。

为编程方便,如果PLC已经确定,可直接用编程元件M或者S来代表各步,根据PLC的I/O对应点关系,可直接画出如图5.36(b)或图5.36(c)所示的顺序功能图。图中M8002为FX系列PLC的产生初始化脉冲的特殊辅助继电器。

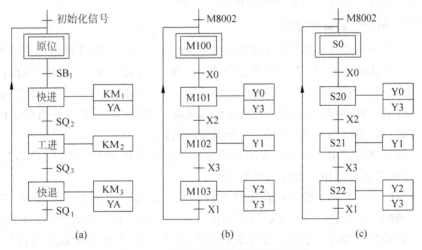

图5.36 机械滑台系统的顺序功能图

## 5.4.4 顺序控制梯形图的编程方式

根据控制系统的顺序功能图设计梯形图的方法,称为顺序控制梯形图的编程方式。在本节内主要介绍使用通用指令的编程方式、以转换为中心的编程方式、使用步进梯形指令(STL)的编程方式和仿步进指令的编程方式。

**1. 顺序功能图中转换实现的基本规则**

1) 转换实现的条件

在顺序功能图中,步的活动状态的进展是由转换的实现来完成的。转换实现必须满足两个条件:

(1) 该转换所有的前级步都是活动步。

(2) 相应的转换条件得到满足。

如果转换的前级步或后续步不止一个,转换的实现称为同步实现(见图 5.37)。为了强调同步实现,有向连线的水平部分用双线表示。

2) 转换实现后应完成的操作

转换实现时应完成以下两个操作:

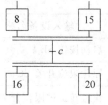

图 5.37　转换的同步实现

(1) 使所有由有向连线与相应转换符号相连的后续步都变为活动步。

(2) 使所有由有向连线与相应转换符号相连的前级步都变为不活动步。

以上规则可以用于任意结构中的转换,其区别如下:在单序列中,一个转换仅有一个前级步和一个后续步;在并行序列的分支处,转换有几个后续步(见图 5.36),在转换实现时应同时将它们对应的编程元件置位,在并行序列的合并处,转换有几个前级步,它们均为活动步时才有可能实现转换,在转换实现时应将它们对应的编程元件全部复位;在选择序列的分支与合并处,如图 5.34(b)所示为一个转换实际上只有一个前级步和一个后续步,但是一个步可能有多个前级步或多个后续步。

“转换实现的基本规则”是根据顺序功能图设计梯形图的基础,它适用于顺序功能图中的各种基本结构和各种顺序控制梯形图的编程方法。

**2. 使用通用指令的编程方式**

根据顺序功能图设计梯形图时,可用内部辅助继电器 M(特殊辅助继电器除外)来代表各步。某一步为活动步时,对应的辅助继电器为 ON,当转换实现时,该转换的后续步变为活动步,前级步变为不活动步。很多转换条件都是短信号,即它存在的时间比它的后续步激活为活动步的时间短,因此应使用有记忆(或称保持)功能的电路来维持当前步的继电器。如常用的有启、保、停电路和置位、复位指令组成的电路。

启、保、停电路仅使用与触点和线圈有关的通用逻辑指令,各种型号 PLC 都有这一类指令,所以这种编程方法适用于任何型号的 PLC。

如图 5.38 所示,采用了启、保、停电路进行顺序控制梯形图编程。图中 M2、M3 和 M4 是顺序功能图中顺序相连的三步,X2 是步 M3 之前的转换条件。设计启、保、停电路的关键是找出它的启动条件和停止条件。根据转换实现的基本规则,转换实现的条件是它的前级步为活动步,并且满足相应的转换条件,所以步 M3 变为活动步的条件是它的前级步 M2 为活动步,且转换条件 X2=1。在启、保、停电路中,则应将前级步 M2 和转换条件 X2 对应的常开触点串联,作为控制 M3 的启动电路。

当 M3 和 X3 均为 ON 时,步 M4 变为活动步,这时步 M3 应变为不活动步,因此可以将 M4=1 作为使辅助继电器 M3 变为 OFF 的条件,即将后续步 M4 的常闭触点与 M3 的线圈串联,作为启、保、停电路的停止电路。图 5.38 中的梯形图可以用逻辑代数式表示为:

$$M3 = (M2 \cdot X002 + M3)\overline{M4}$$

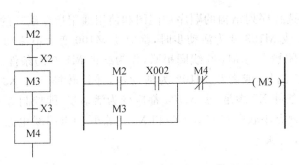

图 5.38 使用通用指令的编程方式示意图

在这个例子中,M4 的常闭触点可以用 X3 的常闭触点来代替。但是当转换条件由多个信号经"与、或、非"逻辑运算组合而成时,将它的逻辑表达式求反,再将对应的触点串并联电路作为启、保、停电路的停止电路,不如使用后续步的常闭触点这样简单方便。

1) 使用通用指令对单序列结构的编程

如图 5.39 所示为根据某机床滑台系统的顺序功能图(图 5.36(b))使用通用指令编写的梯形图。开始运行时应将初始步 M100 置为"1"状态,否则系统无法工作,故将 M8002 的常开触点作为 M100 置"1"的条件。M100 的前级步为 M103,后续步为 M101。

梯形图中输出部分的编程可分为两种情况来处理:

(1) 某一输出继电器仅在某一步中为"1"状态,如图 5.39 中的 Y0、Y1 和 Y2 就属于这种情况,在这种情况下,可以将输出线圈与对应的辅助继电器线圈 M 并联。如 Y0 线圈与 M101 线圈并联,Y1 线圈与 M102 线圈并联,Y2 线圈与 M103 线圈并联。

(2) 某一输出继电器在若干步中都为"1"状态,此时,应将代表各有关步的辅助继电器的常开触点并联后,驱动该输出继电器的线圈。如图 5.39 中,Y3 在步 M101 和 M103 中都应为"1"状态,所以将 M101 和 M103 的常开触点并联后控制 Y3 的线圈输出。

注意,为了避免出现双线圈输出的现象,不能将 Y3 线圈分别与 M101 和 M103 的线圈并联。

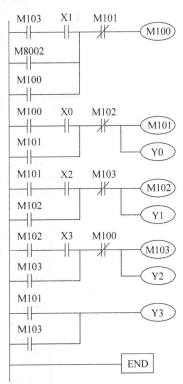

图 5.39 使用通用指令编程的机床滑台系统梯形图

2) 使用通用指令对选择序列结构的编程

对选择序列和并行序列编程的关键在于对它们的分支和合并的处理,转换实现的基本规则是设计梯形图的基本规则。对于选择序列的分支,如果某一步的后面是由 $N$ 条分支组成的选择序列,该步可能转到不同的 $N$ 步中去,应将这 $N$ 个后续步对应的辅助继电器的常闭触点与该步的线圈串联,作为结束该步的条件。对于选择序列的合并,如果每一步之前有 $N$ 个转换(即有 $N$ 条分支在该步之前合并后进入该步),则代表该步的辅助继电器的启动电路由 $N$ 条支路并联而成,各支路由某一前级步对应的辅助继电器的常开触点与相应转换条件对应的触点或电路串联而成。

图 5.40 所示为选择序列结构的顺序功能图和使用通用指令编写的梯形图。图中,当后续步 M101 或 M102 或 M103 变为活动步时,都应使 M100 变为不活动步,所以应将 M101、M102 和 M103 的常闭触点与 M100 线圈串联,作为结束 M100 的条件。当步 M101 为活动步,并且转换条件 X1 满足,或者步 M102 为活动步,并且转换条件 X3 满足,或者步 M103 为活动步,并且转换条件 X5 满足,步 M104 都应变为活动步,即控制 M104 的启动条件应为 M101 和 X1 的常开触点串联电路与 M102 和 X3 的常开触点串联电路与 M103 和 X5 的常开触点串联电路进行并联。

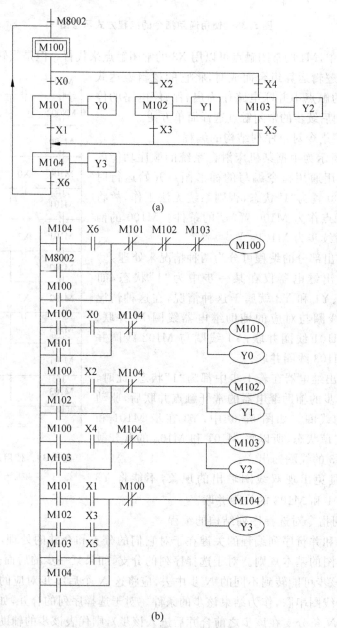

(a)

(b)

**图 5.40　使用通用指令对选择序列的编程**
（a）顺序功能图；（b）梯形图

3）使用通用指令对并行序列结构的编程

如图 5.41(a)所示为包含并行序列的顺序功能图,由步 M1、M3 和 M2、M4 组成的两个序列是并行工作的。并行序列结构设计梯形图的关键是应保证并行的序列同时开始和同时结束,即对于如图 5.41(a)所示顺序功能图中,两个系列的第一步 M1 和 M2 应同时变为活动步,两个序列的最后一步 M3 和 M4 应同时变为不活动步。如图 5.41(b)所示为对图 5.41(a)顺序功能图采用通用指令编写的梯形图。对于并行序列的分支,当步 M0 为活动步,并且转换条件 X0＝1 时,步 M1 和步 M2 同时变为活动步,即 M0 和 X0 的常开触点串联电路同时作为控制步 M1 和步 M2 的启动电路,这就保证了两个序列开始同时工作;对于并行序列的合并,图 5.41(a)中步 M5 之前有一个并行序列的合并,该转换实现的条件是所有的前级步(即步 M3 和步 M4)都是活动步且转换条件 X3＝1 满足。由此可知,应将 M3、M4 和 X3 的常开触点串联,作为控制步 M5 的启动电路,梯形图如图 5.41(b)所示。

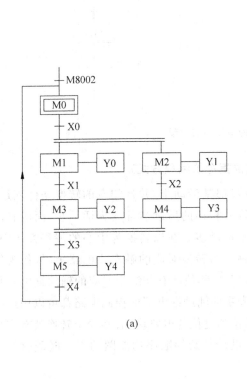

(a)

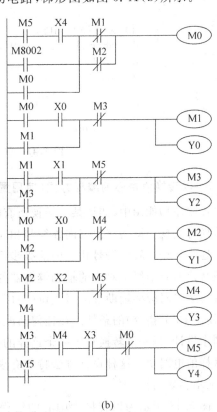

(b)

**图 5.41　使用通用指令的并行序列的编程**

(a) 顺序功能图;(b) 梯形图

4）仅有两步的小闭环的处理

如果在顺序功能图中有仅由两步组成的小闭环(见图 5.42(a)),用启、保、停设计的梯形图不能正常工作。图 5.42(a)中,在 M10 和 X2 均为 ON 时,M11 的启动电路接通,但是这时与它串联的 M10 的常闭触点却是断开的,所以 M11 的线圈不能"通电"。出现上述问题的根本原因在于步 M10 既是 M11 的前级步,又是 M11 的后续步。

解决上述问题可以有两种办法,如图 5.42(b)所示,将 M10 的常闭触点改为 X4 的常闭触点,即可以解决上述的问题;或者,如图 5.42(c)所示在小闭环中增设一步就可以解决上述问题,这一步只起延时作用,延时时间可以取的很短,对系统的运行不会有什么影响。

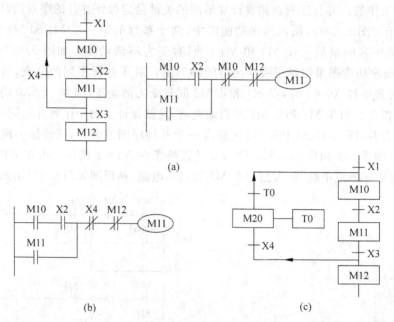

图 5.42　仅有两步的小闭环的处理

### 3. 以转换为中心的编程方式(使用置位、复位指令的编程方式)

在顺序功能图中,如果某一转换所有的前级步都是活动步,并且相应的转换条件满足,则转换可实现。即所有由有向连线与相应转换符号相连的后续步都变为活动步,而所有由有向连线与相应转换符号相连的前级步都变为不活动步。在以转换为中心的编程方法中,用该转换所有前级步对应的辅助继电器的常开触点与转换对应的触点或电路串联,作为使所有后续步对应的辅助继电器置位(使用 SET 指令),和使所有前级步对应的辅助继电器复位(使用 RST 指令)的条件。在任何情况下,代表步的辅助继电器的控制电路都可以用这一原则来设计,每一个转换对应一个这样的控制置位和复位的电路块,有多少个转换就有多少个这样的电路块。这种设计方法特别有规律,在设计复杂的顺序功能图的程序时既容易掌握,又不容易出错。

图 5.43 所示为以转换为中心的编程方式。图中要实现 X2 对应的转换必须同时满足两个条件:前级步为活动步(M2＝1)和转换条件满足(X2＝1),所以用 M2 和 X2 的常开触点串联组成的电路来表示上述条件。两个条件同时满足时,该电路接通,此时应完成两个操作:将后续步变为活动步(用 SET M3 指令将 M3 置位)和将前级步变为不活动步(用 RST M2 指令将 M2 复位)。这种编程方式与转换实现的基本规则之间有着严格的对应关系,用它编制复杂的顺序功能图的梯形图时,更能显示出它的优越性。

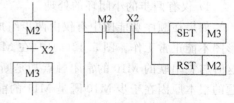

图 5.43　以转换为中心的编程方式

1) 以转换为中心的单序列结构的编程

**例 5.6** 用 PLC 实现某十字路口交通信号灯控制。

某十字路口交通信号灯的控制要求：合上 $SB_1$ 按钮，南北方向红灯亮 30s，同时东西方向绿灯亮 25s 后，黄灯亮 5s；然后东西方向红灯亮 30s，同时南北方向绿灯亮 25s，黄灯亮 5s。如此循环。

控制要求可整理成如表 5.6 所示。根据控制要求设计出的顺序功能图和梯形图如图 5.44 所示。图中，X0 是启动按钮，Y0～Y5 分别驱动东西方向的红灯、绿灯、黄灯和南北

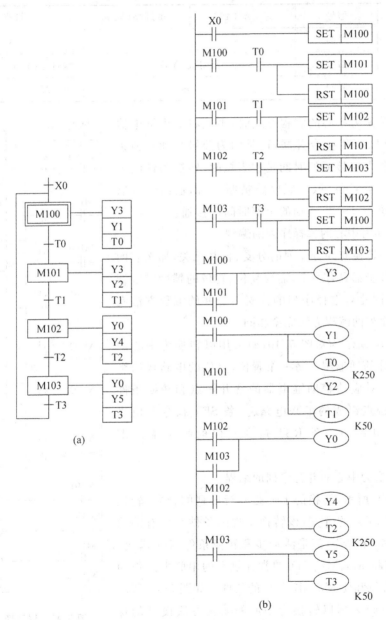

**图 5.44　某交通灯控制系统**

（a）顺序功能图；（b）以转换为中心编程的梯形图

方向的红灯、绿灯、黄灯。按时间的先后顺序,将一个工作循环划分为 4 步,并用定时器 T0～T3 来定时,按下启动按钮 X0 后,初始步被置位,东西方向绿灯和南北方向的红灯亮,同时定时器 T0 开始定时,T0 定时时间到后,梯形图第 2 行中的 M100 和 T0 的常开触点均接通,转换条件 T0 的后续步对应的 M101 被置位,前级步对应的辅助继电器 M100 被复位。M101 变为"1"状态后,控制 Y2(东西黄灯)、Y3(南北红灯)为"1"状态,定时器 T1 的线圈通电,5s 后 T1 的常开触点接通,系统将由该步转换到下一步,以此类推。

**表 5.6　十字路口交通信号灯的控制要求**

| 东西方向 | 信号 | 绿灯亮(Y1) | 黄灯亮(Y2) | 红灯亮(Y3) | |
|---|---|---|---|---|---|
| | 时间 | 25s | 5s | 30s | |
| 南北方向 | 信号 | 红灯亮(Y3) | | 绿灯亮(Y4) | 黄灯亮(Y5) |
| | 时间 | 30s | | 25s | 5s |

使用以转换为中心的编程方式时,不能将输出继电器的线圈与 SET、RST 指令并联,这是因为前级步和转换条件对应的串联电路接通的时间是相当短的,转换条件满足后前级步马上被复位,该串联电路被断开,而输出继电器线圈至少应该在某一步活动的全部时间内接通。

2) 以转换为中心的选择序列的编程

如果某一转换与并行序列的分支、合并无关,那么它的前级步和后续步都只有一个,需要复位、置位的辅助继电器也只有一个,因此对选择序列的分支与合并的编程方法实际上与对单序列的编程方法完全相同。

如图 5.45 所示为对图 5.40(a)采用以转换为中心的编程方法设计的梯形图。每一个置位、复位的电路块的组成是:前级步对应的辅助继电器的常开触点和转换条件对应的常开触点组成的串联电路、一条 SET 指令置位当前步辅助继电器和一条 RST 指令复位前级步辅助继电器。

3) 以转换为中心的并行序列的编程

如图 5.46 所示,转换的上面是并行序列的合并,转换的下面是并行序列的分支,该转换实现的条件是所有的前级步(即步 M3 和 M7)都是活动步和转换条件 X11 满足。由此可知,应将 M3、M7、X11 的常开触点的串联电路作为使 M4、M8 置位和使 M3、M7 复位的条件。如图 5.47 所示是对图 5.41(a)采用以转换为中心的编程方法设计的梯形图。

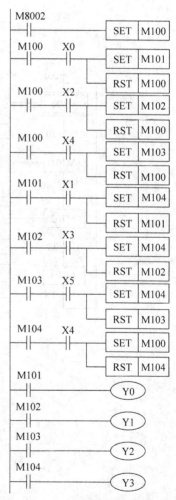

**图 5.45　以转换为中心的选择序列的编程**

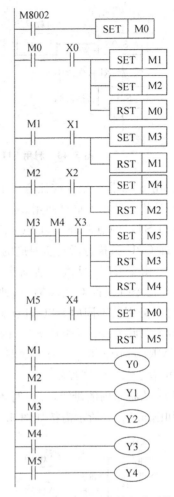

图 5.46　转换同步实现的编程　　　　图 5.47　以转换为中心的并行序列的编程

### 4. 使用 STL 指令的编程方式

步进梯形指令(Step Ladder Instruction,STL),是三菱公司设计的专门用于编制顺序控制程序的指令。FX 系列 PLC 还有一条使 STL 指令复位的 RET 指令,利用这两条指令,可以很方便地编制顺序控制梯形图程序。

顺序控制系统编程时可以用 PLC 内部编程元件辅助继电器 M 或状态器 S 来代表各步,当采用状态器 S 编制程序时,应与 STL 指令一起使用。如图 5.48 所示为顺序功能图与梯形图的对应关系。使用 STL 指令的状态器的常开触点称为 STL 触点,用"—□□—"符号表示,STL 触点驱动的电路块具有三个功能：驱动负载,指定转换条件和指定转换目标。

STL 触点是与左母线相连的常开触点,当某一步为活动步时,对应的 STL 触点接通,该步的负载被驱动。当该步后面的转换条件满足时,转换实现,即后续步对应的状态器被SET 指令置位,后续步变为活动步,同时与前级步对应的状态器被系统程序自动复位,前级步对应的 STL 触点断开。

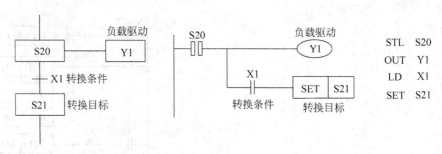

**图 5.48　利用 STL 指令编程的顺序功能图与梯形图对应关系**

使用 STL 指令编程应注意以下几个问题：

（1）状态号不可重复使用。

（2）STL 触点断开时，CPU 不执行它驱动的电路块，即 CPU 只执行活动步对应的操作。

（3）由于 CPU 只执行活动步对应的电路块，使用 STL 指令时允许双线圈输出，即同一元件的几个线圈可以分别被不同的 STL 触点驱动。

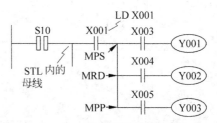

**图 5.49　STL 梯形图中 MPS/MRD/MPP 指令使用**

（4）在状态内，不能从 STL 内母线中直接使用 MPS/MRD/MPP 指令。应按如图 5.49 所示，在 LD 或 LDI 指令以后编制程序。

（5）从状态内的母线，一旦写入 LD 或 LDI 指令后，对不需要触点的指令就不能再编程。如图 5.50(a)所示需按如图 5.50(b)或图 5.50(c)所示的方法改变。

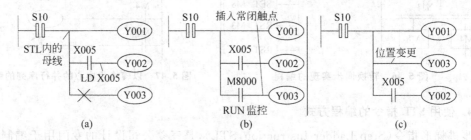

**图 5.50　STL 梯形图**

（6）OUT 指令与 SET 指令对于 STL 指令后的状态（S）具有同样的功能，都将自动恢复转移源。此外，还有自保持功能。但是，使用 OUT 指令时，在 SFC 图中用于向分离的状态转移（见图 5.51）。

（7）STL 触点驱动的电路块中不能使用 MC 和 MCR 指令，但是可以使用 CJP 和 EJP 指令。当执行 CJP 指令跳入某一 STL 触点驱动的电路块时，不管该 STL 触点是否为"1"状态，均执行对应的 EJP 指令之后的电路。

（8）在状态的转移过程中，仅在瞬间（一个扫描周期）两种状态同时接通。因此，为了避免不能同时接通的一对输出同时接通，需要根据可编程控制器的使用手册，在可编程控制器外部设置互锁。此外，如图 5.52 所示同时要在相应的程序上设置互锁。

（9）在中断程序与子程序内，不能使用 STL 指令。

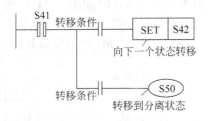

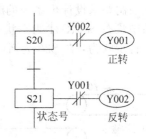

**图 5.51 STL 中 OUT 指令使用**  **图 5.52 设置互锁梯形图**

1) 使用 STL 指令的单序列结构的编程

例 5.5 中,若采用状态器 S 代表各步,则其顺序功能图如图 5.53(a)所示,若系统采用状态器 S 代表各步,则只能采用 STL 指令编程,其对应的梯形图如图 5.53(b)所示。

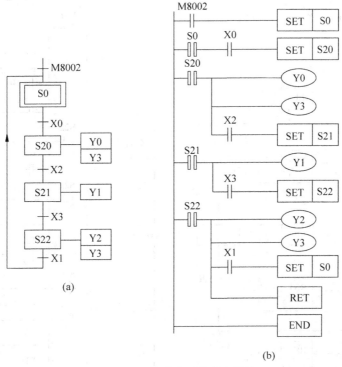

**图 5.53 机械滑台系统程序设计**

(a) 机械滑台系统的顺序功能图;(b) 使用 STL 指令编程的梯形图

2) 使用 STL 指令的选择序列结构的编程

**例 5.7** 用 PLC 实现运输带的控制。

控制要求:三条运输带顺序相连,如图 5.54(a)所示,为避免物料的堆积,启动时应先启动下面的运输带,再启动上面的运输带,停机的顺序与启动的顺序应相反。具体控制要求为:按下启动按钮 X0 后,3 号运输带开始运行,5s 后 2 号运输带自动启动,再过 5s 后 1 号运输带自动启动。停机的顺序与启动的顺序刚好相反,间隔仍然为 5s。操作人员在顺序启动三条运输带的过程中如果发现异常情况,可能需要立即停车,按下停止按钮 X1 后,将已启动的运输带停车,仍采用后启动的运输带先停车的原则。

根据控制要求设计出系统的顺序功能图和梯形图如图 5.54(b)和图 5.54(c)所示。顺序功能图中状态 S30、S31 为空状态,在分支线上一定要有一个以上的状态,所示设置空状态。其运行步骤为:在 S20 为活动步时,若 X1 接通,则 S31 变为活动步,然后其触点动作,

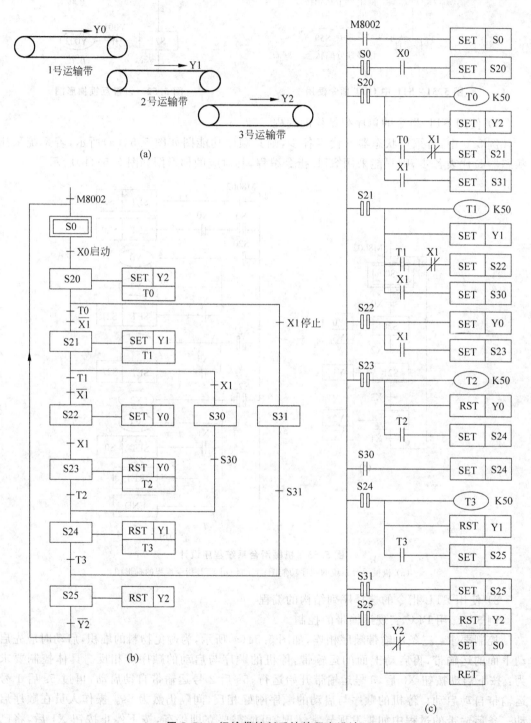

**图 5.54 运输带控制系统的程序设计**

(a)运输带示意图;(b)控制系统顺序功能图;(c)梯形图

从而直接跳转到状态 S25。

3）使用 STL 指令的并行序列结构的编程

例 5.6 某十字路口交通灯控制系统，是按照单流程编程的。该系统也可以按双流程来编程，将东西方向和南北方向信号灯的动作过程看成是两个独立的顺序动作过程。其顺序功能图如图 5.55(a)所示，它具有两条状态转移支路，是并行序列的结构。初始状态 S0 之后有一个并行序列的分支，当 S0 是活动步，并且转换条件 X0 为"1"时，状态 S20 和 S30 应同时变为活动步，编写梯形图时，用 S0 和 X0 的常开触点组成的串联电路同时置位 S20 和 S30 来实现，与此同时，状态 S0 应变为不活动步，这一任务是系统程序完成的。顺序功能图的最后有一个并行序列的合并，该转换实现的条件是所有的前级步（即 S23 和 S33）都是活

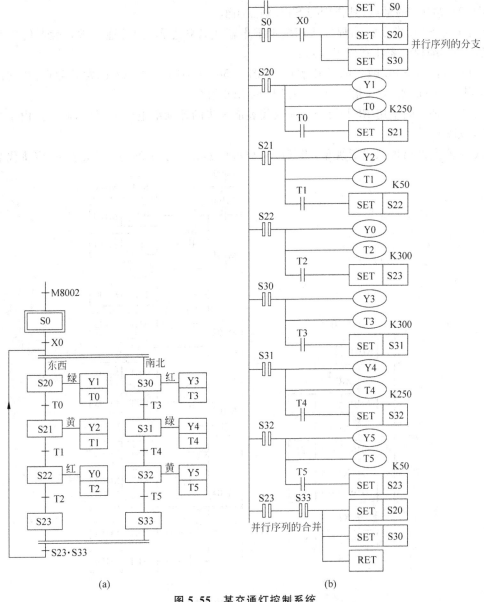

图 5.55  某交通灯控制系统

(a) 顺序功能图；(b) 使用 STL 指令编程的梯形图

动步,转换条件为 S23 和 S33 的常开触点闭合,因此将 S23 和 S33 的 STL 触点串联,作为使下一个循环置位的条件。其具体的梯形图如图 5.55(b)所示。

**5. 使用仿 STL 指令的编程方式**

对于没有 STL 指令的 PLC,也可以仿照 STL 指令的设计思路来设计顺序控制梯形图。

1) 使用仿 STL 指令的单序列结构的编程

图 5.56(a)所示为某加热炉送料系统的顺序功能图,M100 为初始步,运动的动作分别为开炉门、推料、退料机返回和关炉门,分别用 M101～M104 代表 4 步,分别用 Y0、Y1、Y2、Y3 驱动动作。X0 是启动按钮,X1、X2、X3、X4 分别是各动作结束的限位开关。

根据顺序功能图使用仿 STL 指令编写的梯形图如图 5.56(b)所示。与左侧母线相连的 M100～M104 的触点,其作用与 STL 触点相似。

由于仿 STL 指令的编程方式用辅助继电器代替状态器,用普通的常开触点代替 STL 触点,因此,编程时需注意以下几点:

(1) 与代替 STL 触点的常开触点(如图 5.56 中 M100～M104 的常开触点)相连的触点,应使用 AND 或 ANI 指令,而不是 LD 或 LDI 指令。

(2) 在梯形图中用 RST 指令来完成代表前级步的辅助继电器的复位,而不是由系统程序自动完成。

(3) 不允许出现双线圈现象,当某一输出继电器在几步中均为"1"状态时,应将代表这

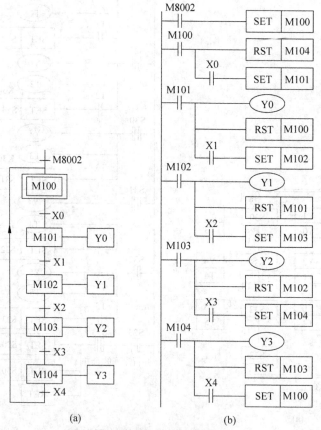

(a)                              (b)

**图 5.56　加热炉送料系统**

(a) 顺序功能图;(b) 梯形图

几步的辅助继电器常开触点并联来控制该输出继电器的线圈。

2) 使用仿 STL 指令的复杂顺序系统的编程

**例 5.8**　用 PLC 实现某剪板机的控制。

剪板机控制要求：某剪板机的示意图如图 5.57(a)所示，开始时压钳和剪刀都在上限位置，上限位开关 X0 和 X1 闭合待机状态，板料在压钳和剪刀交接处的下方，按下启动按钮 X5，板料右行(Y0 为 ON)至限位开关 X3 动作，然后压钳下压(Y1 为 ON)至 X4 位压力上

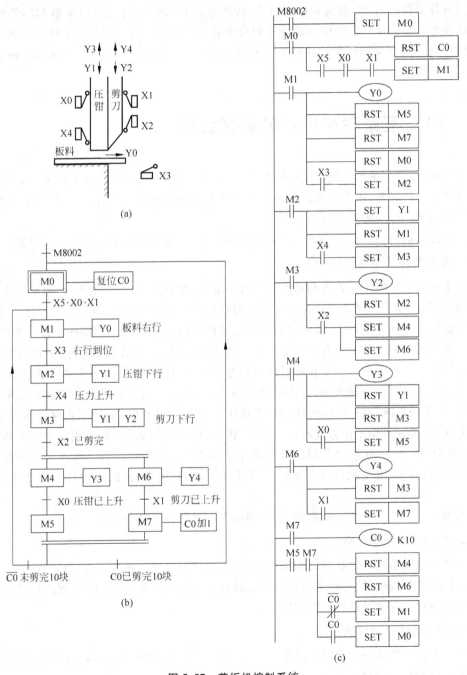

图 5.57　剪板机控制系统

升。此时剪刀开始下剪(Y2 为 ON),剪断板料后,X2 变为 ON,压钳和剪刀同时上行(Y3 和 Y4 为 ON,Y1 和 Y2 为 OFF),剪刀上升至 X1 处后停止上升,压钳上升至 X0 处停止上升,均停止后,又开始下一周期的工作,剪完 10 块板料后停止工作并停在初始状态。

根据控制要求设计出的顺序功能图如图 5.57(b)所示。计数器 C0 用来控制剪料的次数,一次工作循环完成后,在步 M7 使 C0 的当前值加 1,没有剪完 10 块料时,C0 的当前设定值小于设定值 10,转换条件 C0 满足,将返回 M1 步,开始剪下一块料。剪完 10 块料后,C0 的当前值等于设定值 10,其常开触点闭合,转换条件 C0 满足,将返回初始步 M0,等待下一次启动命令。该顺序功能图中有选择序列分支和并行序列分支。因此在编写梯形图时应注意选择序列分支与合并和并行序列分支和合并的处理,使用仿 STL 指令编写的梯形图如图 5.57(c)所示。

# 5.5　PLC 复杂程序设计及调试说明

实际的 PLC 应用系统往往比较复杂,复杂系统不仅需要的 PLC 输入输出点数多,而且为了满足生产的需要,很多工业设备都需要设置多种不同的工作方式,常见的有手动和自动(连续、单周期、单步)等工作方式。

在设计这类具有多种工作方式的系统的程序时,经常采用以下的程序设计思路与步骤:

## 1. 确定程序的总体结构

将系统的程序按工作方式和功能分成若干部分,如公共程序、手动程序、自动程序、回原位程序等部分,手动程序和自动程序是不同时执行的。可以用跳转指令或子程序调用指令来选择执行哪部分程序,用工作方式的选择信号作为跳转或子程序调用的条件。如图 5.58 所示为典型的具有多种工作方式系统的程序总体结构,X1、X0 分别表示手动和自动工作方式的选择信号。图 5.58(a)所示采用跳转指令选择工作方式,设选择手动工作方式时,X1 为"1"状态,将跳过自动程序,执行公用程序和手动程序;若选择自动工作方式,X0 为"1"状态,将跳过手动程序,执行公用程序和自动程序。图 5.58(b)所示采用子程序调用指令选择工作方式,设选择手动工作方式时,X1 为"1"状态,程序将转到 P0 处去执行手动子程序,执行到 SRET 指令时,返回到 CALL 指令的下一步执行;若选择自动工作方式,X0 为"1"状态,程序将转到 P1 处去执行自动子程序,执行到 SRET 指令时,返回到 CALL 指令的下一步执行。

当确定了系统程序的结构形式后,分别对每一部分程序进行设计。

## 2. 分别设计局部程序

公共程序和手动程序相对较为简单,一般采用经验设计法进行设计;自动程序相对比较复杂,对于顺序控制系统一般采用顺序控制设计法,先画出其自动工作过程的功能表图,再选择某种编程方式来设计梯形图程序。

## 3. 程序的综合与调试

进一步理顺各部分程序之间的相互关系,并进行程序的调试。PLC 程序的调试可以分为模拟调试和现场调试两个调试过程。

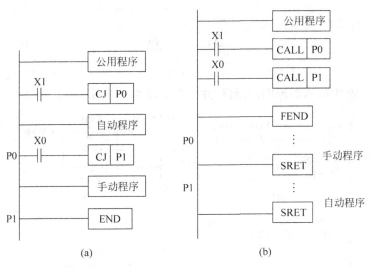

**图 5.58 复杂程序结构的一般形式**

1）程序的模拟调试

将设计好的程序写入 PLC 后，首先逐条仔细检查，并改正写入时出现的错误。用户程序一般先在实验室模拟调试，实际的输入信号可以用开关和按钮来模拟，各输出量的通/断状态用 PLC 上有关的发光二极管来显示，一般不用接 PLC 实际的负载（如接触器、电磁阀等）。可以根据顺序功能图，在适当的时候用开关或按钮来模拟实际的反馈信号，如限位开关触点的接通和断开。对于顺序控制程序，调试程序的主要任务是检查程序的运行是否符合功能表图的规定，即在某一转换条件实现时，是否发生步的活动状态的正确变化，即该转换所有的前级步是否变为不活动步，所有的后续步是否变为活动步，以及各步被驱动的负载是否发生了相应的变化。

在调试时应充分考虑各种可能的情况，对系统各种不同的工作方式、有选择序列的功能表图中的每一条支路、各种可能的进展路线，都应逐一检查，不能遗漏。发现问题后应及时修改梯形图和 PLC 中的程序，直到在各种可能的情况下输入量与输出量之间的关系完全符合要求。

如果程序中某些定时器或计数器的设定值过大，为了缩短调试时间，可以在调试时将它们减小，模拟调试结束后再写入它们的实际设定值。

在设计和模拟调试程序的同时，可以设计、制作控制台或控制柜，PLC 之外的其他硬件的安装、接线工作也可以同时进行。

2）程序的现场调试

完成上述的工作后，将 PLC 安装在控制现场进行联机总调试，在调试过程中将暴露出系统中可能存在的传感器、执行器和硬接线等方面的问题，以及 PLC 的外部接线图和梯形图程序设计中的问题，应对出现的问题及时加以解决。如果调试达不到指标要求，则对相应硬件和软件部分作适当调整，通常只需要修改程序就可能达到调整的目的。全部调试通过后，经过一段时间的考验，系统就可以投入实际的运行了。

具体实例见第 6 章中 PLC 控制系统设计举例。

# 习　题

5-1　指出图 5.59 中所示梯形图的错误,并画出正确的梯形图。

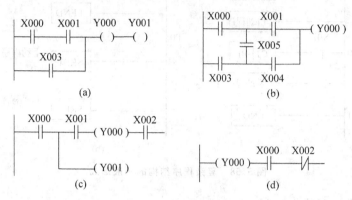

图 5.59　习题 5-1 图

5-2　编程实现"通电"和"断电"均延时的继电器功能。具体要求是:若 X0 由断变通,延时 7s 后 Y0 得电,若 X0 由通变断,延时 9s 后 Y0 断电。

5-3　按下启动按钮,灯亮 10s,暗 5s,重复 10 次后停止工作。试设计梯形图。

5-4　用经验设计法设计满足如图 5.60 所示波形的梯形图。

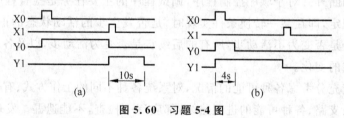

图 5.60　习题 5-4 图

5-5　试设计一个四分频的梯形图,画出输入信号及输出信号的状态时序图。

5-6　用 PLC 设计一个抢答器,可用于 4 支比赛队伍进行抢答。4 个抢答器按钮为 X0~X3, 对应的 4 个指示灯用 Y0~Y3 来控制,复位按钮为 X4。

5-7　设计一控制梯形图,用一个按钮控制楼梯的照明灯,每按一次按钮,楼梯灯亮 1min 熄灭。若在 2s 内连续按下两次按钮,灯常亮不灭。当按下时间持续超过 2s,灯熄灭。

5-8　用 4 个开关控制一盏灯,当只有一个开关动作时灯亮,两个及两个以上开关动作时灯不亮。试画出控制梯形图。

5-9　用移植设计法改造第 1 章中的继电器控制系统。

5-10　某液压动力滑台在初始状态时停在最左边,行程开关 X0 接通。按下启动按钮 X4,动力滑台的进给运动如图 5.61 所示。工作一个循环后,返回并停在初始位置。控制各电磁阀的 Y0~Y3 在各工作的状态如图所示。画出 PLC 外部接线图和控制系统的顺序功能图,用启、保、停电路,以转换为中心设计法和步进梯形指令设计梯形图程序。

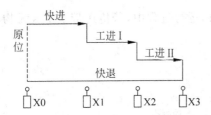

| 工步 | Y0 | Y1 | Y2 | Y3 |
|------|----|----|----|----|
| 快进 | − | + | + | − |
| 工进Ⅰ | + | + | − | − |
| 工进Ⅱ | − | + | − | − |
| 快退 | − | − | + | + |

图 5.61　习题 5-10 图

5-11　设计出如图 5.62 所示的顺序功能图的梯形图程序。

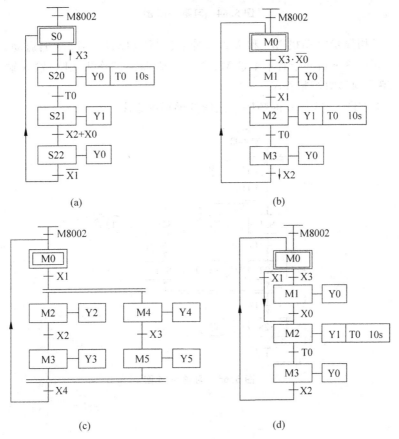

图 5.62　习题 5-11 图

5-12　设计一个能满足如图 5.63 所示时序图的梯形图。

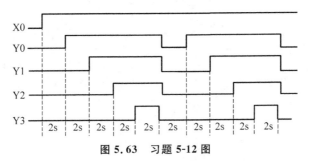

图 5.63　习题 5-12 图

5-13 如图 5.64 所示,通过检测器检测物料,运行过程中,若传送带上 15s 无物料通过则报警,报警时间延续 30s 后传送带停止。

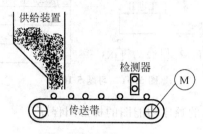

图 5.64　习题 5-13 图

5-14 有两台三相异步电动机 M1 和 M2,要求:①M1 启动后,M2 才能启动;②M1 停止后,M2 延时 30s 后才能停止;③M2 能点动调整。试作出 PLC 输入输出分配接线图,并编写梯形图控制程序。

5-15 请设计出如图 5.65 所示的顺序功能图的梯形图程序。

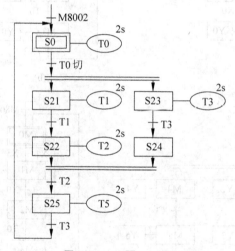

图 5.65　习题 5-15 图

# 第6章

# PLC控制系统的设计

PLC控制系统设计包含硬件设计与软件设计,硬件设计主要为器件的选择、PLC与输入输出设备的连接等,软件设计即程序设计(设计方法可参考第5章的内容)。本章首先介绍了PLC控制系统设计的基本原则与设计步骤,然后介绍了PLC的选型,PLC与输入输出设备的连接,减少输入输出点的方法,最后列举了几个具体的PLC控制系统设计实例。

## 6.1 PLC控制系统设计的基本原则与设计步骤

### 6.1.1 PLC控制系统设计的基本原则

PLC控制系统与其他的工业控制系统类似,其目的是为了实现被控对象的工艺要求,从而提高生产效率和产品质量。因此,在设计PLC控制系统时,应遵循以下基本原则:

**1. 最大限度地满足被控对象的控制要求**

充分发挥PLC的功能,最大限度地满足被控对象的控制要求,是设计PLC控制系统的首要前提,这也是设计中最重要的一条原则。这就要求设计人员在设计前就要深入现场进行调查研究,收集控制现场的资料,收集相关先进的国内、国外资料。同时要注意和现场的工程管理人员、工程技术人员、现场操作人员紧密配合,拟定控制方案,共同解决设计中的重点问题和疑难问题。

**2. 保证PLC控制系统安全可靠**

保证PLC控制系统能够长期安全、可靠、稳定运行,是设计控制系统的重要原则。这就要求设计者在系统设计、元器件选择、软件编程上要全面考虑,以确保控制系统安全可靠。例如,应该保证PLC程序不仅在正常条件下运行,而且在非正常情况下(如突然掉电再上电、按钮按错等),也能正常工作。

**3. 力求简单、经济、使用及维修方便**

一个新的控制工程固然能提高产品的质量和数量,带来巨大的经济效益和社会效益,但新工程的投入、技术的培训、设备的维护也将导致运行资金的增加。因此,在满足控制要求的前提下,一方面要注意不断地扩大工程的效益,另一方面也要注意不断地降低工程的成本。这就要求设计者不仅应该使控制系统简单、经济,而且要使控制系统的使用和维护方便、成本低,不宜盲目追求自动化和高指标。

**4. 可升级性**

由于技术的不断发展,控制系统的要求也将会不断地提高,设计时要适当考虑到今后控制系统发展和完善的需要。这就要求在选择 PLC、输入输出模块、I/O 点数和内存容量时,要适当留有裕量,以满足今后生产的发展和工艺的改进。

### 6.1.2　PLC 控制系统的设计步骤

PLC 控制系统,包括电气控制线路(硬件部分)和程序(软件部分)两部分。电气控制线路是以 PLC 为核心的系统电气原理图,程序是和原理图中 PLC 的输入输出点对应的梯形图或指令表。图 6.1 给出了 PLC 控制系统的设计流程,其具体设计步骤如下:

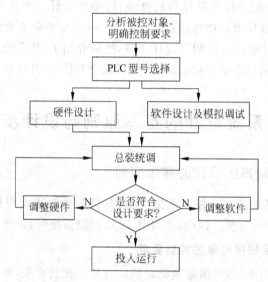

**图 6.1　PLC 控制系统设计流程图**

**1. 分析被控对象,明确控制要求**

详细分析被控对象的工艺过程及工作特点,了解被控对象机、电、液之间的配合,提出被控对象对 PLC 控制系统的控制要求,确定控制方案。

**2. 确定输入输出设备,选择 PLC 机型**

根据系统的控制要求,确定系统的输入输出设备的数量和种类,如输入设备:按钮、位置开关、转换开关及各种传感器等;输出设备:接触器、电磁阀、信号指示灯及其他执行器等,明确这些设备对控制信号的要求,如电压流的大小,直流还是交流、开关量还是模拟量和信号幅度等。据此确定 PLC 的 I/O 设备的类型、性质及数量。

**3. 分配 PLC 的输入输出点地址**

根据已确定的输入输出设备和选择的 PLC,列出输入输出设备与 PLC 的 I/O 点的地址分配表,以便于编制控制程序、设计接线图及硬件安装。

**4. 可同时进行 PLC 的硬件设计和软件设计**

硬件设计指电气线路设计,包括主电路及 PLC 外部控制电路,PLC 输入输出接线图,设备供电系统图、电气控制柜结构及电器设备安装图等。软件设计即控制程序设计，包括状态表、状态转换图、梯形图、指令表等，控制程序设计是 PLC 系统应用中最关键的问题，也是整个控制系统设计的核心；程序设计可采用第 5 章介绍的方法，一般程序设计好后，先要进行模拟调试，就是不带输出设备根据输入输出模块的指示灯的显示进行调试，发现问题及时修改，直到完全满足符合设计要求。

**5. 进行总装统调**

将设计好的硬件和软件进行联机调试，先连接电气柜而不带负载，各输出设备调试正常后，再接上负载运行调试。

**6. 修改或调整软硬件的设计，使之符合设计的要求**

在调试过程中将暴露出系统中可能存在的传感器、执行器和硬接线等方面的问题，以及 PLC 的外部接线图和梯形图程序设计中的问题，应对出现的问题及时加以解决。如果调试达不到指标要求，则对相应硬件和软件部分作适当调整，通常只需要修改程序就可能达到调整的目的。全部调试通过后，经过一段时间的考验，系统就可以投入实际的运行了。

**7. 整理和编写技术文件**

技术文件包括设计说明书、硬件原理图、安装接线图、电气元件明细表、PLC 程序以及使用说明书等。

# 6.2　PLC 的选择

随着 PLC 技术的发展，PLC 产品的种类也越来越多。不同型号的 PLC，其结构形式、性能、容量、指令系统、编程方式、价格等也各有不同，适用的场合也各有侧重。因此，合理选用 PLC，对于提高 PLC 在控制系统中的应用起着重要作用。

PLC 的选择一般从基本性能、特殊功能和通信联网三个方面考虑。选择的基本原则是在满足控制要求的前提下力争最好的性能价格比，并有一定的先进性和良好的售后服务。PLC 的选择主要包括机型选择、容量选择、输入输出模块选择、电源模块选择等几个方面。

## 6.2.1　PLC 机型的选择

PLC 机型选择的基本原则是，在功能满足要求的前提下，选择最可靠、维护使用最方便以及性能价格比最优化的机型。选择时，可以从以下几个方面考虑。

**1. 合理的结构型式**

PLC 主要有整体式和模块式两种结构型式。

整体式 PLC 的每一个 I/O 点的平均价格比模块式的便宜，且体积相对较小，一般用于系统工艺过程较为固定的小型控制系统中；而模块式 PLC 的功能扩展灵活方便，在 I/O 点数、输入点数与输出点数的比例、I/O 模块的种类等方面选择余地大，且维修方便，一般用于较复杂的控制系统。

**2. 安装方式的选择**

PLC 系统的安装方式分为集中式、远程 I/O 式以及多台 PLC 联网的分布式。

集中式不需要设置驱动远程 I/O 硬件,系统反应快、成本低;远程 I/O 式适用于大型系统,系统的装置分布范围很广,远程 I/O 可以分散安装在现场装置附近,连线短,但需要增设驱动器和远程 I/O 电源;多台 PLC 联网的分布式适用于多台设备分别独立控制,又要相互联系的场合,可以选用小型 PLC,但必须要附加通信模块。

### 3. 功能要求

一般小型(低档) PLC 具有逻辑运算、定时、计数等功能,对于只需要开关量控制的设备都可满足。对于以开关量控制为主,带少量模拟量控制的系统,可选用能带 A/D 和 D/A 转换单元,具有加减算术运算、数据传送功能的增强型低档 PLC。对于控制较复杂,要求实现 PID 运算、闭环控制、通信联网等功能,可视控制规模大小及复杂程度,选用中档或高档 PLC。但是中、高档 PLC 价格较贵,一般用于大规模过程控制和集散控制系统等场合。

### 4. 响应速度要求

PLC 是为工业自动化设计的控制器,不同档次 PLC 的响应速度一般都能满足其应用范围内的需要。如果要跨范围使用 PLC,或者某些功能或信号有特殊的速度要求时,则应该慎重考虑 PLC 的响应速度,可选用具有高速 I/O 处理功能的 PLC,或选用具有快速响应模块和中断输入模块的 PLC 等。

### 5. 系统可靠性的要求

对于一般系统 PLC 的可靠性均能满足。对可靠性要求很高的系统,应考虑是否采用冗余系统或热备用系统。

### 6. 机型尽量统一

一个企业,应尽量做到 PLC 的机型统一。主要考虑到以下三方面问题:
(1) 机型统一,其模块可互为备用,便于备品备件的采购和管理。
(2) 机型统一,其功能和使用方法类似,有利于技术力量的培训和技术水平的提高。
(3) 机型统一,其外部设备通用,资源可共享,易于联网通信,配上位计算机后易于形成一个多级分布式控制系统。

## 6.2.2 PLC 容量的选择

PLC 的容量包括 I/O 点数和用户存储容量两个方面。

### 1. I/O 点数的选择

I/O 点数越多,PLC 的价格就越高,因此应该合理选用 PLC 的 I/O 点的数量,在满足控制要求的前提下力争使用的 I/O 点最少,但必须留有一定的裕量。

通常 I/O 点数是根据被控对象的输入信号与输出信号的总点数,选择相应规模的 PLC,并留有 $10\% \sim 15\%$ 的裕量。

### 2. 存储容量的选择

用户程序所需内存容量要受内存利用率、开关量输入输出点数、模拟量输入输出点数、用户的编程水平等几个因素的影响。

1) 内存利用率
用户编的程序通过编程器输入主机内,最后是以机器语言的形式存放在内存中,同样的程序,不同厂家的产品,在把程序变成机器语言存放时所需要的内存数不同,一个程序段中的接点数与存放该程序段所代表的机器语言所需要的内存字数的比值称为内存利用率。高的利用率给用户带来好处。同样的程序可以减少内存量,从而降低内存投资。另外,同样的程序可缩短扫描周期时间,从而提高系统的响应。

2) 开关量输入输出点数

PLC开关量输入输出总点数是计算所需内存储容量的重要依据。PLC的I/O点数的多少,在很大程度上反映了PLC系统的功能要求,因此可在I/O点数确定的基础上,按下式估算存储容量。

$$所需内存字数＝开关量(输入＋输出)总点数×10$$

3) 模拟量输入输出总点数

具有模拟量控制的系统就要用到数字传送和运算的功能指令,这些功能指令内存利用率较低,因此所占内存数要增加。

在只有模拟量输入的系统中,一般要对模拟量进行读入、数字滤波、传送和比较运算。在模拟量输入输出同时存在的情况下,就要进行较复杂的运算,一般是闭环控制,内存要比只有模拟量输入的情况需要量大。在模拟量处理中,常常把模拟量读入、滤波及模拟量输出编成子程序使用,这使所占内存大大减少,特别是在模拟量路数比较多时,每一路模拟量所需的内存数会明显减少。下面给出一般情况下的经验公式。

只有模拟量输入时：内存字数＝模拟量点数×100

模拟量输入输出同时存在时：内存字数＝模拟量点数×200

这些经验公式的算法是在10点模拟量左右,当点数小于10时,内存字数要适当加大,点数多时,可适当减小。

4) 程序编写质量

用户编写的程序优劣对程序长短和运行时间都有较大影响。对于同样系统不同用户编写程序可能会使程序长度和执行时间差距很大。一般来说对初编者应多留一些余量,而有经验的编程者可少留一些余量。

综上所述,可按照下面的经验公式估算存储容量后,再加 20%～30% 的裕量。

$$总存储器字数＝开关量点数×10＋模拟量点数×150$$

另外,在存储容量选择的同时,注意对存储器的类型的选择。

### 6.2.3　输入输出(I/O)模块的选择

一般I/O模块的价格占PLC价格的一半以上。PLC的I/O模块有开关量I/O模块、模拟量I/O模块及各种特殊功能模块等。不同的I/O模块,其电路及功能也不同,直接影响PLC的应用范围和价格,应当根据实际需要加以选择。

**1. 开关量I/O模块的选择**

1) 开关量输入模块的选择

开关量输入模块是用来接收现场输入设备的开关信号,将信号转换为PLC内部接受的低电压信号,并实现PLC内、外信号的电气隔离。选择时主要应考虑输入信号的类型及电压等级、输入的接线方式、输入门槛电平等。

开关量输入模块有直流输入、交流输入和交流/直流输入三种类型。选择时主要根据现场输入信号和周围环境因素等。直流输入模块的延迟时间较短,还可以直接与接近开关、光电开关等电子输入设备连接;交流输入模块可靠性好,适合于有油雾、粉尘的恶劣环境下使用。开关量输入模块的输入信号的电压等级有:直流 5V、12V、24V、48V、60V 等;交流 110V、220V 等。选择时主要根据现场输入设备与输入模块之间的距离来考虑。一般 5V、12V、24V 用于传输距离较近场合,如 5V 输入模块最远不得超过 10m。距离较远的应选用输入电压等级较高的模块。

开关量输入模块主要有汇点式和分组式两种接线方式,如图 6.2 所示。汇点式的开关量输入模块所有输入点共用一个公共端(COM);而分组式的开关量输入模块是将输入点分成若干组,每一组(几个输入点)有一个公共端,各组之间是分隔的。分组式的开关量输入模块价格较汇点式的高,如果输入信号之间不需要分隔,一般选用汇点式的。

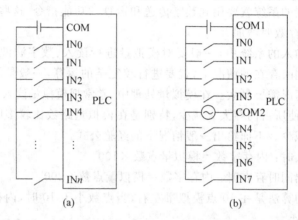

(a)　　　　　　　　　　　(b)

**图 6.2　开关量输入模块的接线方式**

(a) 汇点式输入;(b) 分组式输入

为了提高系统的可靠性,必须考虑输入门槛电平的大小。门槛电平越高,抗干扰能力越强,传输距离也越远,具体可参阅 PLC 说明书。

另外,对于选用的输入模块(如 32 点、48 点等),还应考虑该模块同时接通的点数一般不要超过输入点数的 60%。

2) 开关量输出模块的选择

开关量输出模块是将 PLC 内部低电压信号转换成驱动外部输出设备的开关信号,并实现 PLC 内外信号的电气隔离。选择时主要应考虑输出方式及输出接线方式及驱动能力等。

开关量输出模块有继电器输出、双向晶闸管输出和晶体管输出三种方式。继电器输出的价格便宜,既可以用于驱动交流负载,又可用于直流负载,而且适用的电压大小范围较宽、导通压降小,同时承受瞬时过电压和过电流的能力较强,但其属于有触点元件,动作速度较慢(驱动感性负载时,触点动作频率不得超过 1Hz)、寿命较短、可靠性较差,只能适用于不频繁通断的场合。对于频繁通断的负载,应该选用晶闸管输出或晶体管输出,它们属于无触点元件。但晶闸管输出只能用于交流负载,而晶体管输出只能用于直流负载。

开关量输出模块主要有分组式和分隔式两种接线方式。分组式输出是几个输出点为一组,一组有一个公共端,各组之间是分隔的,可分别用于驱动不同电源的外部输出设备;分隔式输出是每一个输出点就有一个公共端,各输出点之间相互隔离。选择时主要根据 PLC 输出设备的电源类型和电压等级的多少而定。一般整体式 PLC 既有分组式输出,也有分隔式输出。

开关量输出模块的输出电流(驱动能力)必须大于 PLC 外接输出设备的额定电流。用户应根据实际输出设备的电流大小来选择输出模块的输出电流。如果实际输出设备的电流较大,输出模块无法直接驱动,可增加中间放大环节。

选择开关量输出模块时,还应考虑能同时接通的输出点数量。同时接通输出设备的累计电流值必须小于公共端所允许通过的电流值,如一个 220V/2A 的 8 点输出模块,每个输出点可承受 2A 的电流,但输出公共端允许通过的电流并不是 16A(8×2A),通常要比此值小得多。一般来讲,同时接通的点数不要超出同一公共端输出点数的 60%。

开关量输出模块的技术指标,与不同的负载类型密切相关,特别是输出的最大电流。另外,晶闸管的最大输出电流随环境温度升高会降低,在实际使用中也应注意。

**2. 模拟量 I/O 模块的选择**

模拟量 I/O 模块的主要功能是数据转换,并与 PLC 内部总线相连,同时为了安全也有电气隔离功能。模拟量输入(A/D)模块是将现场由传感器检测而产生的连续的模拟量信号转换成 PLC 内部可接受的数字量信号;模拟量输出(D/A)模块是将 PLC 内部的数字量信号转换为模拟量信号输出。模拟量 I/O 模块可根据实际需要的量程选择,典型模拟量 I/O 模块的量程为 $-10\sim+10V$、$0\sim+10V$、$4\sim20mA$ 等,同时还应考虑其分辨率和转换精度等因素。一些 PLC 制造厂家还提供特殊模拟量输入模块,可用来直接接收低电平信号(如 RTD、热电偶等信号)。

**3. 特殊功能模块的选择**

目前,PLC 制造厂家相继推出了一些具有特殊功能的 I/O 模块,有的还推出了自带 CPU 的智能型 I/O 模块,如高速计数器、凸轮模拟器、位置控制模块、PID 控制模块、通信模块等。使用时,可根据需要选择相应的功能模块。

## 6.2.4　电源模块及其他外设的选择

**1. 电源模块的选择**

电源模块选择仅对于模块式结构的 PLC 而言,对于整体式 PLC 不存在电源的选择。电源模块的选择主要考虑电源输出额定电流和电源输入电压。电源模块的输出额定电流必须大于 CPU 模块、I/O 模块和其他特殊模块等消耗电流的总和,同时还应考虑今后 I/O 模块的扩展等因素;电源输入电压一般根据现场的实际需要而定。

**2. 编程器的选择**

对于小型控制系统或不需要在线编程的系统,一般选用价格便宜的简易编程器。对于由中、高档 PLC 构成的复杂系统或需要在线编程的 PLC 系统,可以选配功能强、编程方便的智能编程器,但智能编程器价格较贵。如果有现成的个人计算机,也可以选用 PLC 的编程软件,在个人计算机上实现编程器的功能。

**3. 写入器的选择**

为了防止由于干扰或锂电池电压不足等原因破坏 RAM 中的用户程序,可选用 EPROM 写入器,通过它将用户程序固化在 EPROM 中。有些 PLC 或其编程器本身就具有

EPROM 写入的功能。

与可编程控制器连接的外部电路包括各种运行方式的强电电路、电源系统及接地系统。这些系统选用的元器件，也关系到整个可编程控制系统的可靠性、功能及成本的问题。可编程控制器选型再好，程序设计再好，外部电路不配套，也不能构成良好控制系统。

上述文中归纳了一些选用 PLC 时应考虑的因素，但在实际工作中还一定要依据实际情况作出适当的调整，以便设计出满足期望的控制系统。

# 6.3　PLC 与输入输出设备的连接

PLC 常见的输入设备有按钮、行程开关、接近开关、转换开关、拨码器、各种传感器等，输出设备有继电器、接触器、电磁阀等。正确地连接输入和输出电路，是保证 PLC 安全可靠工作的前提。

## 6.3.1　PLC 与常用输入设备的连接

### 1. PLC 与主令电器类设备的连接

图 6.3 所示为与按钮、行程开关、转换开关等主令电器类输入设备的接线示意图。图中的 PLC 为汇点式输入，图 6.3(a) 为 PLC 输入模块中含有内部电源的情况；图 6.3(b) 为输入模块中无内部电源，由用户外接电源供电的情况。若是分组式输入，也可参照图 6.3 的方法进行分组连接。

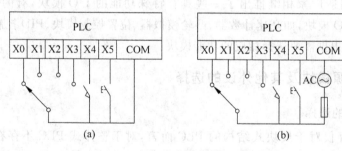

**图 6.3　PLC 与主令电器类输入设备的连接**

### 2. PLC 与拨码开关的连接

如果 PLC 控制系统中的某些数据需要经常修改，可使用多位拨码开关与 PLC 连接，在PLC 外部进行数据设定。图 6.4 所示为一位拨码开关的示意图，一位拨码开关能输入一位十进制数的 0～9，或一位十六进制数的 0～F。

如图 6.5 所示，4 位拨码开关组装在一起，把各位拨码开关的 COM 端连在一起，接在PLC 输入侧的 COM 端子上。每位拨码开关的4 条数据线按一定顺序接在 PLC 的 4 个输入点上。由图可见，使用拨码开关要占用许多 PLC

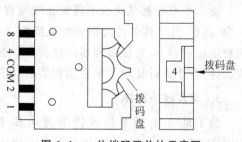

**图 6.4　一位拨码开关的示意图**

输入点,所以不是十分必要的场合,一般不要采用这种方法。

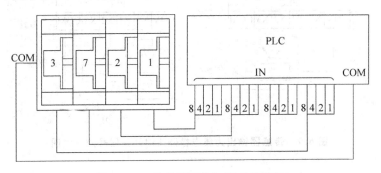

图 6.5　4 位拨码开关与 PLC 的连接

输入采用拨码开关时,可采用后面将要介绍的分组输入法或矩阵输入法,以提高 PLC 输入点的利用率。

**3. PLC 与旋转编码器的连接**

旋转编码器是一种光电式旋转测量装置,它将被测的角位移直接转换成数字信号(高速脉冲信号)。因此可将旋转编码器的输出脉冲信号直接输入给 PLC,利用 PLC 的高速计数器对其脉冲信号进行计数,以获得测量结果。不同型号的旋转编码器,其输出脉冲的相数也不同,有的旋转编码器输出 A、B、Z 三相脉冲,有的只有 A、B 相两相,最简单的只有 A 相。

图 6.6 所示为输出两相脉冲的旋转编码器与 FX 系列 PLC 的连接示意图。编码器有 4 条引线,其中两条是脉冲输出线,一条是 COM 端线,一条是电源线。编码器的电源可以是外接电源,也可直接使用 PLC 的 DC24V 电源。电源"一"端要与编码器的 COM 端连接,"＋"端与编码器的电源端连接。编码器的 COM 端与 PLC 输入 COM 端连接,A、B 两相脉冲输出线直接与 PLC 的输入端连接,连接时要注意 PLC 输入的响应时间。有的旋转编码器还有一条屏蔽线,使用时要将屏蔽线接地。

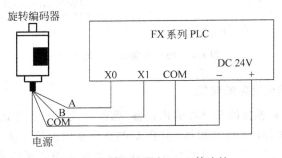

图 6.6　旋转编码器与 PLC 的连接

**4. PLC 与传感器类设备的连接**

传感器的种类很多,其输出方式也各不相同。传感器输出为集电极开路门的开关信号时,当使用内部电源时,其接线如图 6.7(a)所示,若传感器使用外部电源,其接线如图 6.7(b)所示,电阻 $R$ 可按输入点的输入电流要求来计算。

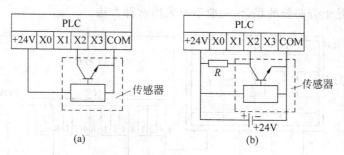

图 6.7　传感器输出为集电极开路门开关信号的接线图

### 6.3.2　PLC 与常用输出设备的连接

#### 1. PLC 与输出设备的一般连接方法

PLC 与输出设备连接时，不同组（不同公共端）的输出点，其对应输出设备（负载）的电压类型、等级可以不同，但同组（相同公共端）的输出点，其电压类型和等级应该相同。要根据输出设备电压的类型和等级来决定是否分组连接。如图 6.8 所示，以 FX2N 为例说明 PLC 与输出设备的连接方法。图 6.8(a) 中的接法是输出设备具有相同电源的情况，所以各组的公共端连在一起，图 6.8(b) 中的接法是输出设备具有不同的电源。图中只画出 Y0～Y7 输出点与输出设备的连接，其他输出点的连接方法相似。

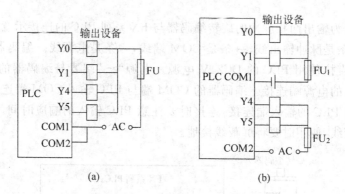

图 6.8　PLC 与输出设备的连接

#### 2. PLC 与感性输出设备的连接

PLC 的输出端经常连接的是感性输出设备（感性负载），为了抑制感性电路断开时产生的电压使 PLC 内部输出元件造成损坏，当 PLC 与感性输出设备连接时，如果是直流感性负载，应在其两端并联续流二极管，如图 6.9(a) 所示；如果是交流感性负载，应在其两端并联阻容吸收电路，如图 6.9(b) 所示。

图中，续流二极管可选用额定电流为 1A、额定电压大于电源电压的 3 倍；电阻值可取 50～120Ω，电容值可取 0.1～0.47μF，电容的额定电压应大于电源的峰值电压。接线时要注意续流二极管的极性。

#### 3. PLC 与七段 LED 显示器的连接

PLC 可直接用开关量输出与七段 LED 显示器的连接，但如果 PLC 控制的是多位 LED

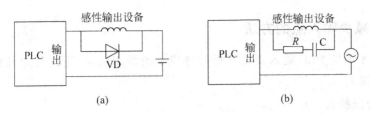

图 6.9　PLC 与感性输出设备的连接

七段显示器,所需的输出点是很多的。

如图 6.10 所示电路中,采用具有锁存、译码、驱动功能的芯片 CD4513 驱动共阴极 LED 七段显示器,两只 CD4513 的数据输入端 A～D 共用 PLC 的 4 个输出端,其中 A 为最低位, D 为最高位。LE 是锁存使能输入端,在 LE 信号的上升沿将数据输入端输入的 BCD 数锁存在片内的寄存器中,并将该数译码后显示出来。如果输入的不是十进制数,显示器熄灭。 LE 为高电平时,显示的数不受数据输入信号的影响。显然,$N$ 个显示器占用的输出点数为 $P=4+N$。

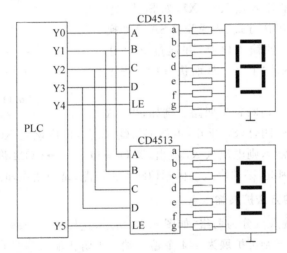

图 6.10　PLC 与两位七段 LED 显示器的连接

如果 PLC 使用继电器输出模块,应在与 CD4513 相连的 PLC 各输出端接一下拉电阻, 以避免在输出继电器的触点断开时 CD4513 的输入端悬空。PLC 输出继电器的状态变化 时,其触点可能抖动,因此应先送数据输出信号,待该信号稳定后,再用 LE 信号的上升沿将 数据锁存进 CD4513。

## 6.4　减少 I/O 点数的措施

PLC 在实际应用中常碰到这样两个问题:一是 PLC 的 I/O 点数不够,需要扩展,然而 增加 I/O 点数将提高成本;二是已选定的 PLC 可扩展的 I/O 点数有限,无法再增加。因此, 在满足系统控制要求的前提下,合理使用 I/O 点数,尽量减少所需的 I/O 点数是很有意义 的。下面将介绍几种常用的减少 I/O 点数的措施。

### 6.4.1　减少输入点的方法

减少系统所需的 PLC 输入点是降低硬件成本的常用措施,下面介绍几种常用的减少 I/O 点数的方法。

**1. 分时分组输入**

一般系统都存在多种工作方式,但各种工作方式的程序又不可能同时执行。因此,可将系统输入信号按其对应的工作方式不同分成若干组,PLC 运行时只会用到其中的一组信号,所以各组输入可共用 PLC 的输入点,这样就使所需的输入点减少。

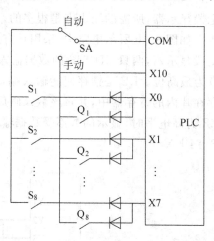

如图 6.11 所示,系统有"自动"和"手动"两种工作方式,其中 $S_1 \sim S_8$ 为自动工作方式用到的输入信号、$Q_1 \sim Q_8$ 为手动工作方式用到的输入信号。两组输入信号共用 PLC 的输入点 X0~X7,如 $S_1$ 与 $Q_1$ 共用输入点 X0。用"工作方式"选择开关 SA 来切换"自动"和"手动"信号的输入电路,并通过 X10 让 PLC 识别是"自动"还是"手动",从而执行自动程序或手动程序。

图 6.11　分组输入

图中的二极管用于切断寄生回路。例如,当 SA 扳到"自动"位置,若 $S_1$ 闭合,$S_2$ 断开,虽然 $Q_1$、$Q_2$ 闭合,也应该是 X0 有输入,而 X1 无输入,但如果无二极管隔离,则电流从 X1 流出,经 $Q_2 \rightarrow Q_1 \rightarrow S_1 \rightarrow COM$ 形成寄生回路,从而使得 X1 错误地接通。因此,必须串入二极管切断寄生回路,避免错误输入信号的产生。

**2. 用矩阵输入的方法扩展输入点**

将 PLC 现有的输入点分为两组,如图 6.12 所示,这样的 8 个输入端可以扩展为 16 个输入端,若是 24 个端子则可扩展为 144 个输入端。为防止输入信号在 PLC 端子上互相干扰,每个输入信号在送入 PLC 时都用二极管隔离,以避免产生寄生回路。

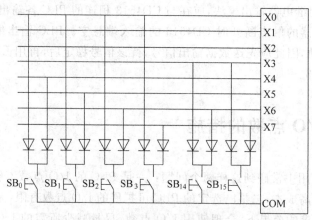

图 6.12　用矩阵输入扩展输入端

PLC 的输入端采用矩阵的输入方式后,其输入继电器就不得再与输入信号一一对应,必须通过梯形图附加解码电路,用 PLC 内部辅助继电器代替原输入继电器,使输入信号和内部辅助继电器逐个对应。梯形图如图 6.13 所示。

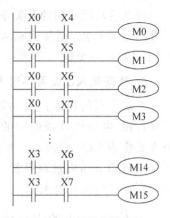

图 6.13 解码用梯形图

但应注意:这种组合方式,某些输入端并不能同时输入。如 $SB_1$ 和 $SB_{14}$ 同时闭合时,其本意是希望辅助继电器 M1 和 M14 得电,但当 $SB_1$ 和 $SB_{14}$ 同时闭合时,PLC 的输入端 X0、X5、X3、X6 同时出现输入信号,不仅使内部辅助继电器 M1、M14 得电,X0 和 X6 的组合还导致辅助继电器 M2 得电,X3 和 X5 的组合使 M13 也被驱动,其结果将造成电路失控。但从图中可看出,当按钮 $SB_0$、$SB_1$、$SB_2$、$SB_3$ 同时闭合时,内部辅助继电器不会发生混乱,这是因为这 4 个输入端都有一条线接到 PLC 的 X0 端子上。当 $SB_3$、$SB_7$、$SB_{11}$、$SB_{15}$ 或 $SB_4$、$SB_5$、$SB_6$、$SB_7$ 同时闭合时,也没有问题,因为它们分别有一个公共端 X7 或 X1。因此在安排输入端时,要考虑输入元件工作的时序,把同时输入的元件安排在这些允许同时输入的端子上。

**3. 输入设备多功能化**

在传统的继电器电路中,一个主令电器(开关、按钮等)只产生一种功能的信号。而在 PLC 系统中,可借助于 PLC 强大的逻辑处理功能,来实现一个输入设备在不同条件下,产生的信号作用不同。下面通过一个简单的例子来说明。

如图 6.14 所示的梯形图只用一个按钮通过 X0 输入去控制输出 Y0 的通与断。图中,当 Y1 断开时,按下按钮(X0 接通),M1 得电,使 Y1 得电并自锁;再按一下按钮,M1 得电,由于此时 Y1 已得电,所以 M2 也得电,其常闭触点使 Y1 断开。即按一下按钮,X0 接通一下,Y1 得电;再按一下按钮,X0 又接通一下,Y1 失电。改变了传统继电器控制中要用两个按钮(启动按钮和停止按钮)的作法,从而减少了 PLC 的输入点数。同样道理,可以用这种思路来实现一个输入具有三种或三种以上的功能。

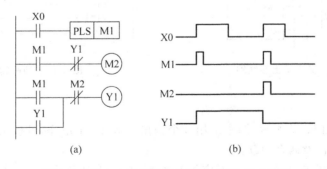

图 6.14 用一个按钮控制的启动、保持、停止电路

**4. 合并输入**

将某些功能相同的开关量输入设备合并输入。如果是几个常闭触点,则串联输入;如果是几个常开触点,则并联输入。因此,几个输入设备就可共用 PLC 的一个输入点。

**5. 某些输入设备可不进 PLC**

系统中有些输入信号功能简单、涉及面很窄,如某些手动按钮、电动机过载保护的热继电器触点等,有时就没有必要作为 PLC 的输入。如图 6.15 所示,将某些负载的手动按钮和电动机过载保护的热继电器触点放在外部电路中同样可以满足要求。

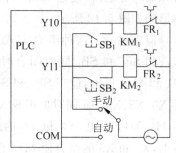

图 6.15　输入信号设在 PLC 外部

### 6.4.2　减少输出点的方法

**1. 分组输出**

当两组输出设备或负载不会同时工作时,可通过外部转换开关或通过受 PLC 控制的电器触点进行切换。如图 6.16 所示,当转换开关在"1"的位置时,接触器线圈 $KM_1$、$KM_3$、$KM_5$ 受控;当转换开关在"2"的位置时,接触器线圈 $KM_2$、$KM_4$、$KM_6$ 受控。

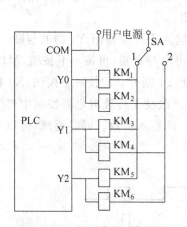

图 6.16　分组输出接线图

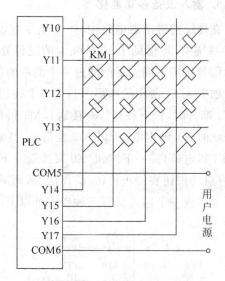

图 6.17　矩阵输出

**2. 矩阵输出**

矩阵输出如图 6.17 所示,图中采用 8 个输出组成 4×4 矩阵,可接 16 个输出设备(负载)。这种接法要注意两个问题:

(1)负载与输出触点不是一一对应的关系,例如,若要使负载 $KM_1$ 得电工作,必须控制 Y0 和 Y4 输出同时接通。这种方法给软件的编写增加了难度。

(2)它也存在着和矩阵输入中同样的问题,它要求在某一时刻同时有输出的负载必须有一条公共的输出线,否则将会出现错误接通负载。因此,采用矩阵输出时,必须要将同一时间段接通的负载安排在同一行或同一列中,否则无法控制。

**3. 并联输出**

当两负载处于相同的受控状态时,可将两负载并联,接在同一个输出端上。如某一接触器线圈和指示该接触器得电的指示灯,就可采用并联输出的方法。但要注意 PLC 输出点同时驱动多个负载时,应考虑 PLC 输出点的驱动能力是否足够。

**4. 输出设备多功能化**

利用 PLC 的逻辑处理功能,一个输出设备可实现多种用途。例如,在继电器系统中,一个指示灯指示一种状态,而在 PLC 系统中,很容易实现用一个输出点控制指示灯的常亮和闪烁,这样一个指示灯就可指示两种状态,既节省了指示灯,又减少了输出点数。

**5. 某些输出设备可不进 PLC**

系统中某些相对独立、比较简单的控制部分,可直接采用 PLC 外部硬件电路实现控制。

以上介绍一些常用的减少 I/O 点数的措施,仅供参考,实际应用中应该根据具体情况,灵活使用。同时应该注意不要过分去减少 PLC 的 I/O 点数,而使外部附加电路变得复杂,从而影响系统的可靠性。

# 6.5 PLC 控制系统的设计举例

## 6.5.1 PLC 在机械手控制系统中的应用

### 1. 机械手控制系统介绍

图 6.18 所示为一台传送工件的气动机械手的动作示意图和操作面板。该机械手的作用是将工件从 A 点传递到 B 点。机械手的升降和左右行动作分别由两个具有双线圈的两位电磁阀驱动气缸来完成,一旦电磁阀线圈通电,就一直保持现有的动作,直到相对的另一线圈通电为止。机械手的夹紧、松开动作由只有一个线圈的两位电磁阀驱动气缸完成,线圈通电夹住工件,线圈断电松开工件。机械手的工作臂都设有上、下限位和左、右限位的位置开关,夹紧装置不带限位开关,它是通过一定的延时来表示其夹紧动作的完成。机械手在最上面、最左边且夹紧装置松开时,称为系统处于原点状态。

机械手具有手动、单步、单周期、连续和回原位 5 种工作方式,用转换开关进行选择。手动工作方式时,用各操作按钮来点动执行相应的各动作;单步工作方式时,每按一次启动按钮,向前执行一步动作;单周期工作方式时,机械手在原位,按下启动按钮,自动地执行一个工作周期的动作,最后返回原位(如果在动作过程中按下停止按钮,机械手停在该工序上,再按下启动按钮,则又从该工序继续工作,最后停在原位);连续工作方式时,机械手在原位,按下启动按钮,机械手就连续重复进行工作(如果按下停止按钮,机械手运行到原位后停止);返回原位工作方式时,按下"回原位"按钮,机械手自动回到原位状态。

系统共有 18 个输入设备和 5 个输出设备,根据输入输出设备所需要占用的 I/O 点数,本系统选用型号为 FX2N-48MR 的 PLC。PLC 的 I/O 接线如图 6.19 所示。为保证在紧急情况下(包括 PLC 发生故障时),能可靠地切断 PLC 的负载电源,在 PLC 输出端,设置了交

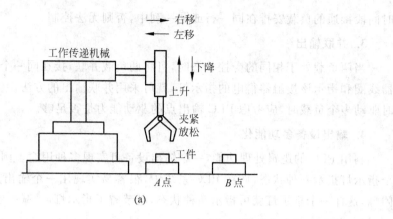

(a)

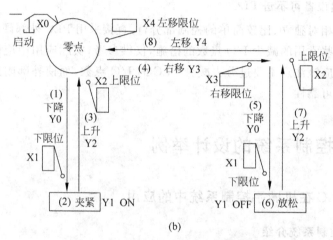

(b)

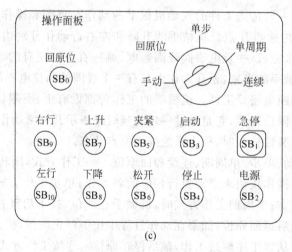

(c)

**图 6.18 气动机械手**

(a) 气动机械手结构；(b) 气动机械手动作示意图；(c) 气动机械手结构控制面板

流接触器 KM。在 PLC 开始运行时按下"电源"按钮 $SB_2$，使 KM 线圈得电并自锁，KM 的主触点接通，给输出设备提供电源；出现紧急情况时，按下"急停"按钮 $SB_1$，KM 触点断开电源。

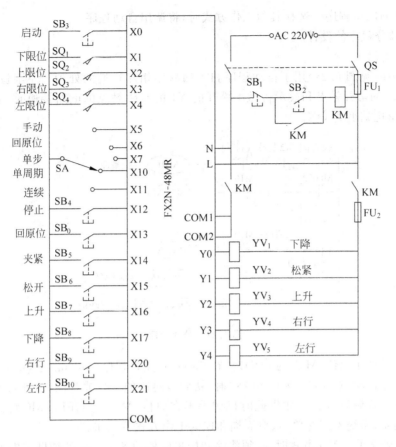

图 6.19  机械手控制系统 PLC 的 I/O 接线图

### 2. 机械手控制系统 PLC 程序设计

分析机械手的工艺要求可知,机械手的控制系统属于顺序控制系统,因此可以采用多种方式进行编程。本节中采用通用指令方式进行编程。

#### 1) 程序的总体结构

机械手为具有多种工作方式的复杂系统,对于具有多种工作方式的系统的程序设计,可以将系统的程序按工作方式和功能分成若干部分,然后分别对每一部分程序进行设计。

根据机械手的工作方式,将程序分为公用程序、自动程序、手动程序和回原位程序 4 个部分,其中自动程序包括单步、单周期和连续工作的程序,因为它们的工作都是按照同样的顺序进行,将它们合在一起编程更加简单。程序的总体结构如图 6.20 所示。梯形图中使用子程序调用指令使得自动程序、手动程序和回原位程序不会同时执行。假设选择手动工作方式时,则 X5 为 ON,将执行公用程序和调用手动子程序。选择回原位方式时,X6 为

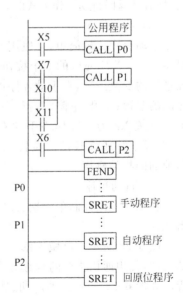

图 6.20  机械手系统 PLC
程序的总体结构

ON,将调用回原位程序。选择其他工作方式时,将调用自动程序。

2) 各部分程序的设计

(1) 公用程序

公用程序(见图 6.21)用于自动程序和手动程序相互切换的处理。左限位开关 X4、上限位开关 X2 的常开触点和表示机械手松开的 Y1 的常闭触点的电路接通时,表示"原位条件"的辅助继电器变为 ON。

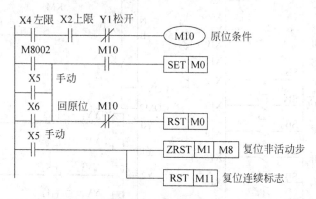

图 6.21 公用程序

当机械手处于原位(M10 为 ON)时,在开始执行用户程序(M8002 为 ON)、系统处于手动状态或回原位状态(X5 或 X6 为 ON)时,初始步对应的 M0 被置位,为进入单步、单周期和连续工作方式做好准备。如果此时机械手不在原位(M10 为 OFF),M0 将被复位,初始步为不活动步,系统不能在单步、单周期和连续工作方式下工作。

当系统处于手动工作方式时,必须将除初始步以外的各步对应的辅助继电器(M1~M8)复位,同时将表示连续工作状态的 M11 复位,否则当系统从自动工作方式切换到手动工作方式,然后又返回自动工作方式时,可能会出现同时有两个活动步的异常情况,引起错误的动作。

(2) 手动程序

手动程序比较简单,一般用经验法设计。机械手的手动程序如图 6.22 所示,手动工作时用 X14~X21 对应的 6 个按钮控制机械手的夹紧、松开、上升、下降、右行和左行。为了保证系统的安全运行,在手动程序中设置了一些必要的连锁。如上升与下降之间、右行与左行之间的互锁;上升、下降、右行、左行的限位;用上限位开关 X2 为 ON 作为手动右行和左行的条件,禁止机械手在较低的位置水平运动,以避免与地面的物品碰撞。

(3) 自动程序

自动程序由控制单周期、连续和单步的程序组成。

图 6.23 所示为机械手系统自动程序的顺序功能图,使用通用指令的编程方式设计出的自动程序如图 6.24 所示。单周期、连续和单步这三种工作方式主要是用连续标志 M11 和转换允许标志 M12 来区分的。

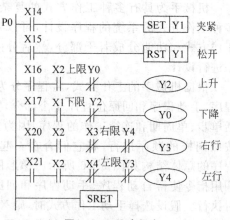

图 6.22 手动程序

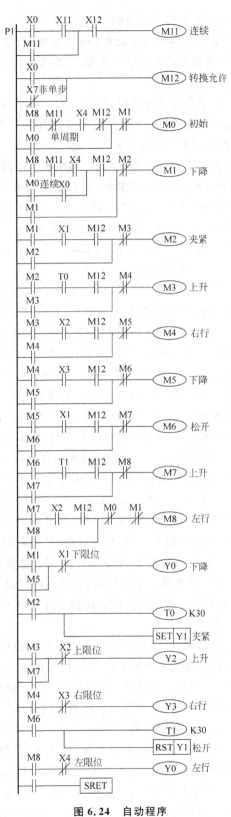

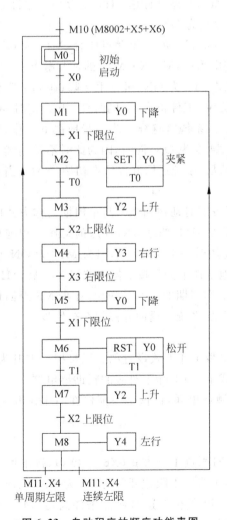

图 6.23 自动程序的顺序功能表图

图 6.24 自动程序

① 单步与非单步的区分。

系统工作在连续或单周期(非单步)工作方式时,X7 的常闭触点接通,使辅助继电器 M12(转换允许)为 ON,串联在各步电路中的 M12 的常开触点接通,允许步与步之间的转换。

在单步工作方式时,X7 为 ON,它的常闭触点断开,"转换允许"辅助继电器 M12 在一般情况下为 OFF,不允许步与步之间的转换。设系统处于初始状态,M0 为 ON,按下启动按钮 X0,M12 变为 ON,系统进入下降步。放开启动按钮后,M12 立即变为 OFF。在下降步过程中,Y0 处于得电状态,当机械手下降到下限位开关 X1 时,与 Y0 线圈串联的 X1 的常闭触点断开,使 Y0 线圈断电,机械手停止下降。X1 的常开触点闭合后,如果没有按启动按钮,X0 和 M12 处于 OFF 状态,一直要等到按下启动按钮时,M12 变为 ON,M12 的常开触点接通,转换条件 X1 才能使 M2 接通,M2 得电并自锁,系统才能由下降步进入夹紧步。以后在完成某一步的操作后,都必须按一次启动按钮,系统才能进入下一步。

② 单周期与连续的区分。

在连续工作方式时,X11 为 ON,按下启动按钮 X0,连续标志 M11 变为 ON 并自保持。在单周期工作方式时,因为 X11 为 OFF,M11 不会变为 ON。

假设选择的是单周期工作方式,此时 X10 为 ON,X7 的常闭触点闭合,M12 为 ON,允许转换。在初始步时按下启动按钮 X0,在 M1 的电路中,M0、X0、M12 的常开触点和 M2 的常闭触点均接通,使 M1 为 ON,系统进入下降状态,Y0 为 ON,机械手下降;碰到下限位开关 X1 时,M2 变为 ON,转换到夹紧状态,Y1 被置位,工件被夹紧,同时 T0 开始定时,3s 后定时时间到,其常开触点接通,使系统进入上升步。系统将这样一步一步地往下工作,当机械手在最后一步 M8 返回最左边时,左限位开关 X4 变为 ON,同时,因为此时不是连续工作方式,M11 处于 OFF 状态,转换条件 $\overline{M11} \cdot X4$ 满足,系统返回并停留在初始步 M0,当重新按下启动按钮时,系统进行下一个周期工作。

在连续工作方式,X11 为 ON,在初始状态下按下启动按钮 X0,与单周期工作方式时相同,M11 变为 ON,机械手下降,与此同时,连续标志 M11 变为 ON,往后的工作过程与单周期工作方式相同。当机械手在最后一步返回最左边时,X4 变为 ON,因为 M11 为 ON,转换条件 M11·X4 满足,系统返回步 M1,反复连续地工作下去。按下停止按钮 X12 后,M11 变为 OFF,但系统不会立即停止工作,在完成当前工作周期的全部动作后,在步 M8 返回最左边,左限位开关 X4 为 ON,转换条件 $\overline{M11} \cdot X4$ 满足,系统才返回并停留在初始步。

③ 输出程序。

在输出程序部分,X1~X4 的常闭触点是为单步工作方式设置的。以机械手上升为例,当机械手碰到上限位开关 X2 时,在单步工作方式下,与下降不对应的辅助继电器 M3 不会马上变为 OFF,如果 Y2 的线圈不与 X2 的常闭触点串联,机械手不能停在右限位开关处,还会继续右行,这种情况下可能造成事故。

(4) 回原位程序

图 6.25 所示为机械手自动回原位程序。在回原点工作方式(X6 为 ON),按下回原位启动按钮 X13,M9 变为 ON,机械手松开和上升,上升到上限位开关时 X2 为 ON,机械手左行,到左限位处时,X4 变为 ON,左行停止并将 M9 复位。这时原点条件满足,M10 变为 ON,在公用程序中,初始步 M0 被置位,为进入单周期、连续和单步工作方式做好了准备。

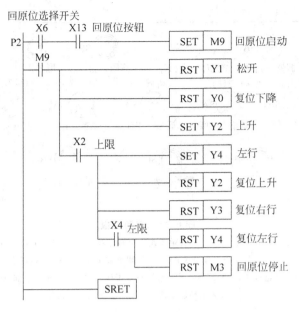

图 6.25 回原位程序

3）程序综合与模拟调试

由于在设计各部分程序时已经考虑各部分之间的相互关系，因此只要将公用程序、手动程序、自动程序和回原位程序按照机械手程序总体结构综合起来即为机械手控制系统的 PLC 程序。

模拟调试时各部分程序可先分别调试，然后再进行全部程序的调试，也可直接进行全部程序的调试。调试时，实际的输入信号可以用开关和按钮来模拟，各输出量的通/断状态用 PLC 上的有关发光二极管来显示，通过各种指示灯的亮灭情况了解程序运行情况。

### 6.5.2 PLC 在 HZC3Z 型轴承专用机床改造中的应用

#### 1. 被改造设备概况

HZC3Z 型轴承专用机床的开关站面板如图 6.26 所示。图 6.27 为机床各部分动作示意图，该设备出厂时提供的电气原理图中，所有符号均采用老国际，为方便查阅，现已采用新国际对原图重画，如图 6.28 所示。机床各电器元件见表 6.1。

根据上述各图，HZC3Z 型轴承专用车床电气传动工作原理如下：

1）初始状态

（1）机械手在原始位置，爪部持待加工工件，行程开关 $SQ_4$、$SQ_5$ 均处在压合状态，电磁铁 $YC_5$ 失电。

（2）纵刀架、横刀架均在原始位置，行程开关 $SQ_1$、$SQ_2$ 释放，$SQ_3$、$SQ_6$ 受压，电磁铁 $YC_3$、$YC_4$ 失电。

（3）夹具处于张开状态，$YC_1$、$YC_2$ 失电。

（4）开关位置：$SA_1$ 指向"自动"位置，$SA_2$ 指向"多循环"位置，$SA_3$、$SA_4$、$SA_5$、$SA_6$、$SA_7$ 均指向"工作"位置。

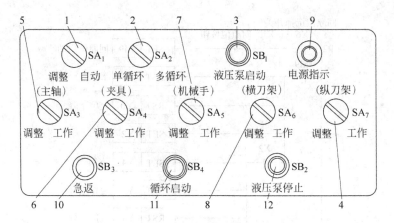

**图 6.26　控制面板**

1—单项调整或自动循环开关；2——一次循环或连续循环开关；3—液压泵启动和指示灯按钮；

4—电源指示灯；5—主轴调整或工作开关；6—夹具调整或工作开关；7—机械手调整或工作开关；

8—横刀架调整或工作开关；9—纵刀架调整或工作开关；10—机床各部急返按钮；

11—机床循环启动按钮；12—液压泵停止按钮

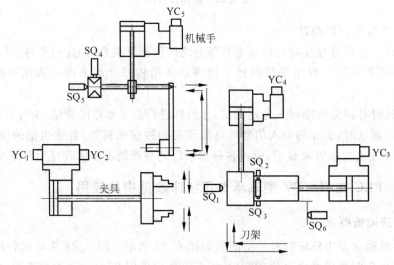

**图 6.27　机床动作示意图**

2）循环操作原理

循环操作：按"循环启动"SB₄—夹具张开—机械手送装料—夹具夹紧—机械手返回始位并持料—纵刀架进刀—横刀架进刀—横刀架返回始位—纵刀架返回始位—夹具张开（零件落下）。

3）调整功能

（1）机床各部分需要检查动作或作调整时，首先将 SA₁ 转向"调整"位置，然后根据主轴、夹具、机械手和刀架的要求进行单独调整或配合调整。调整后，各开关返回初始状态

（2）在试切削时，可将 SA₂ 转至"单循环"处，试切完毕，将 SA₂ 钮旋向"多循环"处，进行正常工作。

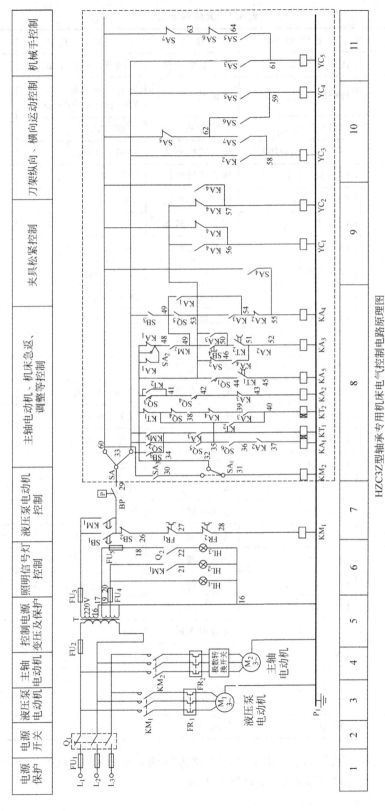

图6.28　电气控制电路原理图

表 6.1 元件明细表

| 元件代码 | 元件型号 | 元件名称 | 规　格 | 件数 |
|---|---|---|---|---|
| $M_1$ | JO2-31-6T2 | 液压泵电动机 | 1.5kW　950r/min | 1 |
| $M_2$ | JDO2-51-8/6/4 | 主轴电动机 | 3.5/3.5/5kW 750/1000/1500r/min | 1 |
| $Q_1$ | HZ10-25/3 | 转换开关 | 三相　25A | 1 |
| SA | HZ5-40/16 M16 | 极数转换开关 | 380V　40A | 1 |
| $FU_1$ | RL1-60/35A | 螺旋式熔断器 | 熔断 35A | 3 |
| $FU_2$、$FU_3$、$FU_5$ | RL1-15/5A | 螺旋式熔断器 | 5A | 3 |
| $FU_4$ | RLX-1 | 螺旋式熔断器 | 0.5A | 1 |
| T | BK500 | 控制变压器 | 380/220V、36V、6.3V | 1 |
| $HL_1$ | XD1-6.3V | 信号灯 | 6.3V　乳白色 | 1 |
| EL | JC6 | 照明灯 | 36V(三节) | 1 |
| $KM_1$ | CJ10-10 | 交流接触器 | 220V　10A | 1 |
| $KM_2$ | CJ10-20 | 交流接触器 | 220V　20A | 1 |
| $KA_1$、$KA_5$ | jz7-44 | 中间继电器 | 220V | 5 |
| $KT_1$、$KT_2$ | JS11-11A | 时间继电器 | 220V　0~8s | 2 |
| $SB_1$ | LA19-11D | 按钮 | 绿色　6.3V | 1 |
| $SA_3$、$SA_4$ | LA18-11X2 | 转换开关 | 旋转式　黑色 | 2 |
| $SB_4$ | LA19-11 | 按钮 | 绿色 | 1 |
| $SB_2$ | LA19-11 | 按钮 | 红色 | 1 |
| $SB_3$ | LA19-11J | 急返按钮 | 红色 | 1 |
| $LA_1$、$SA_2$、$SA_4$、$SA_7$ | LA18-11X2 | 转换开关 | 旋转式　黑色 | 5 |
| $FR_1$ | JR10-10 | 热继电器 | 11 号整定电流　5A | 1 |
| $FR_2$ | JR15-20/2 | 热继电器 | 12 号整定电流　14A | 1 |
| BP | DP-25B | 压力继电器 | | 1 |
| $YC_1$、$YC_5$ | | 交流电磁铁 | 带阀 | 5 |
| $SQ_1$、$SQ_3$、$SQ_6$ | LX5-11 | 限位开关 | 220V | 4 |
| $SQ_4$、$SQ_6$ | X2-N | | | 2 |
| JXB | JX2-1003+2507 | 接线板 | | |
| JXB | JX5-1011 | 接线板 | | |

　　(3) $SB_3$ 为"急返"按钮,按下后,刀架顺原路返回到初始位置,机械手返回到初始位置且持料,正在加工的零件继续夹紧,主轴停止转动。

4）循环启动

机床处在初始状态，按 SB$_1$（液压泵启动），当油压达到一定压力时，压力继电器动作，其常开触点 BP 闭合。按 SB$_4$，进入循环操作。

5）机床电气保护

（1）FU$_1$ 为主电路的短路保护。

（2）FR$_1$、FR$_2$ 为液压泵电动机、主轴电动机的过载保护。

（3）FU$_2$、FU$_3$ 为控制线路的短路保护，FU$_4$、FU$_5$ 是照明。信号灯线路的短路保护。

机床各进给机构、夹紧机构由液压泵驱动。动力源为一台型号为 J02-31-6T2、功率 1.5kW、转速 950r/min 的电动机，液压系统执行机构分别由夹紧液压缸、横向缸、纵向缸三个液压缸组成，控制机构由 4 个 24D2-25B 型号电磁阀组成。工作时油箱中的液压油在液压泵的驱动下经滤油器、管道、单向阀、到达液压缸推动油缸运动，油缸再带动纵横刀架、夹具工作。其中，夹紧机构中增加压力继电器型号为 DP-25B 用来控制夹紧液压缸中的压力，保护工件不被夹坏。机床液压系统的原理如图 6.29 所示。电磁阀的动作规律如表 6.2 所示。当电磁铁 YC$_3$ 得电、YC$_4$ 失电时刀架纵进，当电磁铁 YC$_3$ 失电、YC$_4$ 失电时刀架纵退，当电磁铁 YC$_3$ 得电、YC$_4$ 得电时刀架横进，当电磁铁 YC$_3$ 得电、YC$_4$ 失电时刀架横退，当电磁铁 Y$_5$ 得电时机械手送料，当电磁铁 Y$_5$ 失电时机械手取料，当电磁铁 YC$_1$ 失电、YC$_2$ 得电时夹具拉紧，当电磁铁 YC$_3$ 得电、YC$_4$ 失电时夹具松开。

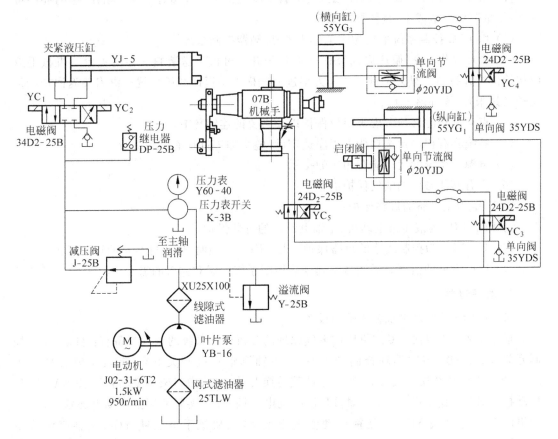

**图 6.29　液压系统原理图**

表 6.2　电磁阀动作一览表

| 动作 ＼ 电磁铁 | 1 | 2 | 3 | 4 | 5 |
|---|---|---|---|---|---|
| 刀架纵进 | | | + | − | |
| 刀架纵退 | | | − | | |
| 刀架横进 | | | + | + | |
| 刀架横退 | | | + | | |
| 机械手送料 | | | | | + |
| 机械手取料 | | | | | − |
| 夹具拉紧 | − | + | | | |
| 夹具松开 | + | − | | | |

### 2. 对 HZC3Z 型轴承专用机床控制系统改造的要求

首先在旧机床的基础上进行改造,要求满足改造前的加工要求同时考虑改造的经济可行性,尽量节约改造成本,具体要求如下:

(1) 用 PLC 控制系统取代原来的继电器-接触器控制系统。

(2) 循环操作:按“循环启动”$SB_4$—夹具张开—机械手送装料—夹具夹紧—机械手返回初始位置并持料—纵刀架进刀—横刀架进刀—横刀架返回初始位置—纵刀架返回初始位置—夹具张开(零件落下)。

(3) 点动调整时必须考虑极限位保护以及必要的连锁环节。

(4) 系统具有程序预选功能。程序选定后,整个加工过程能自动进行。

(5) 电源及系统的运行应有相应的指示。

(6) 应有其他必要的电气保护措施

① $FU_1$ 为主电路的短路保护;

② $FR_1$、$FR_2$ 为液压泵电动机、主轴电动机的过载保护;

③ $FU_2$、$FU_3$ 为控制线路的短路保护,$FU_4$、$FU_5$ 是照明、信号灯线路的短路保护。

(7) 适应发展的需要。适当考虑到今后控制系统发展和完善的需要。

### 3. 改造过程

1) 确定 PLC 控制系统输入输出设备

根据 HZC3Z 型轴承专用机床的电气原理的分析可知系统的输入设备有:自动/调整控制开关 $SA_1$、一次/多次循环控制开关 $SA_2$、主轴调整转换开关 $SA_3$、夹具调整转换开关 $SA_4$、机械手调整转换开关 $SA_5$、纵刀架调整转换开关 $SA_6$、横刀架调整转换开关 $SA_7$、循环启动按钮 $SB_4$。输出设备有:夹紧液压缸推动电磁铁 $YC_1$、夹紧液压缸拉动电磁铁 $YC_2$、刀架纵向动作电磁铁 $YC_3$、刀架横向动作电磁铁 $YC_4$、机械手电磁铁 $YC_5$、主轴交流接触器 $KM_2$。

2）P LC 的选型

由前面的分析可知系统需要的 I/O 点数不多且都是简单的数字逻辑量的输入输出,输入开关量点数 16 个左右,输出控制点数 6 个左右,没有现场总线控制要求,因此选择小型的 PLC 作为主控制系统就可以基本满足现场控制要求。

选择的 PLC 系统除了顺序动作控制外还要具有连接位置控制模块的功能。根据现场电气维修人员使用熟练程度和产品性价比,在 OMRON 的 CQMI 系列和三菱电机(MELSEC)的 FX 系列 PLC 之间选择,结合实际控制需求和维修人员的熟练应用程度,最后选择了三菱电机(MELSEC)生产的 FX2N-32MR 系列 PLC 作为主控制器。

3）PLC 的 I/O 地址分配与 I/O 连接图

控制系统共有 15 个输入设备,6 个输出设备,在改造过程中,可以直接将输入设备与 PLC 的输入端相连接,输出设备直接与 PLC 的输出端相连,PLC 的 I/O 点分配表如表 6.3 所示。

表 6.3　输入输出 I/O 点分配表

| 输　入 | | | 输　出 | | |
|---|---|---|---|---|---|
| 输入点 | 代号 | 元件名称 | 输出点 | 代号 | 元件名称 |
| X0 | $SA_1$ | 自动/调整控制开关 | Y0 | $YC_1$ | 夹紧液压缸推动电磁铁 |
| X1 | $SA_2$ | 一次/多次循环控制开关 | Y1 | $YC_2$ | 夹紧液压缸拉动电磁铁 |
| X2 | $SA_3$ | 主轴调整转换开关 | Y2 | $YC_3$ | 刀架纵向动作电磁铁 |
| X3 | $SA_4$ | 夹具调整转换开关 | Y3 | $YC_4$ | 刀架横向动作电磁铁 |
| X4 | $SA_5$ | 机械手调整转换开关 | Y4 | $YC_5$ | 机械手电磁铁 |
| X5 | $SA_6$ | 横刀架调整转换开关 | Y5 | $KM_2$ | 主轴交流接触器 |
| X6 | $SA_7$ | 纵刀架调整转换开关 | | | |
| X7 | $SB_4$ | 循环启动按钮 | | | |
| X10 | $SB_3$ | 急返停止按钮 | | | |
| X11 | $SQ_1$ | 刀架纵进 | | | |
| X12 | $SQ_2$ | 刀架横进 | | | |
| X13 | $SQ_3$ | 刀架横退 | | | |
| X14 | $SQ_4$ | 机械手返回 | | | |
| X15 | $SQ_5$ | 机械手送料 | | | |
| X16 | $SQ_6$ | 刀架纵退 | | | |

根据 PLC 的 I/O 点分配,设计 PLC 具体接线如图 6.30 所示:$SB_3$ 接 X10、$SQ_1$ 接 X11、$SQ_2$ 接 X12、$SQ_3$ 接 X12、$SQ_4$ 接 X13、$SQ_5$ 接 X14、$SQ_6$ 接 X15、$SA_6$ 接 X5、$SA_7$ 接 X6、$SA_4$ 接 X3、$SA_1$ 接 X0、$SA_2$ 接 X1、$SA_3$ 接 X2、$SA_4$ 接 X3。

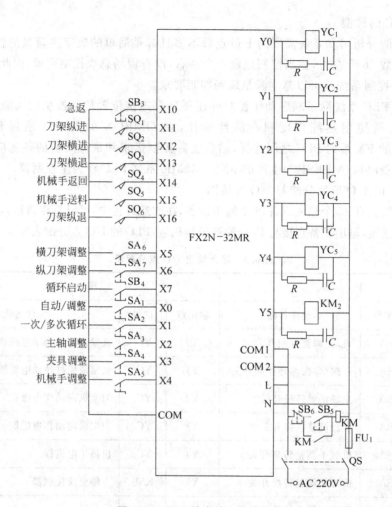

**图 6.30　PLC 输出输入接线图**

输出设备并联 RC 浪涌吸收电路,其中 $C=0.47\mu\text{F}$,$R=100\Omega$,用来抑制噪声的产生。

为了保证在紧急情况下(包括 PLC 发生故障时)能可靠地切断 PLC 输出端,设置了急停保护电路。在 PLC 开始运行时按下"电源"按钮 $\text{SB}_5$,使 KM 线圈得电并自锁,KM 的主触点接通,给输出设备提供电源;在紧急情况时,按下"急停"按钮 $\text{SB}_6$,KM 线圈失电,触点断开电源。

4)PLC 控制系统程序设计

该机床 PLC 控制系统为多种工作方式的复杂系统,对于具有多种工作方式的系统的程序设计,可以将系统的程序按工作方式和功能分成若干部分,然后分别对每一部分程序进行设计。

(1) 程序的总体结构

根据控制要求设计出控制系统程序总体结构图如图 6.31 所示。当转换开关 $\text{SA}_1$ 旋转到调整时,X0 接通,辅助继电器 M110 线圈得电,M110 常开触点闭合,此时调用指针 P0 所指的子程序,即调整子程序;若转换开关 $\text{SA}_1$ 旋转到自动挡,则不调用调整子程序。若系统未处于初始状态,则按下急返按钮 $\text{SB}_3$ 时,辅助继电器 M111 线圈得电,M111 常开触点闭合，此时调用指针 P1 所指的子程序，即急返子程序，机床返回到初始状态。当按下 SB₄ 按钮时，若 M110 和 M111 处于失电状态，此时辅助继电器 M112 线圈得电，M112 常开触点闭合，此时调用指针 P2 所指的子程序，即自动循环子程序，机床开始自动加工工件。

（2）自动循环程序的设计

根据机床加工功能要求设计出自动循环顺序功能图如图 6.32 所示。

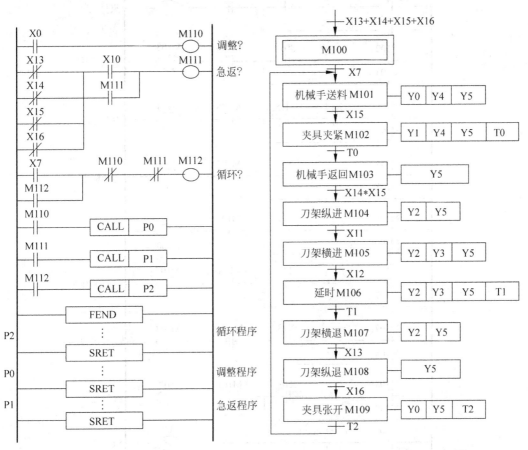

图 6.31 PLC 程序的总体结构　　　　图 6.32 自动循环顺序功能图

图 6.32 中，设备开启前机械手限位开关 SQ₄、SQ₅ 处于受压状态，刀架限位开关 SQ₂、SQ₆ 处于受压状态，此时开启循环启动按钮，机械手电磁铁 YC₅ 得电，装好的零件被送向夹具，此时夹具电磁铁 YC₁ 得电，YC₂ 失电夹具张开，待零件送到夹具中，YC₁ 失电，YC₂ 得电夹具开始加紧，此时 YC₅ 失电，机械手返回初始位置取料，此时，YC₃ 得电刀架纵进到限位开关 SQ₁ 时转换为刀架横进，碰到开关 SQ₃ 时，刀架横进停止，此时进入加工阶段，延时继电器得电开始进入延时状态，延时完毕后 YC₄ 继电器得电，开始横退，到达限位开关 SQ₂ 后开始纵退到限位开关 SQ₆ 后刀架停止动作，主轴电机也停止转动，完成一次循环加工动作。

根据顺序功能图和机床动作状态表，使用通用指令的编程方式设计出的自动循环程序如图 6.33 所示。

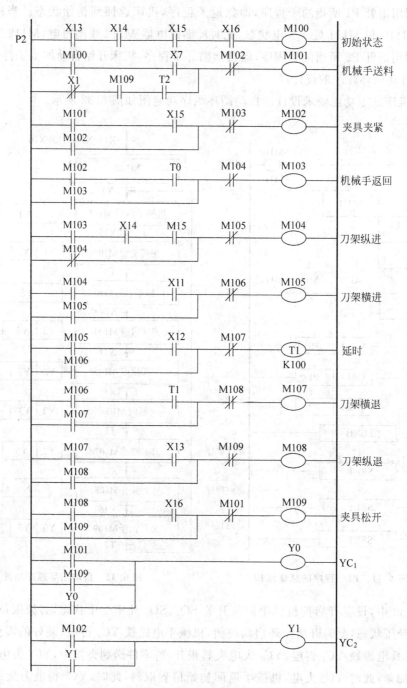

图 6.33 系统自动循环程序

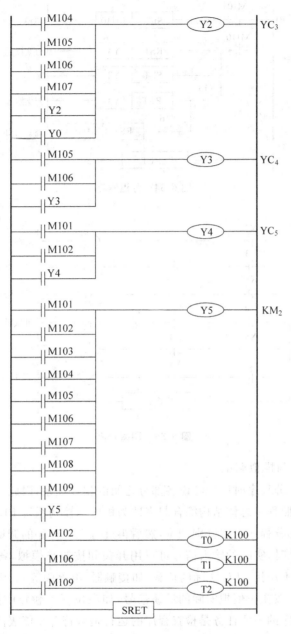

图 6.33　（续）

（3）急返程序的设计

零件加工过程中可能遇到一些突发情况，为了保证操作人员的安全，必须及时停止零件加工，此时夹具必须夹紧以防止零件飞出伤人，主轴停止旋转，机械手回到原位，横刀架、纵刀架回到初始位置，程序如图 6.34 所示。

（4）调整程序设计

该程序用于开机后循环工作前对机床各机构位置状态进行检测，若不在初始状态就要手动调整到初始状态，为了保证系统的安全运行，在程序中设置了一些必要的连锁，如夹紧与松开互锁，如图 6.35 所示。

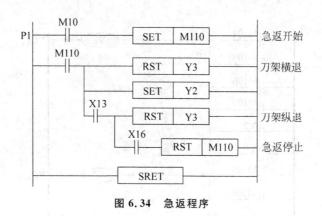

图 6.34　急返程序

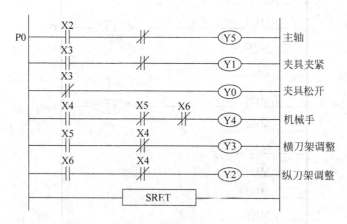

图 6.35　调整程序

（5）程序的综合与模拟调试

由于在设计各部分程序时已经考虑各部分之间的相互关系，因此只要将调整程序、自动程序和急返程序，按照程序总体结构综合起来即为机床的控制系统 PLC 程序。

模拟调试时各部分程序可先分别调试，然后再进行全部程序的调试，也可以直接进行全部程序的调试。调试时，实际的输入信号可以用开关和按钮来模拟，各输出量的通/断状态用指示灯模拟，一般不用接 PLC 实际的负载（如接触器、电磁阀等）。可以根据功能表图，在适当的时候用开关或按钮来模拟实际的反馈信号，如限位开关触点的接通和断开。对于顺序控制程序，调试程序的主要任务是检查程序的运行是否符合功能表图的规定，即在某一转换条件实现时，是否发生步的活动状态的正确变化，即该转换所有的前级步是否变为不活动步，所有的后续步是否变为活动步，以及各步被驱动的负载是否发生相应的变化，通过各种指示灯的亮灭情况判断程序的运行情况。

在调试时应充分考虑各种可能的情况，对系统各种不同的工作方式、有选择序列的功能表图中的每一条支路、各种可能的进展路线，都应逐一检查，不能遗漏。发现问题后应及时修改梯形图和 PLC 中的程序，直到在各种可能的情况下输入量与输出量之间的关系完全符合要求。

**4. 现场施工与联机调试**（略）

# 习　题

6-1　设计 PLC 控制系统的一般步骤有哪些？

6-2　如何进行 PLC 选型？

6-3　如何进行 PLC 系统调试？

6-4　如果 PLC 的输出端接有电感性元件，应采取什么措施来保证 PLC 的可靠运行？

6-5　PLC 的开关量输出单元一般有哪几种输出方式？各有什么特点？

6-6　某系统有自动和手动两种工作方式。现场的输入设备有：6 个行程开关（$SQ_1 \sim SQ_6$）和两个按钮（$SB_1$、$SB_2$）仅供自动时使用；6 个按钮（$SB_3 \sim SB_8$）仅供手动时使用；3 个行程开关（$SQ_7 \sim SQ_9$）为自动、手动共用。是否可以使用一台输入只有 12 点的 PLC？若可以，试画出 PLC 的输入接线图。

6-7　用一个按钮（X1）来控制三个输出（Y1、Y2、Y3）。当 Y1、Y2、Y3 都为 OFF 时，按一下 X1，Y1 为 ON，再按一下 X1，Y1、Y2 为 ON，再按一下 X1，Y1、Y2、Y3 都为 ON，再按 X1，回到 Y1、Y2、Y3 都为 OFF 的状态。再操作 X1，输出又按以上顺序动作。试用两种不同的程序设计方法设计其梯形图程序。

6-8　试编制实现下述控制功能的梯形图。

用一个按钮控制组合吊灯的三挡亮度：X0 闭合一次灯泡 1 点亮；闭合两次灯泡 2 点亮；闭合三次灯泡 3 点亮；再闭合一次灯熄灭。

6-9　设计一个汽车库自动门控制系统，其示意图如图 6.36 所示。具体控制要求是：当汽车到达车库门前，超声波开关接收到来车的信号，门电动机正转，门上升，当门升到顶点碰到上限开关，门停止上升。汽车驶入车库后，光电开关发出信号，门电动机反转，门下降，当下降到下限开关后门电动机停止。试画出 PLC 的 I/O 接线图、设计出梯形图程序并加以调试。

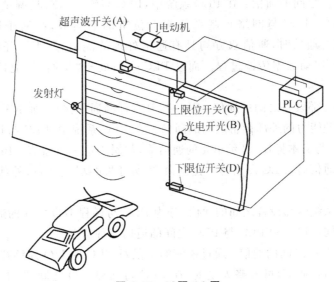

**图 6.36　习题 6-9 图**

## 第7章

# 可编程控制器通信与网络技术

随着企业对工业自动化程度的要求越来越高,自动控制系统也从传统的集中式控制向多级分布控制方向发展,这就要求构成控制系统的 PLC 必须要有通信与网络的功能。本章主要介绍有关 PLC 的通信的初步知识。

## 7.1 PLC 通信基础

### 7.1.1 PLC 通信的基本内容

#### 1. PLC 通信

根据通信对象的不同,PLC 通信包括 PLC 与外部设备的通信和 PLC 与系统内部设备之间的通信。

(1) PLC 与外部设备的通信,分为 PLC 与计算机之间的通信、PLC 与通用外部设备之间的通信两种情况。

PLC 与计算机之间的通信:在 PLC 系统中,PLC 与编程、监控、调试用计算机或图形编程器之间的通信,PLC 与网络控制系统中上位机的通信等,都属于这一类通信。当 PLC 与计算机进行通信时,通信双方均具有通信处理的能力,原则上任何一方均可以发出通信控制命令,启动数据传输过程。而且 PLC 一般处于"从站"的地位,以接受通信指令为主。

PLC 与通用外部设备之间的通信:PLC 与具有标准通信接口(如 RS-232、RS-422/485 等)、但无通信处理能力的外部设备之间的通信。在 PLC 系统中,PLC 与打印机,PLC 与条形码阅读器,PLC 与文本操作、显示单元的通信等,都属于这一类通信。PLC 与具有通用外部设备之间进行通信时,PLC 发出通信控制命令,处于"主站"的地位,外部设备以接受通信指令为主。

(2) PLC 与系统内部设备之间的通信,分为 PLC 与远程 I/O 之间的通信、PLC 与其他内部控制装置之间的通信和 PLC 与 PLC 之间的通信三种情况。

PLC 与远程 I/O 之间的通信:通过通信的手段对 PLC 的 I/O 连接范围进行的延伸与扩展。通过使用串行通信,可省略大量的、在 PLC 与远程 I/O 之间的、本来应直接与 PLC 的 I/O 模块连接的电缆。

PLC与其他内部控制装置之间的通信：这是指PLC通过通信接口（如RS-232、RS-422/485等），与系统内部不属于PLC范畴的其他控制装置之间的通信。在PLC系统中，PLC与变频调速器、伺服驱动器的通信，PLC与各种温度自动控制与调节装置、各种现场控制设备的通信等，都属于这一类通信。

PLC与PLC之间的通信：它主要应用于PLC网络控制系统。由于PLC控制系统内部的设备众多，通过通信连接，可以使各独立的PLC组成工业自动化系统的"现场总线"网络（称为PLC链接网），以实现集中与统一的管理，并通过各种通信线路与上位计算机连接，以组成规模大、功能强、可靠性高的综合网络控制系统。

**2. 基本名词说明**

通信（Communication）：计算机与其他设备间的数据交换称为通信。

通信介质：数据传输的载体，也称通信线路或传输介质。在PLC系统中，常用的通信介质有双绞屏蔽电缆、同轴电缆、光缆等。

通信协议（Communication Protocol）：通信双方对数据传输中必须共同遵守的编码方式、同步方式、传输速率、纠错方式、控制字符等进行的约定。也称为通信控制规程或传输控制规程。

波特率（Bade Rate）：也称通信速率或传输速率，指通信线路每秒钟能够传输的二进制位数据的个数，基本单位为b/s，也可以使用Kb/s、Mb/s。国际标准规定的常用波特率有300b/s、600b/s、1200b/s、1800b/s、2400b/s、4800b/s、9600b/s、19 200b/s（19.2Kb/s）、38 400b/s（38.4Kb/s）等。在网络通信中，还可以选择2.5Mb/s、5Mb/s、10Mb/s、20Mb/s、50Mb/s、100Mb/s甚至1Gb/s的波特率进行高速传输。

比特（Bit）："比特"是计算机数据处理与运算的基本单位，它代表二进制的1个位（"1"或"0"）。"比特"也是信息传输的最基本的单位，在数据传输过程中，任何字符只能用二进制位的形式进行表示，每一个二进制的位，称为1个"比特"。

字符编码：为了使得计算机能够识别不同的字符，需要通过若干二进制位的组合来代表不同的字符。在数据通信中，常用的编码方式有ASCII（American Standard Code for Information Interchange，美国标准信息交换编码）与EBCD（Extended Binary Coded Decimal Interchange Code，扩展BCD编码）。

帧与报文：帧（Frame）是字符实际传输的基本单位，它包括字符的基本编码和传输的起始标志、结束标志等辅助信息位。传输起始标志与结束标志分别放在每组信息的起始与结束位置，代表字符数据传输的开始与结束，确保发送与接收同步。中间部分为字符编码信息或者数据。一组完整的传输信息，在网络与通信中称为1帧（也称1字符），由多个帧组成的一组完整的数据称为报文（Message）。根据通信方式（同步通信与异步通信）、通信协议的不同，帧与报文的大小与格式有所区别。

基带与宽带："基带"与"宽带"是两种不同的信号发送方式。"基带"是直接以电平的高、低来代表二进制的"0"与"1"，数据传输直接使用电平进行，信号为一串脉冲。"宽带"是通过调制与解调器将代表二进制数据"0"与"1"的电平转换为"等幅异频"或"同频异幅"、"同频异相"的信号进行传输的方式，传输的信号为调频、调幅、调相信号。

### 7.1.2　通信的基本类型

**1. 并行通信与串行通信**

并行通信与串行通信是两种不同的数据传输方式。并行通信是将一个传输数据(8 位、16 位、32 位二进制数据)的每一个二进制位,均采用单独的导线(电缆)将发送方与接收方进行并行连接,在同一时间里一次性并行传输一个数据的通信方式,如图 7.1(a)所示。

串行通信是通过一对(或两对)连接导线,将发送方与接收方进行连接,按照规定的顺序,在同一连接导线上依次发送与接收传输数据(8 位、16 位、32 位数据)的每一个二进制位的通信方式,如图 7.1(b)所示。

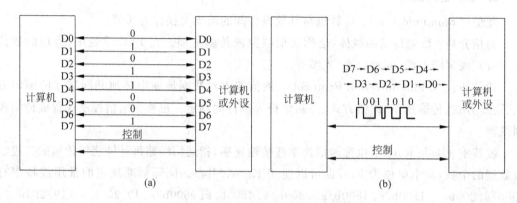

**图 7.1　并行通信和串行通信示意图**
(a) 并行通信;(b) 串行通信

并行通信一个传输周期可以一次传输多位数据,且发送方与接收方的每一数据位都对应,传输速度快、发送与接收控制容易、传输可靠性高,但是需要的连接电缆数量多,通信线路(硬件)成本高,只适用于近距离、高速传输设备中,在工业控制现场使用较少。

串行通信虽然存在传输速度慢、控制较复杂的缺点,但由于需要的连接电缆少,通信线路(硬件)成本低,特别是在多位、长距离通信时优点更为突出,因此越来越多地被应用于工业控制的现场,PLC 的通信一般都使用串行通信。

**2. 异步通信与同步通信**

异步通信与同步通信也称为异步传输与同步传输,是串行通信的两种基本信息通信方式。

串行通信中,理论上发送方与接收方具有相同的传输速率,但实际上不可能完全一致。在传输信息的过程中,传输速率越高,数据信号的保持时间就越短,细微的速度差别,足以引起数据的错位或积累,从而导致传输的错误与失败。因此,对进行通信的字符数据必须进行相应的处理,以"帧"的形式来传输数据,保证接收方正确区分不同的字符。异步通信与同步通信除了数据的处理、硬件等方面的区别外,最主要的是"帧"的格式有所不同。

1) 异步通信帧

串行异步通信"帧"的格式如图 7.2 所示,其中,每 1 个字符占用 1 帧,每 1 帧由 10~12 个二进制位的数据组成;每 1 帧含 1 个起始位(通常为"0"信号),作为"帧"的起始标志;每 1 帧含 1 个字符的数据,字符数据的位数可以为 5~8 位;每 1 帧可以含 1 个奇偶校验位,奇偶校验位紧随字符数据位之后，二进制"1"状态的个数固定为奇数或偶数，可大致判断信息传输的正确性；每 1 帧含 1 个停止位（通常为"1"信号），停止位紧随奇偶校验位之后，代表帧的结束；停止位后可以增加"空闲位"，其状态为"1"，"空闲位"的位数不限。

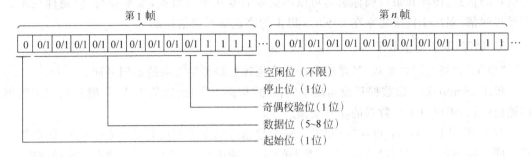

**图 7.2　异步通信帧的格式**

异步通信具有硬件结构简单、通信成本低的特点，且由于帧的长度短，每帧都带有校验码，对数据的同步要求较低。但每帧只传输 1 个字符，效率较低，适用于传输速率在 19.2Kb/s 以下的数据通信。

2) 同步通信帧

根据通信协议的不同，串行同步通信的"帧"有多种不同的格式，最常用的 HDLC (High-Level Data Link Control，高级数据链路控制)的帧格式如图 7.3 所示。

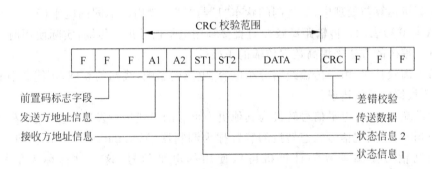

**图 7.3　HDLC 帧格式的示意图**

标志场 F：前置标志字段，长度为 1 字节(8 位二进制码)，格式一般规定为 0111 1110。

地址场 A1、A2：发送方与接收方的地址，长度为 2 字节，为发送方的二进制的地址标识。

控制场 ST1、ST2：状态信息，长度为 2 字节，为以二进制位表示的通信双方工作状态信息。

信息场 DATA：需要传输的数据，可以是多个字符的编码数据。

校验场 CRC：16 位循环冗余校验(Cyclic Redundancy Check)标志，范围从标识字段 F 结束到校验标志 CRC 开始部分的内容。

其中，每 1 帧中包含有多个字符，有效数据长度远远大于串行异步通信；"帧"的起始标志需要多位（一般为 1 字节）；每 1 帧均包含发送方与接收方地址的数据，可以进行多点传输，地址数据为 2 字节；每 1 帧均包含通信状态信息，状态信息一般为 2 字节；每 1 帧可以包含多个字符的数据,原则上数据长度无限制;数据的校验采用了"循环冗余校验"方式,CRC既为校验码又为结束码,长度为2字节。

串行同步通信"帧"中,每帧只需要一组辅助数据(前置标志字段、发送方与接收方地址、通信状态信息、循环冗余校验标志),可以不受限制发送字符数据,效率很高,但硬件成本高于异步通信,多用于传输速率在20Kb/s以上的高速数据通信控制。

### 3. 单工、双工与半双工

"单工"、"双工"与"半双工"是通信中用来描述数据传输方向的专用名词。

单工(Simplex):指数据只能实现单向传输(单向工作)的通信方式,一般只能用于数据的输出传输,不可以进行数据的相互交换。

双工(Full Duplex):也称"全双工",是指数据可以实现双向传输(双向工作)的通信方式。同一时刻通信的双方均可以进行数据的发送(输出)与接收(输入),数据交换的速度快,但需要独立的数据发送线与接收线(需要两对双绞线),传输线路的成本较高。

半双工(Half Duplex):"半双工"是双向传输通信方式的一种,数据可以实现双向传输。同一时刻,发送与接收不能同时进行,数据交换的速度是双工的一半,通信线路中的数据发送线与接收线可以共用,只需要一对双绞线连接,传输线路成本比"全双工"低。

### 4. 调制与解调

在通信中为了保证数据传输的正确性,特别是远距离通信时,需要对传输信号进行调制与解调。

在计算机运算与处理中,二进制的状态"1"与"0"一般均以不同的电平(5V与0V)或电流(20mA与0A)表示。传输距离较短时直接利用电平信号进行传输,实际使用时采用对信号进行重新编码的方法来提高数据传输的正确性。

通信距离较长时,由于传输线路分布电容、电感的影响,线路的衰减,可能会引起信号的畸变,导致数据传输的错误。

在发送端,一般将电平信号转换为其他更为可靠的形式进行发送,这一过程称为信号的调制(Modulate),实现信号状态转换的装置称为调制器(Modulator)。在接收端,将发送端发送的调制信号重新恢复为计算机可以使用的电平信号,这一过程称为信号的解调(Demodulate),实现信号重新恢复的装置称为解调器(Demodulator)。

FSK(Frequency Shift Keying,调频发送)是一种常用的调制方式,它将二进制的状态"1"与"0"调制为幅值相等、频率不同的交流模拟电压信号进行发送,其工作原理可以如图7.4所示。此外,在通信中还经常使用调相(包括绝对相位调制、二相相对调制等)、调幅(幅移键控)等调制方式。

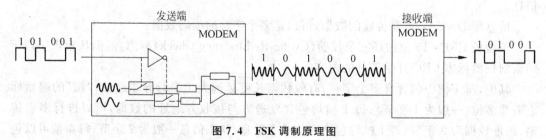

图 7.4 FSK 调制原理图

### 7.1.3 通信的基本要求

#### 1. 数据传输的基本要求

数据准确可靠地传输,必须明确通信接口的连接条件、通信设备的硬件支持条件与传输数据的格式三个基本条件。

通信的连接条件也称"接口标准",它是对通信接口与线路的物理特性,如传输介质、信号的驱动形式、信号的类型(电平或者电流)、所使用的信号等级、传输速率、负载条件等方面所做的具体规定。TTY(20mA)接口、RS-232C(V24)接口、RS-422 接口、RS-485 接口等,就是用来规定串行通信接口物理特性的国际标准。

通信设备的硬件支持条件也称为"接口规范"或"硬件协议",这是标准串行接口(如RS-485 等)在具体产品上的实现形式。虽然国际标准已经对接口的物理特性进行了明确的规定,但标准的要求通常是原则性与通用的。为了方便用户使用,很多通信设备的接口往往会根据系统的具体需要进行具体设计,这些都需要通信设备的相应硬件与软件支持,因此,在 PLC 生产厂家之间并未完全的统一。

通信设备之间进行数据交换时,不仅要在硬件上保证信号传输的可能性与可靠性,而且通信的双方必须能够相互识别所发送的数据。因此,传输的数据必须按照规定的要求进行编码,并且对同步方式、传输速率、纠错方式、控制字符等进行事先约定,这些技术规范称为"通信软件协议",简称通信协议。

#### 2. 串行接口标准

用于通信线路连接的输入输出线路称为接口,连接并行通信线路的称为并行接口,连接串行通信线路的称为串行接口。

在 PLC 系统中,常用的标准串行接口主要有 TTY(20mA)电流接口、RS-232C 接口、RS-422 接口、RS-485 接口等。

TTY 电流接口主要用于早期的 PLC 与外部设备(如纸带穿孔机、阅读机等),采用光电耦合器件连接,接口的形式与内部电路与 PLC 的 I/O 接口非常类似,如图 7.5 所示。

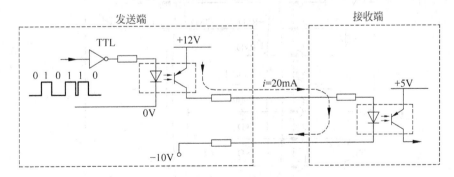

**图 7.5 TTY(20mA)电流接口内部电路**

TTY 接口一般使用 9 芯连接器,TTY 接口引脚信号的定义如表 7.1 所示。

**表 7.1  TTY 接口引脚信号的定义**

| 引脚 | 信 号 名 称 | 信 号 作 用 | 信 号 功 能 |
|---|---|---|---|
| 1 | TxD－(Transmitted Data) | 数据发送"－"端 | 发送传输数据 |
| 2 | 20mA－ | 200mA 电流源"－"端 | |
| 3 | 200mA＋(11) | 200mA 电流源"＋"端 | 电流源 1 |
| 4 | 20mA＋(12) | 200mA 电流源"＋"端 | 电流源 2 |
| 5 | RxD－(Received Data) | 数据接收"＋"端 | 接收来自其他设备的数据 |
| 6 | | | — |
| 7 | | | — |
| 8 | RxD－(Received Data) | 数据接收"－"端 | 接收来自其他设备的数据 |
| 9 | TxD＋(Transmitted Data) | 数据发送"＋"端 | 发送传输数据 |

根据通信对象的具体情况,TTY 接口可以采用有源与无源两种连接方式,连接示意图分别如图 7.6 和图 7.7 所示。

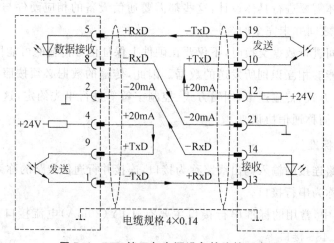

**图 7.6  TTY 接口与有源设备的连接示意图**

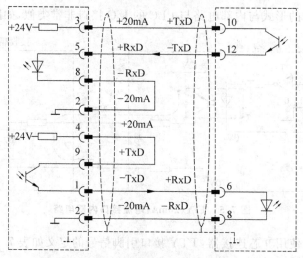

**图 7.7  TTY 接口与无源设备的连接示意图**

RS-232 接口是一种在计算机和 PLC 中最为常见的 EIA 标准串行接口,一般使用 9 芯或 25 芯连接器,RS-232 接口引脚信号的定义如表 7.2 所示。

**表 7.2 RS-232 接口引脚信号的定义**

| PLC 侧引脚 | 信 号 名 称 | 信 号 作 用 | 信 号 功 能 |
|---|---|---|---|
| 1 | CD 或 DCD(Data Carrier Detect) | 载波检测 | 接收到 MODEM 载波信号时 ON |
| 2 | RD(Received Data)或 RXD | 数据接收 | 接收来自 RS-232 设备的数据 |
| 3 | SD 或 TXD(Transmitted Data) | 数据发送 | 发送传输数据到 RS-232 设备 |
| 4 | ER 或 DTR(Data Terminal Ready) | 终端准备好(发送请求) | 数据发送准备好,可以作为请求发送信号 |
| 5 | SG(Signal Ground)或 GND | 信号地 | |
| 6 | DR 或 DSR(Data Set Ready) | 接收准备好(发送使能) | 数据接收准备好,可以作为数据发送请求回答信号 |
| 7 | RS 或 RTS(Request To Send) | 发送请求 | 请求数据发送信号 |
| 8 | CS 或 CTS(Clear To Send) | 发送请求回答 | 发送请求回答信号 |
| 9 | RI | 呼叫指示 | 只表示状态 |

RS-232 的外部连接可以采用三种通用的连接方式:完全连接方式,不使用控制信号的连接方式和短接控制信号的连接方式,连接示意图分别如图 7.8～图 7.10 所示。

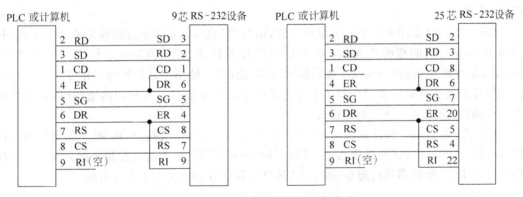

**图 7.8 RS-232 接口的完全连接方式**

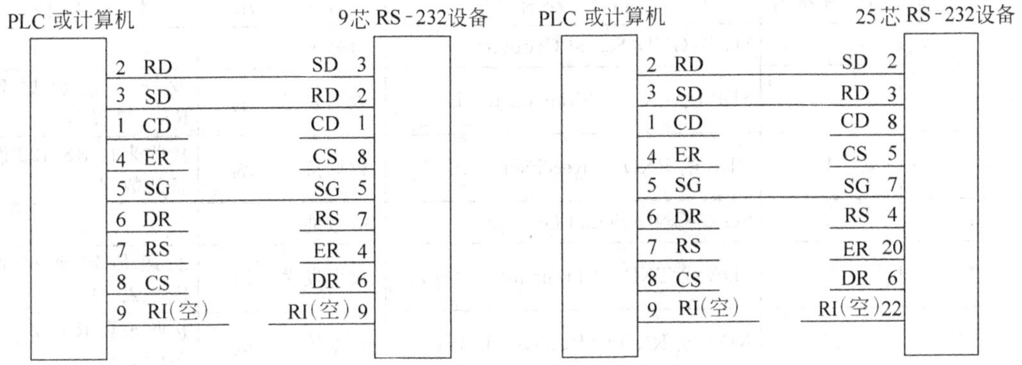

**图 7.9 RS-232 接口的不使用控制信号的连接方式**

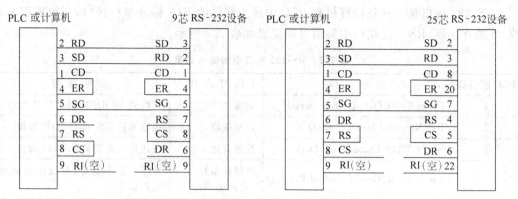

**图 7.10  RS-232 接口的短接控制信号的连接方式**

完全连接方式使用 RS-232 全部的信号;不使用控制信号的连接方式仅使用最基本信号 RD(RXD)、SD(TXD)、SG(GND)的连接方式,不需要回答信号,双方都可作为数据终端设备随时进行发送与接收;短接控制信号的连接方式也仅使用最基本信号的连接方式,但需要短接控制信号,需要回答信号,双方都可作为已准备好的设备直接回答控制信号,随时进行发送与接收。

RS-232 接口的发送端一般采用 MC1488、接收端一般采用 MC1489 的驱动芯片,只能实现点到点的连接。RS-232 接口使用的信号电平为 +15V/−15V,与 TTL 的 0V/5V 不兼容,需要进行电平转换,一般采用集成电路 SN75189A 进行接收转换、集成电路 SN75188 进行发送转换。

RS-232 接口采用单端非差分驱动方式,信号共地连接,不能消除线路中的共模干扰,只适用于 15m 以内的短距离通信,如 PLC 与编程器计算机、触摸屏等外设之间的通信等。RS-232 在短距离通信时,可以不加调制解调器,使用"不使用控制信号的连接方式"或"短接控制信号的连接方式",实现全双工工作方式的串行异步通信。在远距离通信时,需要增加调制解调器,采用完全连接方式连接。

RS-422 接口是一种计算机和 PLC 中常见的 EIA 标准串行接口,称为"平衡电压数字接口",采用了单独的发送与接收通道,可以实现"全双工"通信,不需要控制数据方向。一般使用 9 芯或 15 芯连接器进行连接,RS-422 接口引脚信号的定义如表 7.3 所示。

**表 7.3  RS-422 接口引脚信号的定义**

| 9 芯连接器 | 15 芯连接器 | 信 号 名 称 | 信 号 作 用 | 信 号 功 能 |
|---|---|---|---|---|
| 1 | — | SG 或 GND(Signal Ground) | 信号地 | |
| 2 | 2 | SDB 或 TXD−(Transmitted Data) | 数据发送一端 | 发送传输数据到 RS-422 设备 |
| 3 | 4 | RDB 或 RXD−(Received Data) | 数据接收一端 | 接收来自 RS-422 设备的数据 |
| 5 | 8 | SG 或 GND(Signal Ground) | 信号地 | |
| 6 | 9 | SDA 或 TXD+(Transmitted Data) | 数据发送+端 | 发送传输数据到 RS-422 设备 |
| 7 | 11 | RDA 或 RXD+(Received Data) | 数据接收+端 | 接收来自 RS-422 设备的数据 |

RS-422 接口的发送端一般采用 MC3487,接收端一般采用 MC3486 驱动芯片,支持多点通信,1 个发送端最多可以连接 10 个接收端,但接收设备间不能进行相互通信。

RS-422 接口的外部连接可以采用两对双绞线连接与一对双绞线连接两种连接方式,连接方法类同 RS-485,在 PLC 中通常用来作为编程器、触摸屏、文本单元、数据显示器等标准外设的接口,并采用 PLC 配套的标准电缆,无须用户进行其他连接。

RS-422 接口采用"平衡差分驱动"接口电路,可以消除线路中的共模干扰,适用于远距离传输。使用调制解调器后最大传输距离可以达到 1200m,最大传输速率为 10Mb/s,但传输速率与传输线的长度成反比,在 1200m 时,传输速率不能超过 100Kb/s,在最大传输速率为 10Mb/s 时,传输距离一般只能在 12m 内。

RS-485 接口是在 RS-422 接口的基础上发展起来的一种 EIA 标准串行接口,同样采用了"平衡差分驱动"方式,一般使用 9 芯与 15 芯两种连接器连接,也可以通过接线端子进行直接连接,信号名称、代号、引脚的意义一般与 RS-422 相同。

RS-485 接口也支持多点通信,通常情况下 1 个发送端最多可以连接 32 个接收端,最新接口器件已经可以连接 128 个接收端。

RS-485 接口的外部连接可以采用两对双绞线与一对双绞线两种连接方式,需要连接终端电阻。当 RS-485 接口采用两对双绞线连接时,如图 7.11(a)和图 7.12(a)所示进行连接,采用单独的发送与接收通道,实现"全双工"通信,传输终端一般需要加 330Ω 左右的终端电阻,短距离传输时(300m 以内)可不连。当 RS-485 接口采用一对双绞线连接时,如图 7.11(b)和图 7.12(b)所示进行连接,发送与接收通道共用传输线,只能实现"半双工"通信,传输终端电阻为 110~330Ω,短距离传输时也可不连。

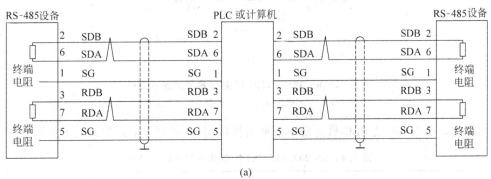

(a)

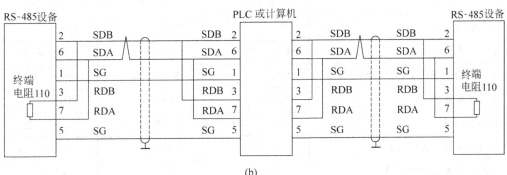

(b)

**图 7.11 RS-485 接口的 9 芯连接器的连接方式**

(a) 全双工连接方式;(b) 半双工连接方式

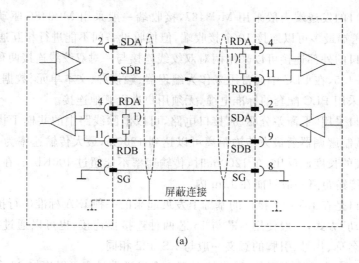

(a)

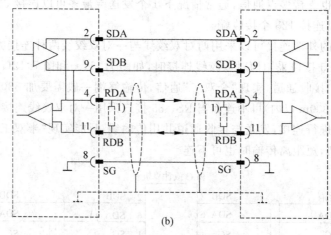

(b)

**图 7.12 RS-485 接口的 15 芯连接器的连接方式**

(a) 全双工连接方式；(b) 半双工连接方式

RS-232/422/485 是 PLC 最为常用的通信接口，其主要参数汇总如表 7.4 所示。

**表 7.4 RS-232/422/485 接口的主要参数比较表**

| 参　　数 | RS-232 | RS-422 | RS-485 |
|---|---|---|---|
| 接口驱动方式 | 单端 | 差分 | 差分 |
| 通信节点数 | 1 发、1 收 | 1 发、10 收 | 1 发、128 收 |
| 最大传输电缆长度(无 MODEM) | 15m | 1200m | 1200m |
| 最大传输速率 | 20kb/s | 10Mb/s | 10Mb/s |
| 驱动电压/V | $-25\sim+25$ | $-0.25\sim+6$ | $-7\sim+12$ |
| 带负载时最小输出电平/V | $-5/+5$ | $-2/+2$ | $-1.5/+1.5$ |
| 空载时最大输出电平/V | $-25/+25$ | $-6/+6$ | $-6/+6$ |
| 驱动器共模电压/V | — | $-3/+3$ | $-1/+3$ |

续表

| 参 数 | RS-232 | RS-422 | RS-485 |
|---|---|---|---|
| 负载阻抗 | $3\sim7k\Omega$ | $100\Omega$ | $54\Omega$ |
| 接收器最大允许输入电压/V | $-15/+15$ | $-10/+10$ | $-7\sim+12$ |
| 接收器输入门槛电压 | $-3/+3V$ | $-200/+200mV$ | $-200/+200mV$ |
| 接收器输入阻抗/$k\Omega$ | $3\sim7$ | $\geqslant4$ | $\geqslant12$ |
| 接收器共模电压/V | — | $-7/+7$ | $-7/+12$ |

### 7.1.4 PLC 与外设的通信连接形式

根据通信设备的连接形式与数量的不同,习惯上分为 $1:1$、$1:n$、$n:1$、$m:n$ 等几种连接形式,在网络上称为单主站与多主站连接。

**1. 单主站连接**

如图 7.13 所示,$1:1$ 连接的通信数据发送与接收在固定的对象间进行,通信简单、数据传输可靠,可以实现的通信功能最强。

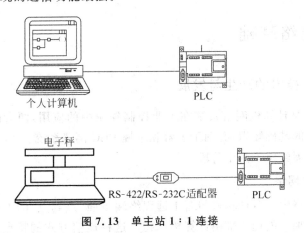

图 7.13 单主站 1 : 1 连接

如图 7.14 所示,$1:n$ 连接是一台主站同时与多台从站进行数据交换的通信形式,可以编程器作为主站,也可以 PLC 作为主站。

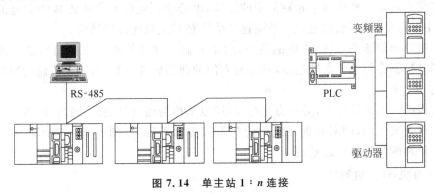

图 7.14 单主站 1 : $n$ 连接

### 2. 多主站连接

如图 7.15 所示，$n:1$ 连接是多台主站与一台从站进行数据交换的网络形式，由于数据发送与接收在一台从站与多台主站间进行，需要使用专用的通信协议。

如图 7.16 所示，$m:n$ 连接是多台主站同时与多台从站构成的 PLC 网络形式，多台主站需要同时对多台从站进行数据传输，主站与从站间无固定的通信对象，一般不能对 PLC 进行实时监控。

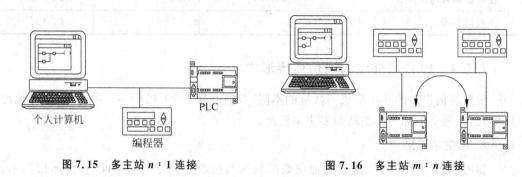

图 7.15　多主站 $n:1$ 连接　　　　　图 7.16　多主站 $m:n$ 连接

## 7.2　PLC 网络基础

### 7.2.1　网络技术的产生与发展

PLC 网络系统是计算机网络系统在工业控制领域中的应用，两者的本质相同，因此了解计算机网络系统的基础知识，有助于了解和掌握 PLC 网络系统。

网络技术的发展经历了两个阶段。

#### 1. 面向终端的网络

面向终端的网络由一台计算机与若干远程终端按照"点到点"的方式进行连接，数据通信的管理与数据的加工处理全部由计算机承担。这种通信方式的特点是计算机负担重，线路的利用率低。

后来，随着终端设备的不断增加，通信距离的加长，为了降低线路成本，出现了公共通信线路的结构。这是一种将多个相对集中的终端，由若干低速线路集中连接到附近的集中器中，由集中器汇集信息，然后通过一条高速通信线路与主机连接的结构。

为了提高通信速率，减轻主机的负担，后来人们又在计算机与终端间增加了前端处理器。前端处理器专门用于数据通信，并备有专门的通信软件，用来解决多线路的通信竞争与分配问题。

这种网络一方是计算机，另一方是终端，所以都称为面向终端的计算机网络。

从一定意义上说，PLC 控制系统中的分布式控制系统、点到点通信处理器模块等都是属于面向终端的计算机网络系统。

#### 2. 计算机-计算机网络

早期的计算机-计算机通信网络是将分布在不同地点的多台主机直接利用通信线路进

行连接,以实现彼此间的数据交换,各计算机独立处理、完成各自的任务。这是一种仅以信息的传递与数据的交换为主要目的的计算机通信网络互连系统。

计算机通信网络的发展后期,网络功能从逻辑上被分为通信处理与数据处理两大部分,网络的物理结构开始出现两级计算机通信网络;在通信线路上开始采用电话、电报、微波通信、卫星通信等公共通信手段,实现了计算机网络的通信联系。

在 PLC 控制系统中,工业以太网、PLC 链接网、现场总线系统等都属于计算机-计算机网络系统的范畴。

### 7.2.2　网络的结构与组成

#### 1. 基本名词说明

节点与链路:从拓扑的角度,网络中的计算机、终端等称为"节点",节点间的通信线路称为"链路"。

转接节点与访问节点:承担分组传输、存储转发、路径选择、差错处理的节点称为转接节点,通信处理器、中继站都是转接节点。访问节点也称端点,一般为主机。

报文与路径:信息的传送单位在网络中一般称为"报文",报文发送源节点到目标节点的途径叫做"路径"或通路、信道。

#### 2. 网络的拓扑结构

网络中"节点"与"链路"的连接形式称为网络拓扑结构,主要有以下几种。

1) 总线型结构

其特点是各节点利用公共传送介质——总线进行连接,所有节点都通过接口与总线相连。总线式结构的数据传送方式一般为"广播轮询方式",即一个节点发送的信息,在所有节点均可以接收,任何节点都可以发送或接收数据。这种传送方式的缺点是存在总线控制权的争用问题,从而降低了传送效率。

2) 环状结构

环状结构的特点是网络中的各个节点都是通过点-点进行连接,并构成环状。信息传送按照点到点的方式进行,一个节点发送的信息只能传递到下一个节点,下一节点如果不是传送的目标,再传送到下一节点,直到目标节点。环状结构的缺点是当某一节点发生故障时,可能会引起信息通路的阻塞,影响正常的传输。

环状结构又可以分为单环与多环结构,单环结构的信息流一般是单向的;多环结构允许信息流在两个方向传输。环与环之间可以通过若干交连的节点互连,使得网络得以进一步延伸。

3) 星状结构

星状结构的特点是具有中心节点,它是网络中唯一的中断节点,网络中的各节点都分别连接到中心节点上。中心节点负责数据转接、数据处理与管理,网络的可靠性与效率决定于中心节点,中心节点如果出现故障,整个网络将不能工作。

4) 分支(树状)结构

分支(树状)结构可以分为两种,一种是由总线结构派生的,通过多条总线按照分支(树状)连接的结构;另一种是由星状结构派生的,按照层次延伸构成的结构,同一层次有多个中断节点（中心节点），但最高层只有一个中断节点。

5）网状结构

网状结构的特点是各节点间的物理信道连接成不规则的形状。如果任何两节点间均有物理信道相连，则称为"全相连网状结构"。

大型网络一般需要采用上述基本结构中的若干组合，例如，通信子网的基本框架为网状结构，局部采用星状结构与总线结构等。

### 3. 网络的硬件组成

1）主机

负责数据处理的计算机称为主机，它可以是单机，也可以是多机系统。主机应具有批实时与交互式分时处理的能力，并具有相关的通信部件与接口；在分布式网络中，还要考虑程序的兼容与可移植问题。

2）通信处理器

在主机或者终端与网络间进行通信处理的专用处理器，也称为接口信息处理器，它是一种可以编程的通信控制部件，除可以进行通信控制外，还可以完成部分网络管理和数据处理任务。通信处理器的主要功能有字符处理、报文处理、作为网络接口和执行通信协议。

所谓字符处理是将字符分解成二进制位的形式，然后进行发送；同样，接收的数据，也通过通信处理器重新组合为字符。在处理的同时，还要进行串行/并行的转换、字符的编码等。

报文是信息传送的长度单位。报文处理是进行报文的编辑处理，形成"报头"与"报尾"标志符号。报文处理完成后在缓冲存储器中暂存，当主机或线路存在空闲时，按照顺序进行发送。同时，通信处理器还按照一定的算法，对报文进行差错校验，出错时产生错误标记，重发报文等。

3）集中器

集中器的作用是将若干终端通过本地线路集中起来，连接到一或两条高速线路中，以提高信道效率与降低通信费用。集中器以微处理器为核心，具有差错控制、代码转换、报文缓冲、电路转接、轮询等功能。从本质上说，集中器也是一种通信处理器，只不过它是安装在终端侧而已。

4）终端

终端是人与计算机网络进行联系的接口。其作用是将外部的输入信号转换成为计算机网络通信的信号，或将计算机网络通信的信号转换成为外部所需要的信号。

5）调制解调器

调制解调器是调制器与解调器的总称。其作用是进行信号的变换，调制器可以将发送的数据与载频进行合成，转换成为网络传送信号；解调器的作用是进行网络传送信号的数据与载频分离。因此，它是一种信号变换设备。

6）通信线路

通信线路是网络传送数据的载体。通信线路可以采用电缆、同轴电缆、光缆等。

根据传统的习惯，在通信中将传输速率在 4800b/s 以上的称为高速，1200～2400b/s 的称为中速，1200b/s 以下的称为低速，但这种说法不能用于网络，网络的传输速率要远远大于以上值。

**4. 网络体系结构**

为了保证不同节点之间能够进行正常数据通信,通信双方必须遵守共同的约定。例如,应按照什么样的格式传输报文? 如何分辨不同性质的报文? 如何指定发送与接收的地址与名称? 什么样的代码表示启动传送与传送结束? 这些格式与约定的整体总称为网络协议。

为了降低网络协议的复杂性,大多数网络都是按照"层"的形式进行组织的,每一层都建立在下一层之上,不同的网络,其层的数量、名称、内容、功能都不尽相同。每一相邻的层间有一接口,接口定义了下层向上层提供的操作与服务。

一台处于第 $n$ 层的计算机与同处于 $n$ 层的另一台计算机间的通信约定的整体称为第 $n$ 层协议,不同计算机间包含相应协议层的实体称为"对等进程"。

图 7.17 所示为 7 层网络的结构示意图,图中的实线代表实际存在的通信线路,虚线代表概念上的虚拟通信线路。第 $n$ 层的计算机与同处于 $n$ 层的另一台计算机间的通信,实际上并不是直接从第 $n$ 层进行传送,而是需要逐级将数据传送到最底层,最终通过物理介质进行实际的传送。这些层与协议的整体集合称为网络的体系结构。

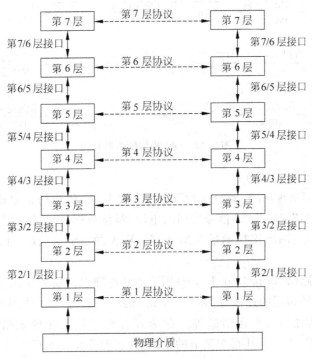

**图 7.17 网络体系结构示意图**

**5. OSI 参数模型**

OSI 参数模型是 1979 年根据国际标准化组织(ISO)的建议,作为国际标准化的第一步而发展起来的开放式系统互连参考参数模型(Open System Interconnection Reference Model,OSI)。

OSI 参数模型共分为 7 层,模型的分层:根据功能的需要进行分层;每一层应当实现一个定义明确的功能;每一层的功能选择应当有助于制定国际标准协议;各层界面的选择应当减少跨过接口的信息量;层次适中,既要避免不同功能的混杂,又要避免体系结构的过分庞大。

OSI 模型的体系结构如图 7.18 所示。

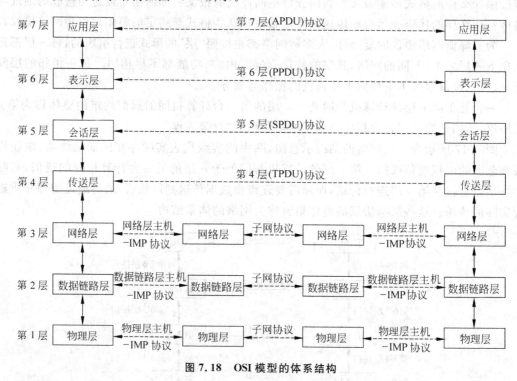

图 7.18　OSI 模型的体系结构

各层的作用与意义分别为:

第 1 层物理层(Physical Layer)为 OSI 模型的最底层,传输的是原始的二进制位数据,传送协议主要涉及"1"信号与"0"信号使用的电压、每位数据持续的时间、传送的方向、通信与连接的开始与终止、网络连接的插头形式等。EIA 的 RS-232、RS-422/485 等都属于物理层。

第 2 层数据链路层(Data Link Layer)用于加强物理层传输的功能,使得网络显现为一条无错线路。数据链路层的传输以"帧"(Frame)的形式进行,每一帧中包含一定数量的数据与同步信息、地址信息、差错信息等。发送方将数据分装在规定格式的数据帧(Data Frames)里,每一帧可以传送几百个字节的数据,并按照规定的顺序发送。接收方收到数据后,向发送方回送确认帧(Acknowledgement Frame)。如果发送出错,则抛弃该帧,进行重新发送。数据链路层需要解决干扰引起的帧破坏、高速发送方将低速接收方"淹没"以及数据帧的竞争权等问题。

第 3 层网络层(Network Layer)的主要任务是进行传输分组、确定从发送端到接收端的途径、网络记账等。网络层需要解决通路阻塞、异网互连等问题。

第 4 层传输层(Transport Layer)的基本功能是从会话层接收数据,在必要时把它划分成较小的单元,传输给网络层,并确保到达对方的各段信息正确无误,它是网络层与会话层的接口层。当会话层每次请求建立一个连接,传输层就为其创建一个独立的网络连接。传输信息量大时,传输层为了提高传输速率,会创建多个网络连接来使数据分流。传输层需要解决的问题是跨网连接的建立与取消管理、调节高速主机与低速主机间的速率、区别报文的来源等。

第5层会话层(Session Layer)建立不同计算机间的"会话"关系。会话层需要对对话过程、信息的传送方式(单向或双向)、令牌管理、同步控制等进行管理与控制。

第6层表示层(Presentation Layer)为应用层提供服务,实现不同信息格式、编码之间的转换,进行数据的压缩/解压、加密/解密等。信息格式、编码的转换是为了使得不同的设备能够进行正常的通信,数据的压缩/解压是为了减少信息传输的位数,加密/解密是为了进行保密与资格审查。

第7层应用层(Application Layer)是OSI模型的最高层,直接为用户服务,包含大量的人们普遍需要的协议。例如,建立虚拟终端、解决文件的格式兼容性问题、进行电子邮件的收发、远程任务的录入、目录查寻等。

在OSI模型中,实际数据传输是垂直进行的,发送的数据首先输入应用层。应用层对数据进行必要的处理(如增加报头等),然后将数据连同报头一起传送到表示层。表示层将来自应用层的全部数据,都进行必要的变换(格式、编码转换,数据的压缩、加密等),也可能增加报头,然后传送到会话层。在表示层,它并不能分清来自应用层的数据哪些是报头,哪些是用户数据。如此垂直往下,直到物理层。只有在物理层中,数据才能被实际传送。在数据接收侧,信息垂直向上流动,报头在对应层中层层剥离,最终到达接收应用层。

### 7.2.3　网络的访问协议

"网络访问"协议也称"介质访问控制方式",它实质上是使得网络中的一个节点能够知道另一个节点的存在,并且与其建立数据通信的控制规范,目前常用的网络访问协议有两大类共三种。

#### 1. CSMA/CD协议

CSMA/CD是Carrier Sense Multiple Access with Collision Detection的英文缩写,中文全称为"带冲突检测的载波侦听多路访问协议",在国际网络标准IEEE802中属于IEEE802.3。

CSMA/CD网络访问的原则是"只要可能就发送"。网络访问方法很简单,如果网络中的某一节点需要占用传输介质,进行数据发送,它首先需要"侦听"网络中是否有其他节点正在进行数据传输,如果没有,可以立即发送数据;如果有,代表传输"冲突",节点就必须等待,在经过一定的时间后,继续进行"侦听",直到出现"空闲"。

在数据传输过程中,节点仍然需要继续"侦听"网络是否有其他设备发送数据。如果有,必须中断发送,进行等待。这一过程要一直持续到所有的数据均被全部发送,并保证数据不被其他节点发送的数据所破坏。

CSMA/CD网络访问是一种竞争的、随机的访问方式,存在数据竞争发送的现象,发送等待的时间不确定。而且节点在数据发送过程中"侦听"到"冲突",全部数据都必须重新发送,实际可用率较低,不适合用于业务量大的大型网络系统。

#### 2. 令牌协议

令牌网络访问协议,可以适用于总线型拓扑结构与环状拓扑结构的网络系统。适用于总线型拓扑结构的称为令牌总线(Token Bus)协议,适用于环状拓扑结构的称为令牌环(Token Ring)协议,在国际网络标准 IEEE802 中分别属于 IEEE802.4 与 IEEE802.5。

所谓令牌(Token)事实上是一组在网络中传输的特殊"位"组合数据。

令牌协议访问网络的原则是"只有拿到令牌、才能发送",它通过在网络中传送唯一的令牌,做到"有序"、无竞争的网络访问。

如图 7.19 所示,环状网络的特点是网络本身的物理结构封闭、组成环状,因此,令牌环协议访问网络时可以直接从某节点开始,在环状网络的各节点中依次传递令牌,并回到该节点。令牌环协议访问网络的步骤如下。

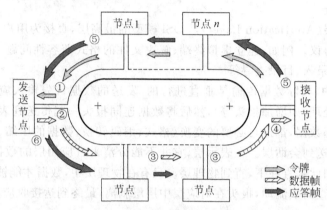

**图 7.19　令牌环协议的访问网络**

(1) 首先是从起点开始,在网络中依次传递令牌,如果某节点需要发送数据,在令牌到达该节点时,节点将令牌"锁定"。

(2) 发送节点将需要传输的数据放在一个特定的"数据传输帧"中在网络上发送,其中包含接收节点的地址信息。

(3) "数据传输帧"依次向后传递,若非接收节点收到则予以放行,并传送给下一个节点。

(4) 接收节点从"数据传输帧"中识别到自己的地址信息后,接收这一帧数据。

(5) 接收节点对"数据传输帧"进行误差检验;如果数据无出错,便在帧的结尾加入一组信息后组成"应答帧"在网络上发送,依次向后传递,并最终回传到发送节点。

(6) 发送节点通过检查"应答帧"中的接收信息,便可以确定数据接收的情况。如果接收发送节点删除已经发送的帧,并将令牌"释放"给下一节点,如此循环。

如图 7.20 所示,对于总线型结构,令牌总线协议仿照令牌环的方法,从数据传送逻辑的角度,将总线型网络的各物理节点,利用数据发送与接收的逻辑回路构成环状,然后通过对各点依次传递令牌,使得获得令牌的节点有权发送数据。

令牌环网络访问协议与令牌总线网络访问协议的区别在于数据的传送过程。在令牌环中,"数据传输帧"或"应答帧"事实上需要经过环状网络的每一节点,才能返回到发送节点。而在令牌总线网络访问协议中,获得了令牌的节点可以直接将数据发送在总线上,经由总线直接传送到目的地,同样,"应答帧"也可以直接向总线发送,并直接到达发送节点,因此,不需要像令牌环那样,经过网络中的其他无关节点的中转。

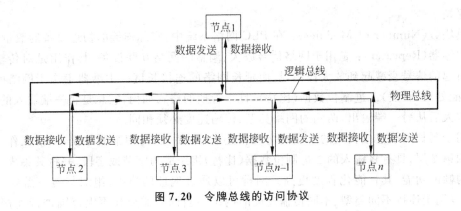

图 7.20 令牌总线的访问协议

不论是令牌环网络访问还是令牌总线网络访问,都是一种时间可以确定的访问方式,只有拿到令牌的节点才可以发送数据,而网络令牌是唯一的,不存在数据竞争发送的现象。

### 7.2.4 PLC 网络系统

#### 1. 基本名词解释

站(Station):在 PLC 网络系统中,将可以进行数据通信、连接外部输入输出的物理设备称为"站"。

主站(Master Station):PLC 网络系统中进行数据链接系统控制的站,主站上设置有控制整个网络的参数,每一网络系统必须有一个主站,主站的站号固定为"0"。在 PLC 控制系统中,主站一般由 PLC 主机兼任。

从站(Slave Station):网络中除主站以外的其他站称为从站。

远程 I/O 站(Remote I/O Station):PLC 网络系统中,仅能够处理二进制位(点)的从站,如开关量 I/O 模块、电磁阀、传感器接口等,它只占用一个内存站。

远程设备站(Remote Device Station):PLC 网络系统中,能够同时处理二进制位(点)、字的从站,如模拟量输入输出模块、数字量输入输出模块、传感器接口等,它占用 1 ~ 4 个内存站点。

本地站(Local Station):PLC 网络系统中,带有 CPU 模块并可以与主站以及其他本地站进行循环传输或瞬时传输的站,它占用 1 ~ 4 个内存站点。本地站通常情况下由 PLC 承担。

智能设备站(Intelligent Device Station):PLC 网络系统中,可以与主站进行循环传输或瞬时传输的站,它占用 1 ~ 4 个内存站点。网络中带有 CPU 的控制装置,如伺服驱动器等,均可以作为智能设备站。

站数(Number of Station):连接在同一个网络中,所有物理设备(站)所占用的"内存站数"的总和。为了进行数据通信,在网络主站中需要建立数据通信缓冲区。PLC 网络的通信缓冲区一般以 32 点输入、32 点输出,4 字的读入、4 字写出为一个基本单位,这样的一个基本单位被称为一个"内存站"。

占用的内存站数(Number of Occupied Stations):PLC 网络系统中,一个物理从站所使用的内存站数。根据从站性质的不同,通信所占用的"内存站"数大小不一,一般占用 1 ~ 4

个内存站。

模块数(Number of Modules)：在 PLC 网络系统中，实际连接的物理设备的数量。

中继器(Repeater)：是用于网络信号放大、调整的网络互联设备，其作用是对传输线路中所引起的信号衰减起到放大作用，从而延长网络的连接长度。中继器工作于网络的物理层，只能处理(转发)二进制位数据(比特)，且不管帧的格式如何，它总是将一端输入的信号，经过放大后从另一端输出，两侧的网络类型、传输速度必须相同。

用于延长网络连接长度的常用网络设备还有"网桥"。与中继器相比，网桥工作于 OSI 模型的第 2 层，具有将输入的二进制位数据(比特)组织成为字节或字段、并将其集成为一个完整的帧的功能，其智能化程度更高。网桥可以通过地址的检查，组织与转发需要转发的帧，可以用于连接不同类型、不同传输速度的网络。当网络需要在更大范围进行连接时，还可以使用"路由器"、"交换机"等设备，其智能化与功能比网桥更强。

循环传输(Cyclic Transmission)：数据传输方式的一种，它是在同一网络内进行的周期性通信的方式。

扩展循环传输(Extension Cyclic Transmission)：循环传输方式的一种，它通过对数据进行分割，以增加每一内存站进行循环通信的实际点数(链接容量)的循环传输方式。

广播轮询方式(Broad Polling Method)：数据传输方式的一种，它是在同一时间内，同时把数据传送给网络中所有站点的通信方式。

**2. PLC 网络的结构**

PLC 的网络系统从信息管理的角度可以分为 4 个层次，并且组成了"金字塔"型结构。

(1) 设备内部网为 PLC 网络系统的最底层，多采用执行器-传感器接口(As-Interface)进行连接，因此也称 AS-i 网、I/O 链接网(I/O-Link)或"省配线网"等。这是一种直接与设备中的执行元件、检测元件(通常为开关量输入输出)进行连接的网络系统，将远离 PLC 但又相对集中的各种执行元件、检测元件通过专用的连接器进行汇总，并且通过总线与 PLC 上的接口模块相连接来实现对 I/O 的控制。

(2) 现场总线(Field bus)是指连接"安装在设备或过程控制现场的控制装置"与"控制室内的自动控制装置"，进行数字式、串行、多点通信的数据总线。现场总线网是通过现场总线进行 PLC、控制装置、驱动设备互连的网络系统，网中既含 PLC 链接又含 I/O 链接，用开放的、可扩展的、全数字的双向多变量通信与高速的、高可靠性的应答，代替了传统的设备间所需要的复杂连线，也替代了变送器、调节器、记录仪等设备的模拟量信号。目前，PLC 现场总线的形式多样、标准不统一。

(3) PLC 控制网是指连接生产车间内各种 PLC、上位控制机的网络系统。网络通过采用高速通信与大容量的链接元件，将车间的各 PLC 有机地联系在一起进行控制设备之间的实时数据传送，通常需要专用协议进行通信。

(4) 工厂信息网一般为 PLC 网络系统的最高层，通常采用开放型的 Ethernet(工业以太网)局域网，传送的是工厂的生产管理信息，它可以对工厂各生产现场的数据进行收集、整理，并对生产计划进行统一的管理与调度。

以上 4 层结构仅是就 PLC 系统而言，可以组成的网络系统配置。在 PLC 网络系统中，第 1 层的"工厂信息网"是用于企业管理的网络，它与工厂的计算机管理系统有关，对 PLC 控制系统来说，通常只需要进行信息的发送与接收，与 PLC 的实际控制的关系不是很密切；

第 4 层的"设备网"由于传送的数据量较少,使用、连接、编程均较简单。PLC 网络系统最为重要与关键的是第 2 层的"PLC 控制网"与第 3 层的"现场总线网"。前者涉及 PLC 的互连技术,后者涉及 PLC 与各种控制设备间的连接技术,它们的使用范围最广、对系统的性能影响也最大,是 PLC 网络系统的重要内容。

# 7.3　PLC 通信与网络技术的应用

在工业自动化控制系统中,最常见的是 PLC 和变频器的组合应用。PLC 可通过输出端开关量程序控制变频器的启动、停止、正反转及高中低多段速度运行,也可用 PLC 的输出端模拟信号控制变频器。PLC 可以采用 RS-485 的 Modbus-RTU 通信方法控制变频器,PLC 也可采用现场总线方式控制变频器及采用 RS-485 无协议通信方法通过 RS 串行通信指令进行编程控制变频器。

下面以三菱 FX2N 系列 PLC 与三菱变频器串行通信为例,介绍 PLC 实现对变频器的控制。

## 7.3.1　系统构成

系统的硬件组成为:FX2N 系列 PLC(产品版本 V3.00 以上)1 台(软件采用 FX-PCS/WIN-C V3.00),FX2N-485-BD 通信板 1 块(最长通信距离 50m),带 RS-485 接口的三菱变频器(S500 系列、E500 系列、F500 系列、F700 系列、A500 系列、V500 系列等),总数量不超过 8 台。

用 FX2N 系列 PLC 来控制变频器的启动、停止、运行频率等。PLC 与变频器的连接是利用网线的 RJ-45 插头和变频器的 PU 插座相接。使用两对导线连接,将变频器的 SDA 与 PLC 通信板的 RDA 相接,变频器的 SDB 与 PLC 通信板的 RDB 相接,变频器的 RDA 与 PLC 通信板的 SDA 相接,变频器的 RDB 与 PLC 通信板的 SDB 相接,变频器的 SG 与 PLC 通信板的 SG 相接,如图 7.21 所示。

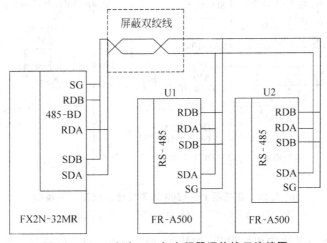

图 7.21　FX 系列 PLC 与变频器通信接口连接图

　　三菱 FX 系列 PLC 在进行专用协议和无协议通信时都必须对 PLC 的通信格式特殊数据寄存器(D8120)进行设定,否则数据将不能进行传输,设定内容包括波特率、数据长度、奇偶校验、停止位和协议格式等。

### 7.3.2　三菱 FR-A500 系列变频器

　　日本三菱变频器 FR-A500 是采用磁通矢量控制技术、Soft-PWM 调制原理和智能功率模块(IPM)的高性能变频器,其功率范围为 $0.4\sim800$kW。FR-A500 具有标准插座型的转换接口(PU 接口)可用于 RS-485 电缆的通信,其端子接线图及说明如图 7.22 所示。

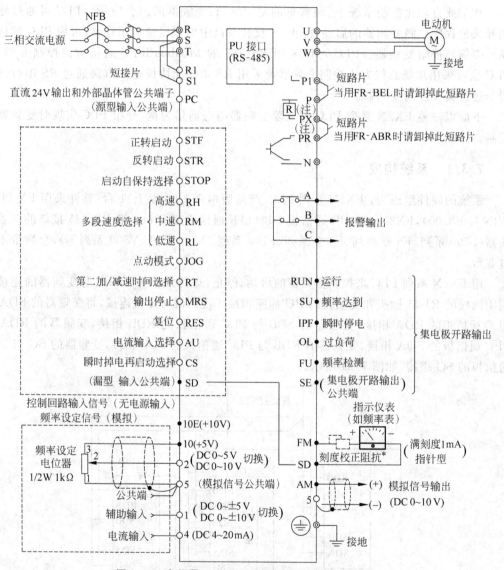

**图 7.22　变频器 FR-A500 端子接线图以及端子说明**

◎主回路端子;○控制回路输入端子;·控制回路输出端子

　　首先进行变频器参数的初始设置,如站号、通信速率、停止位、字长、奇偶校验等,将变频器内的 Pr. 117～Pr. 124 参数号用于设置通信参数,参数设置采用操作面板或变频器设置软件 FR-SW1-SETUP-WE 在 PU 口进行。FR-A500 通信参数设置如表 7.5 所示。

表 7.5 FR-A500 通信参数设置

| 参数号 | 名 称 | 设定值 | 说 明 |
|---|---|---|---|
| Pr.79 | 操作模式选择 | 1 | 选择 PU 操作模式 |
| Pr.117 | 站号 | 0 | 设定变频器站号为 0(以一台为例) |
| Pr.118 | 速率 | 96 | 设定为 9600b/s |
| Pr.119 | 停止位长/数据位长 | 11 | 设定停止位 2 位,数据位 7 位 |
| Pr.120 | 奇偶校验有无 | 2 | 设为偶校验 |
| Pr.121 | 通信再试次数 | 9999 | 即使通信发生错误,变频器也不停止 |
| Pr.122 | 通信校验时间间隔 | 9999 | 无通信状态时间超过允许时间,变频器进入报警停止状态 |
| Pr.123 | 等待时间设定 | 9999 | 用通信数据设定 |
| Pr.124 | CR、LF 有/无选择 | 0 | 无 CR、LF |

FR-A500 通信参数设定完成后,通过 PLC 程序设定控制代码、指令代码,数据即可开始通信,允许各种类型的操作和监视。使用十六进制数,数据在 PLC 与变频器间自动使用 ASCII 码传输。FR-A500 控制代码和指令代码说明如表 7.6 和表 7.7 所示。

表 7.6 FR-A500 控制代码

| 信号 | 说 明 | ASCII 代码 |
|---|---|---|
| STX | 变频器状态监视/运行指令 | H02 |
| ETX | 频率监视 | H03 |
| ENQ | 通信请求 | H05 |
| ACK | 承认(未发现数据错误) | H06 |
| LF | 换行 | H0A |
| CR | 回车 | H0D |
| NAK | 不承认(发现数据错误) | H15 |

表 7.7 FR-A500 指令代码

| 参数号 | 名 称 | 数 据 代 码 | |
|---|---|---|---|
| | | 读 出 | 写 入 |
| — | 变频器状态监视/运行指令 | 7A | FA |
| — | 频率监视 | 5F | — |
| — | 运行频率设定(RAM) | 6D | ED |
| — | 通信请求 | — | 03 |

### 7.3.3 通信程序设计

FX2N 系列 PLC 无协议(用 RS 指令)串行通信与下列特殊数据寄存器有关。

### 1. 特殊数据寄存器

（1）D8120：设置数据通信格式。设数据长度为7位，偶校验，2位停止，速率为9600b/s，无标题符和终结符，没有添加和校验码，采用无协议通信（RS-485）。则D8120的设置为 $b15 \sim b0 = 0000,1100,1000,1110 = 0C8EH$。

（2）D8122存放当前发送的信息中尚未发出的字节。

（3）D8123存放已收到的字节数。

（4）D8124为起始符（8位）初始值 STX（02H）。

（5）D8125为终止符（8位）初始值 EXT（03H）。

（6）D8129设置数据网络超时计时器值，其单位为10ms。

D500～D509为接收数据的地址，D600～D609为接收数据的存储地址。

### 2. 通信程序

设变频器站号为0，则通信程序如图7.23所示。

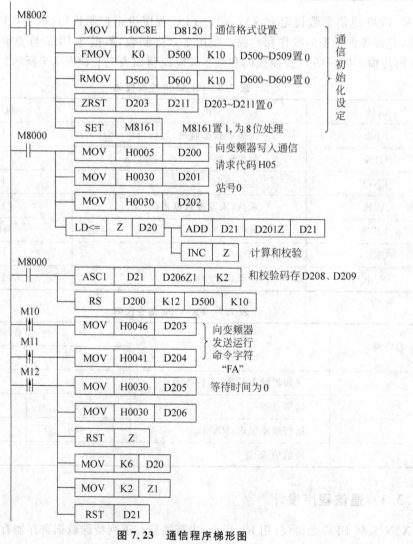

**图 7.23　通信程序梯形图**

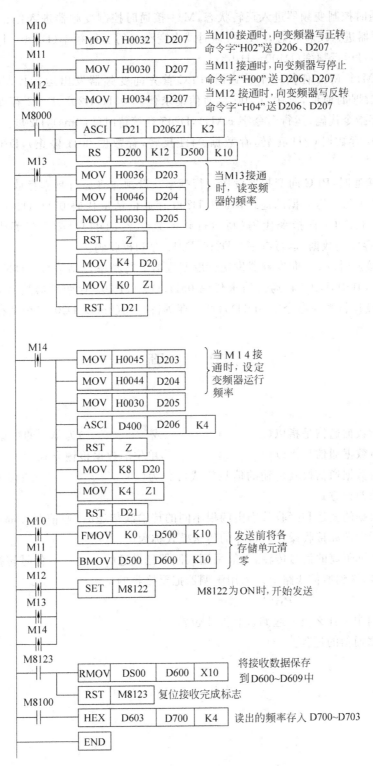

图 7.23　（续）

M10 接通时控制变频器进入正转状态，M11 接通时控制变频器进入停止状态，M12 接通时控制变频器进入反转状态，M13 接通时读出变频器的运行频率（D700～D703），M14 接通时向变频器写运行频率（D400～D403）。

当 M10、M11、M12 任何一个接通时，PLC 首先向变频器发出运行控制信号，D200～D209 为发送数据的地址，其中，D200 存通信请求代码 05H，D201、D202 存变频器站号 0，D203、D204 存指令代码（运行命令字 FAH），D205 存等待时间（0ms），D206、D207 存发送数据（D206、D207 存数据 02H 正转，存数据 04H 反转，存数据 00H 停止），D208、D209 存校验码。

当 M14 接通时，PLC 向变频器发送运行频率。设预先将运行频率存放在 D400～D403 中，D200～D211 为发送数据的地址，其中，D200 存通信请求代码 05H，D201、D202 存变频器站号 0，D203、D204 存指令代码（写运行频率命令字 EDH），D205 存等待时间（0ms），D206～D209 存发送数据（运行频率），D210、D211 存和校验码。

当 M13 接通时，PLC 向变频器发送读取变频器运行频率控制信号。D200～D207 为发送数据的地址，其中，D200 存通信请求代码 05H，D201、D202 存变频器站号 0，D203、D204 存指令代码（读运行频率命令字 6DH），D205 存等待时间（0ms），D206、D207 存和校验码。

# 习　　题

7-1　填空题

(1) 并行数据通信是指以（　　　　　　）或（　　　　　　）为单位的数据传输方式。

(2) 串行数据通信是指以（　　　　　　）为单位的数据传输方式。

(3) 串行数据通信按其传输的信息格式可分为（　　　　　　）通信和（　　　　　）通信两种方式。

(4) 当数据的发送和接收分别由两根不同的传输线传送时，通信双方都能在同一时刻进行发送和接收操作。这样的传送模式称为（　　　　　　　　）。

(5) 对于远距离的信号传输，一般采用调制器把发送的（　　　　）信号转换成（　　　　）信号，送到通信线路上。采用解调器把要接收的（　　　　　　）信号转换成（　　　　　）信号。

7-2　异步通信中为什么需要起始位和停止位？

7-3　简述数据通信的过程。

# 第8章

# PLC应用实例

掌握 PLC 技术的关键在于实践,本章给出了 PLC 在实践中的一些应用。

## 8.1 水塔水位自动控制

控制要求:如图 8.1 所示,当水池水位低于水池下限水位时(S4 为 ON 表示),电磁阀 Y 打开注水(Y 为 ON)。S4 为 OFF,表示水位高于下限水位。当水池液面高于上限水位(S3 为 ON)后,电磁阀 Y 关闭(Y 为 OFF)。当 S4 为 OFF 时,且水塔水位低于水塔下限水位时(S2 为 ON),电机 M 运转抽水。S2 为 OFF,表示水塔水位高于下限水位。当水塔水位高于水塔上限水位(S1 为 ON)时,电机 M 停止。

根据要求,该系统中需要使用水塔上下限水位传感器、水池上下限水位传感器,共 4 个输入;输出设备为抽水电磁阀和抽水电机,共两个输出。它们与 PLC 输入输出端子的对应如表 8.1 所示。

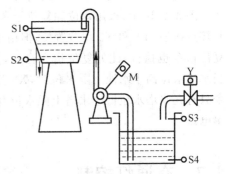

**图 8.1　水塔水位自动控制模拟图**

**表 8.1　水塔控制系统输入输出接口对应表**

| 输　入 | | 输　出 | |
|---|---|---|---|
| 名　称 | 输入继电器 | 名　称 | 输出继电器 |
| 水塔上限水位传感器信号 S1 | X1 | 注水电池阀 Y | Y1 |
| 水塔下限水位传感器信号 S2 | X2 | | |
| 水池上限水位传感器信号 S3 | X3 | 抽水电机 M | Y2 |
| 水池下限水位传感器信号 S4 | X4 | | |

水塔水位控制梯形图可以有多种方案,此处介绍了两种方案,分别如图 8.2(a)和图 8.2(b)所示。

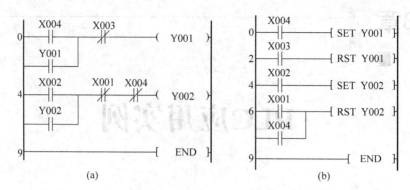

**图 8.2　水塔水位自动控制程序**
(a) 程序 1；(b) 程序 2

图 8.2(a)中，假设初始时水塔和水池中均无水，根据控制要求中的描述，X4 和 X2 均为 ON，因此 X4 的常开接点闭合，Y1 得电并自锁，注水电磁阀打开，直到水池水位高于水池上限水位时，X3 为 ON，X3 的常闭接点断开，Y1 失电，停止进水。另一方面，当水池水位高于水池下限水位时，X4 的常闭接点闭合，而 X2 的常开接点初始时是接通的，所以 Y2 得电，抽水电机开始抽水，直到水塔水位高于水塔上限水位时，X1 常闭接点断开，Y2 失电，停止抽水。

图 8.2(b)中，采用置位和复位指令来实现该控制功能。初始时，X4 常开接点和 X2 常开接点接通，Y1 和 Y2 均被置位，但由于 Y2 的复位指令也由 X4 的常开接点控制，因此 Y2 复位指令也执行，此处复位指令在后，是复位优先电路，因此初始时 Y1 得电，Y2 不得电。当水池水位高于水池上限水位时，X3 为 ON，X3 的常开接点接通，Y1 失电。Y2 的复位指令只有在水塔水位低于水塔上限水位并且水池水位高于水池下限水位时才不执行，此时 Y2 得电。

# 8.2　交通灯控制

## 8.2.1　十字路口交通灯控制

如图 8.3 所示，其控制要求如下。

在十字路口，要求东西方向和南北方向各通行 35s，并周而复始。在南北方向通行时，东西方向的红灯亮 35s，而南北方向的绿灯先亮 30s 后再闪 3s(0.5s 暗，0.5s 亮)后黄灯亮 2s。在东西方向通行时，南北方向的红灯亮 35s，而东西方向的绿灯先亮 30s 后再闪 3s(0.5s 暗，0.5s 亮)后黄灯亮 2s。

这是一个由时间控制的电路，共分为 6 个时间段，东西方向和南北方向各有 3 个。由于东西方向和南北方向通行时间相同，所以可以考虑用 3 个定时器。定时器的设定时间既可以按题目给定的 30s、3s、2s 来设定，也可以按如图 8.3 所示的 30s、33s、35s 来设定。

图 8.4 是按如图 8.3 所示的通行时间来设定的，图 8.4(a)中的 T0 和 Y17 组成一个振荡电路，在 T0 的控制下，Y17 产生 35s 断、35s 通的振荡波形，如图 8.4(b)所示，Y17 和 Y27 相反，分别控制东西方向和南北方向的红灯。当 Y17＝1 时，断开南北方向的红灯 Y27，连

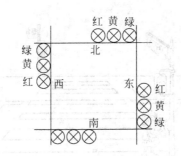

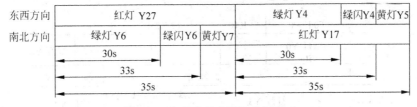

**图8.3 十字路口交通灯控制要求**

接绿灯 Y4 和黄灯 Y5,Y4 和 Y5 由 T1、T2 控制。绿灯的闪亮由 1s 的时钟脉冲 M8013 来控制(M8013 的通断时间由内部时钟控制,与程序无关)。

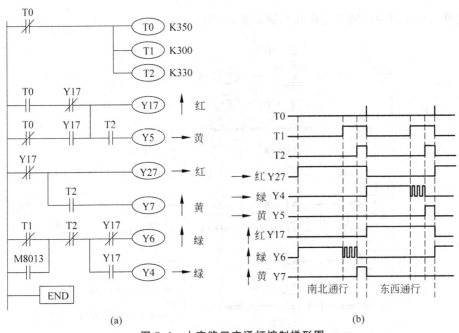

(a)                        (b)

**图8.4 十字路口交通灯控制梯形图**

(a) 交通灯控制梯形图;(b) 时序图

## 8.2.2 按钮人行道交通灯控制

如图8.5所示,其控制要求如下。

系统考虑单向车道和人行道。在人行道按钮未按下时,车道保持通行,绿灯亮。按下人行道按钮后,人行道方向的红灯亮40s,而车道方向的绿灯先亮30s后黄灯亮10s,再红灯亮25s。人行道方向红灯暗后绿灯亮10s后闪5s,再恢复红灯亮。

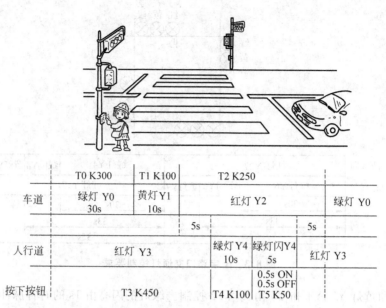

| | T0 K300 | T1 K100 | T2 K250 | | |
|---|---|---|---|---|---|
| 车道 | 绿灯 Y0<br>30s | 黄灯 Y1<br>10s | 红灯 Y2 | | 绿灯 Y0 |
| | | | 5s | 5s | |
| 人行道 | 红灯 Y3 | | 绿灯 Y4<br>10s | 绿灯闪Y4<br>5s | 红灯 Y3 |
| 按下按钮 | T3 K450 | | T4 K100 | 0.5s ON<br>0.5s OFF<br>T5 K50 | |

**图 8.5 按钮人行道交通灯控制要求**

此处利用步进顺控图来完成此控制功能,如图 8.6 所示。

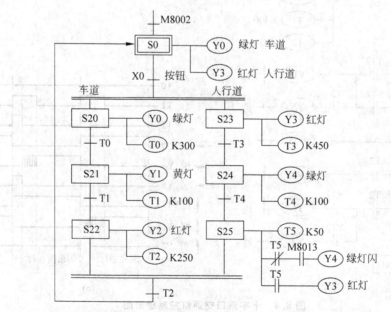

**图 8.6 按钮人行道交通灯控制梯形图**

在未按下按钮时,Y0 和 Y3 经常闭接点得电,人行道红灯亮,车道绿灯亮。当按下按钮 X0 或 X1 时,当前状态步由 S0 转移到 S20 和 S23(并行结构)。此时依然是 Y0 和 Y3 得电,但同时 T0 和 T3 开始定时。左分支(车道):T0 定时 30s 后 T0 常开接点闭合,转移到 S21 状态步,Y1 得电,同时 T1 定时器开始定时 10s,定时时间到,转移到 S22 状态步,车道红灯亮,T2 定时 25s。同时在右分支(人行道):T3 定时 45s 后转移到 S24 状态步,Y4 得电,10s 后,T4 常开接点闭合,转移到 S25 状态步,Y4 开始闪烁,5s 后位于 Y4 控制行,当 T5 常闭接点断开,Y4 灭,同时 T5 常开接点闭合,Y3 亮。同时 S22 状态步的 T2 定时时间到,跳转到初始状态。完成一次行人通行过程。

## 8.3　送料车自动循环控制

控制要求如图 8.7 所示。一辆小车在 $O$ 点原位($SQ_1$ 位置开关动作),按启动按钮后,小车由 $O$ 点前进行驶到 $A$ 点后返回原点,再由原点前进行驶到 $B$ 点,由 $B$ 点返回到原点,并自动反复执行上述动作过程。要求在小车运行过程中按停止按钮时,小车立即停止,按前进按钮,小车前进。按后退按钮,小车应退回到原点停止(其中位置开关 $SQ_1 \sim SQ_3$ 均为接近开关)。

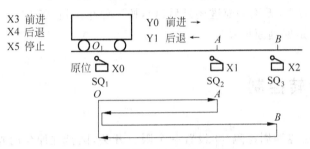

**图 8.7　送料车自动循环示意图**

硬件连线图如图 8.8(a)所示。

送料车自动循环控制梯形图如图 8.8(b)所示,工作原理如下:

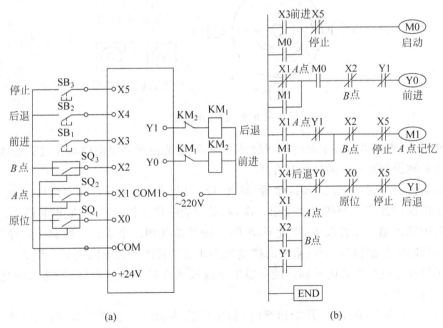

**图 8.8　送料车自动循环控制系统设计**

(a) 送料车自动循环控制 PLC 接线图;(b) 送料车自动循环控制梯形图

　　按下前进按钮 X3,线圈 M0 得电自锁,M0 接点闭合,Y0 线圈得电,小车前进。小车到达 A 点时,碰到限位开关 X1,Y0 失电停止前进,Y1 线圈得电,小车后退,同时 M1 线圈得电,对到达 A 点位置进行记忆,以防止第二次到达 A 点时小车再后退。

　　小车后退到 O 点原位时,碰到限位开关 X0,Y1 失电小车停止,Y1 的常闭接点闭合,使 Y0 再次得电前进,第二次碰到限位开关 X1 时,由于记忆继电器 M1 已处于得电记忆状态,所以当 X1 常闭接点断开时 Y0 不会失电,继续前进。

　　当前进到 B 点时,碰到限位开关 X2,Y0 失电停止前进,M1 失电,解除记忆。Y1 线圈得电自锁,小车后退到 A 点,碰到限位开关 X1 时,由于 Y1 的常闭接点断开,M1 不会得电,继续后退。

　　当后退到 O 点时,又碰到限位开关 X0,Y1 失电,小车停止后退,但是 Y1 的常闭接点又接通了 Y0 线圈,进入第二次循环过程,并不断自动循环运行下去。

　　小车在运行过程中(无论是前进还是后退),按下停止按钮 X5 时,小车停止。按下后退按钮 X4 时,小车后退回到原位停止。

## 8.4　圆盘旋转控制

　　控制要求:在圆盘四周每隔 90°设置一个限位开关,圆盘在原位时按下启动按钮后,圆盘正转 180°,反转 90°,正转 180°,反转 270°到原位停止,如图 8.9 所示。

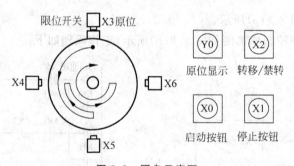

**图 8.9　圆盘示意图**

　　另外要求,当停电后再来电时按下启动按钮,圆盘能按照停电前的动作过程继续运行。圆盘旋转控制有以下两种控制方式。

　　单周期控制方式:按下启动按钮后,圆盘自动按上述 4 步工作过程完成后停止。

　　单步进控制方式 :每按启动按钮一次,圆盘完成一步工作过程,到原点时停止。

　　此例中输入输出元件较少,因此省略 PLC 硬件接线图。由于该系统属于顺序控制,但又包含部分随机控制信号,所以系统的控制采用状态转移图和梯形图两部分组成。

　　为了使在停电后再来电时圆盘能按照停电前段动作过程继续运行,此处采用断电保持型的状态继电器。

　　如图 8.10 所示,在 PLC 开始运行时,初始化脉冲 M8002 使 M8034 得电自锁,由于刚开始没有状态继电器动作,M8046 常闭接点闭合,状态继电器 S0 得电。此时由于已经有状态继电器动作了,所以之后 M8046 常闭接点就处于断开的状态。

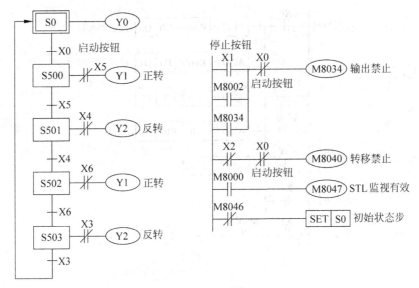

**图 8.10 圆盘旋转控制程序**

按下启动按钮 X0，M8040 和 M8034 失电，S500 动作，Y1 得电，圆盘正转，松开 X0 后 M8040 恢复得电，当圆盘正转旋转 180° 碰到限位开关 X5 时，由于 M8040 得电，禁止转移，因此 S500 继续保持动作状态，但此时 X5 常闭接点断开，停止正转。再按一下 X0，使 M8040 失电，转移到 S501 状态步，开始反转，从而实现了单步进控制方式。

如果要进行连续控制方式，只要将选择开关 X2 闭合即可，X2 常闭接点断开，M8040 线圈失电，取消了"转移禁止"，当满足转移条件时就可以正常转移了。

如在运行时按停止按钮 X1 使 M8034 线圈得电，可以起暂停作用。

## 8.5 自助洗车控制系统

控制要求：一台投币洗车机，用于司机清洗车辆，司机每投入 1 元可以使用 10min，其中喷水时间为 5min。

控制梯形图如图 8.11 所示。

用 100ms 积算型定时器 T250 来累计喷水时间，用 D0 存放喷水时间，用 100ms 通用型定时器 T0 来累计使用时间，用 D1 存放使用时间。PLC 首次运行时由 M8002 执行 ADDP 指令将 0 和 0 相加，将结果 0 分别传送给 D0 和 D1，并且使零标志位 M8020=1，M8020 常闭接点断开，按喷水按钮无效。

当投入一元硬币时，X0 接点接通一次，向 D0 数据寄存器增加 3000（5min），作为喷水的时间设定值，同时向 D1 的值增加 6000（10min），作为限时使用时间。由于此时执行 ADDP 的结果不为 0，因此 M8020=0，M8020 常闭接点闭合，当司机按下喷水按钮 X1 时，T250 开始计时。当司机松开喷水按钮时，T250 保持当前值不变。当喷水按钮再次被按下时，T250 接着前一次计时时间继续计时，当累计达到 D0 中的设定值时，T250 常闭接点断开，喷水阀 Y0 失电，同时 T250 常开接点闭合，将 T250 复位并将 D0 和 D1 清 0，并使 M8020=1，

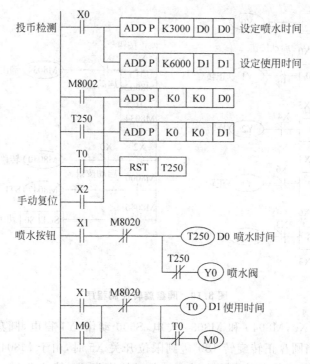

图 8.11　自助洗车控制梯形图

M8020 常闭接点断开。

同时,当喷水按钮 X1 首次动作时,T0 定时器开始定时同时 M0 得电自锁,喷水累计时间未到 5min,但使用时间达到 10min 时,T0 动作,将 D0、D1 清 0,结束使用。

**注意**:由于定时器最长可以设定 3276.7s,约 54min,因此每次最多只能投 5 枚硬币。

## 8.6　组合机床控制

控制要求:某组合钻床用来加工圆盘状零件上均匀分布的 6 个孔,如图 8.12 所示。操作人员放好工件后,按下启动按钮工件被夹紧,夹紧后压力继电器 X1 为 ON,Y1 和 Y3 使两只钻头同时开始向下进给。大钻头钻到由限位开关 X2 设定的深度时,Y2 使它上升,升到由限位开关 X3 设定的起始位置时停止上行。小钻头钻到由限位开关 X4 设定的深度时,Y4 使它上升,升到由限位开关 X5 设定的起始位置时停止上行,同时设定值为 3 的计数器的当前值加 1。两个都到位后,Y5 使工件旋转 120°,旋转结束后又开始钻第二对孔。三对孔都钻完后,计数器的当前值等于设定值 3,转换条件满足。Y6 使工件松开,松开到位后,系统返回初始状态。

采用 PLC 来控制此任务。输入输出点地址分配见表 8.2。

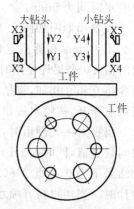

图 8.12　某组合机床加工
过程示意图

表 8.2 PLC I/O 地址分配表

| 输入继电器 | 作　用 | 输出继电器 | 作　用 |
|---|---|---|---|
| X0 | 启动按钮 | Y0 | 工件夹紧 |
| X1 | 夹紧压力继电器 | Y1 | 大钻下进给 |
| X2 | 大钻下限位开关 | Y2 | 大钻退回 |
| X3 | 大钻上限位开关 | Y3 | 小钻下进给 |
| X4 | 小钻下限位开关 | Y4 | 小钻退回 |
| X5 | 小钻上限位开关 | Y5 | 工件旋转 |
| X6 | 工件旋转限位开关 | Y6 | 工件松开 |
| X7 | 松开到位限位开关 | | |

图 8.13 为机床加工状态转移图,用状态继电器 S 来代表各步,由分析可知,此状态转移图中包含选择分支和并行分支。如在状态 S21 之后,不但有选择分支的合并,还有一个并行分支。在步 S29 之前,有一个并行分支的合并,还有一个选择分支。在并行性分支中,两个子分支中的第一个 S22 和 S25 是同时变为活动步的,两个分支中的最后一步 S24 和 S27 是同时变为不活动步的。因为两个钻头上升到位有先有后,故设置了步 S24 和步 S27 作为等待步,它们用来同时结束两个并行分支。当两个钻头均上升到位,限位开关 X3 和 X5 分别为 ON,大、小钻头两个子分支分别进入两个等待步,并行分支将会立即结束。每钻一对孔计数器 C0 加 1,每钻完三对孔时 C0 的当前值小于设定值,其常闭触点闭合,转换条件 C0 不满足,将从步 S24 和 S27 转换到步 S28。如果已钻完三对孔,C0 的当前值等于设定值,其常开触点闭合,转换条件 C0 不满足,将从步 S24 和 S27 转换到步 S29。

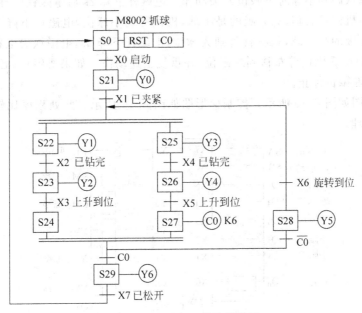

图 8.13 机床加工状态转移图

## 8.7　传送机械手控制

控制要求：一个传送机械手装置如图 8.14 所示，用于分捡大球和小球。机械臂原始位置在左限位，电磁铁在上限位。接近开关 $SQ_0$ 用于检测是否有球。$SQ_1 \sim SQ_5$ 分别用于传送机械手上下左右运动的定位。

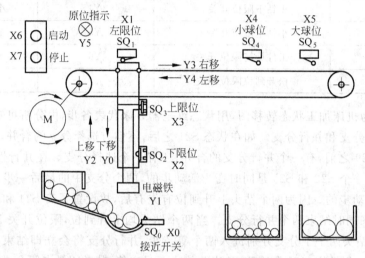

**图 8.14　一个传送机械手装置**

启动后，当接近开关检测到有球时电磁杆就下降，如果电磁铁碰到大球时下限位开关不动作，如果电磁铁碰到小球时下限位开关动作。电磁杆下降 2s 后电磁铁吸球，吸球 1s 后上升，到上限位后机械臂右移，如果吸的是小球，机械臂到小球位，电磁杆下降 2s 电磁铁失电释放小球，如果吸的是大球，机械臂就到大球位，电磁杆下降 2s，电磁铁失电释放大球，停留 1s 上升，到上限位后机械臂左移到左限位，并重复上述动作。如果要停止，必须在完成一次上述动作后到左限位停止。

硬件连接图如图 8.15 所示。控制梯形图如图 8.16 所示。此处程序比较简单，请自行分析其工作原理。

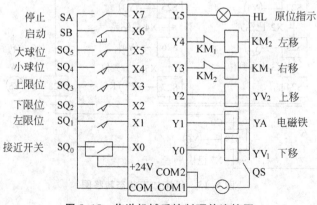

**图 8.15　传送机械手控制硬件连接图**

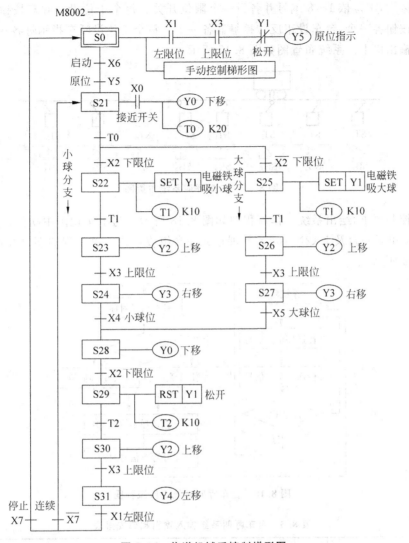

**图8.16 传送机械手控制梯形图**

# 8.8 台车的呼车控制

控制要求:一部电动运输车供8个加工点使用。台车的控制要求如下。

PLC上电后,车停在某个加工点(下称工位),若无用车呼叫(下称呼车)时,则各工位的指示灯亮,表示各工位可以呼车。某工作人员按本工位的呼车按钮呼车时,各工位指示灯均灭,此时别的工位呼车无效。如停车位呼车时,台车不动,呼车工位号大于停车位号时,台车自动向高位行驶,当呼车工位号小于停车位号时,台车自动向低位行驶,当台车运行到呼车工位时自动停车。停车时间为30s,供呼车工位使用,其他工位不能呼车。从安全角度出发,停电再来电时,台车不应自行启动。

为了区别,工位依 1~8 编号并各设一个限位开关。每个工位设一呼车按钮,系统设启动及停机按钮各一个,台车设正反转接触器各一个。每个工位设呼车指示灯各一个,但并联接于各个输出口上。系统布置图如图 8.17 所示。

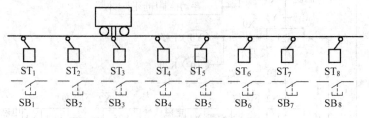

图 8.17 台车呼叫系统布置图

根据控制要求,绘出系统工作流程图如图 8.18 所示。为了实现图中功能,选择 FX2N-16MR 基本单元一台及 FX2N-16EX 扩展单元一台组成系统。可编程的端口及机内器件安排如表 8.3 所示。

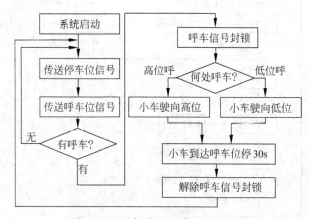

图 8.18 台车呼叫系统工作流程图

表 8.3 台车呼叫系统输入输出端口安排表

| 限位开关(停车号) | | 呼车开关(呼车号) | | 其 他 | |
|---|---|---|---|---|---|
| ST$_1$ | X0 | SB$_1$ | X10 | Y0 | 电动机制动 |
| ST$_2$ | X1 | SB$_2$ | X11 | Y1 | 电动机正转接触器 |
| ST$_3$ | X2 | SB$_3$ | X12 | Y2 | 电动机反转接触器 |
| ST$_4$ | X3 | SB$_4$ | X13 | M101:呼车封锁中间继电器 | |
| ST$_5$ | X4 | SB$_5$ | X14 | M102:系统启动中间继电器 | |
| ST$_6$ | X5 | SB$_6$ | X15 | Y3 | 可呼车指示 |
| ST$_7$ | X6 | SB$_7$ | X16 | X21 | 系统启动按钮 |
| ST$_8$ | X7 | SB$_8$ | X17 | X22 | 系统停止按钮 |
| D100 | 停车工位号存储器 | D110 | | 呼车工位号存储器 | |

　　程序的编制中主要使用传送比较类指令。其基本功能是分别传送台车位置工位号及呼车工位号并比较后决定台车的运动方向,在呼车工位号与台车实际工位号相等时台车停车。根据控制要求,其程序设计如图8.19所示的梯形图。

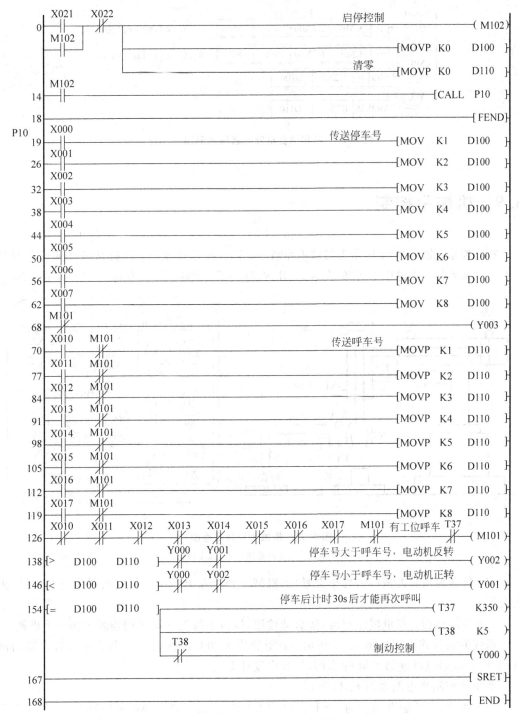

**图8.19　台车呼叫系统梯形图**

如果换种思路,不是单纯地在 D100 中存放停车号,在 D110 中存放呼车号,传送停车号和呼车号的部分梯形图用如图 8.20 所示的形式来简化,同样也可以实现台车的呼叫控制。其控制原理请读者自行分析。

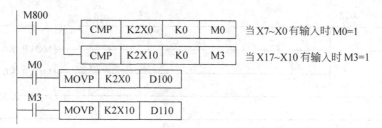

| M800 | | | | | |
|---|---|---|---|---|---|
| | CMP | K2X0 | K0 | M0 | 当 X7~X0 有输入时 M0=1 |
| | CMP | K2X10 | K0 | M3 | 当 X17~X10 有输入时 M3=1 |
| M0 | | | | | |
| | MOVP | K2X0 | D100 | | |
| M3 | | | | | |
| | MOVP | K2X10 | D110 | | |

图 8.20　简化的台车呼叫系统梯形图一部分

# 8.9　机械手控制

控制要求:如图 8.21 所示为机械手控制示意图。要求机械手将工件从 $A$ 点夹住转移到 $B$ 点。机械手的动作过程为下降、夹紧、上升、右行、下降、放松、上升、左行,完成一个单循环。

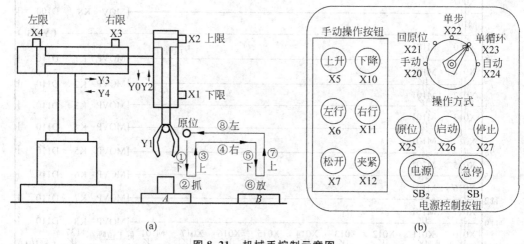

(a)　　　　　　　　　　　　　(b)

图 8.21　机械手控制示意图

(a) 机械手动作示意图;(b) 操作面板

(1) 机械原点:机械夹钳处于夹紧位,机械手处于左上角位。机械夹钳为有电放松,无电夹紧。

(2) 连续运行:在机械原点位,按启动按钮,机械手按工作循环图连续工作一个周期。

系统的硬件连线图如图 8.22 所示。此处将电源和急停按钮 $SB_1$ 和 $SB_2$ 放置在输出部分,它们直接通过继电器 KM 起作用,与程序设计无关。

系统的控制梯形图如图 8.23 所示。

在 M8000 常开触点闭合时,IST 指令使 S0、S1、S2、M8040、M8041、M8042、M8047 等元件自动受控,同时 IST 指令还指定了(X20~X27)8 种操作方式。注意 IST 指令应在初始

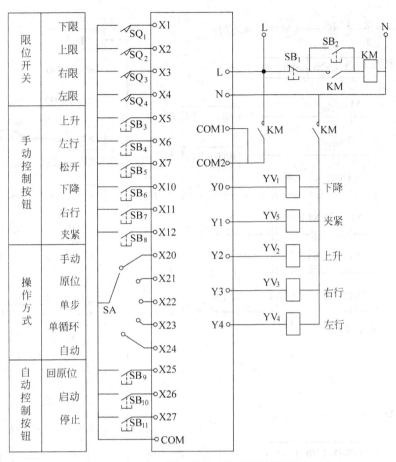

**图 8.22  机械手控制系统硬件连线图**

状态步 S0、S1、S2 之前。

该控制系统采用选择开关 5 种工作状态中的任何一种工作方式。

(1) 选择开关拨到手动方式这一挡时,因 IST 指令置状态继电器 S0 为 ON,由图8.23 手动方式图可知,按下夹紧按钮 SB$_6$,X12 闭合,SET 指令使 Y1 接通,Y1 输出信号使电磁阀线圈得电,机械手夹紧工件。同样,可完成机械手松开、上升、下降、右行、左行等动作。

(2) 当拨回到原点方式时,因 IST 指令置状态继电器 S1 为 ON,由图 8.23 回原位方式图可知,当按下回原点按钮 SB$_7$ 时,转移到状态 S10,机械手上升,压合上限位行程开关 SQ$_2$,由 S10 转移到 S11 状态,机械手左行,压合左限位行程开关 SQ$_4$,由 S11 转移到 S12 状态,返回原点结束继电器 M8043 置位,完成机械手回原点动作。如果选择开关在 M8043 接通前,企图改变运行方式,则由于 IST 指令的作用,使所有输出被关断。

(3) 当拨到单步这一挡时,因 IST 指令使 M8040 接通,禁止所有状态转移。但是,每次按下启动按钮时,M8040＝OFF,可以使状态按顺序转移一步,即按图 8.23 自动控制方式所示状态流程图完成一步动作。

(4) 当拨到单周期这一挡时,因 IST 指令使转移开始辅助继电器 M8041 仅在按启动按

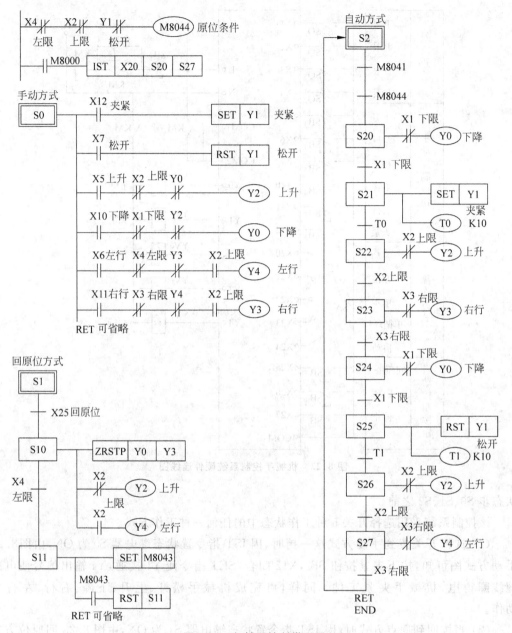

**图 8.23 机械手控制梯形图**

钮时接通,然后 M8041=OFF。由图 8.23 自动控制方式可知,当完成一个循环工作后,因转移条件 M8041=OFF,状态 S2 不能再转移到状态 S21,只能完成单周期运行。

(5) 当拨到自动循环挡时,因 IST 指令使转移开始辅助继电器 M8041 一直保持 ON,机械手回原点后,M8044=ON,因此,自动循环工作一直能按图 8.23 自动控制方式所示流程图连续进行。

由上面的实例可知,该控制系统编程时因用了一条初始状态功能指令(IST 指令),使控制程序变得非常简单。

# FX系列PLC功能指令一览表

| 分类 | 功能指令编号 | 指令助记符 | 功 能 说 明 | 对应不同型号的PLC | | | | |
|---|---|---|---|---|---|---|---|---|
| | | | | FX0S | FX0N | FX1S | FX1N | FX2N FX2NC |
| 程序流程 | 00 | CJ | 条件跳转 | P | P | P | P | P |
| | 01 | CALL | 子程序调用 | Î | Î | P | P | P |
| | 02 | SRET | 子程序返回 | Î | Î | P | P | P |
| | 03 | IRET | 中断返回 | P | P | P | P | P |
| | 04 | EI | 开中断 | P | P | P | P | P |
| | 05 | DI | 关中断 | P | P | P | P | P |
| | 06 | FEND | 主程序结束 | P | P | P | P | P |
| | 07 | WDT | 监视定时器刷新 | P | P | P | P | P |
| | 08 | FOR | 循环的起点与次数 | P | P | P | P | P |
| | 09 | NEXT | 循环的终点 | P | P | P | P | P |
| 传送与比较 | 10 | CMP | 比较 | P | P | P | P | P |
| | 11 | ZCP | 区间比较 | P | P | P | P | P |
| | 12 | MOV | 传送 | P | P | P | P | P |
| | 13 | SMOV | 位传送 | Î | Î | Î | Î | P |
| | 14 | CML | 取反传送 | Î | Î | Î | Î | P |
| | 15 | BMOV | 成批传送 | Î | P | P | P | P |
| | 16 | FMOV | 多点传送 | Î | Î | Î | Î | P |
| | 17 | XCH | 交换 | Î | Î | Î | Î | P |
| | 18 | BCD | 二进制转换成BCD码 | P | P | P | P | P |
| | 19 | BIN | BCD码转换成二进制 | P | P | P | P | P |

| 分类 | 功能指令编号 | 指令助记符 | 功能说明 | 对应不同型号的 PLC | | | | |
|---|---|---|---|---|---|---|---|---|
| | | | | FX0S | FX0N | FX1S | FX1N | FX2N FX2NC |
| 算术与逻辑运算 | 20 | ADD | 二进制加法运算 | P | P | P | P | P |
| | 21 | SUB | 二进制减法运算 | P | P | P | P | P |
| | 22 | MUL | 二进制乘法运算 | P | P | P | P | P |
| | 23 | DIV | 二进制除法运算 | P | P | P | P | P |
| | 24 | INC | 二进制加 1 运算 | P | P | P | P | P |
| | 25 | DEC | 二进制减 1 运算 | P | P | P | P | P |
| | 26 | WAND | 字逻辑与 | P | P | P | P | P |
| | 27 | WOR | 字逻辑或 | P | P | P | P | P |
| | 28 | WXOR | 字逻辑异或 | P | P | P | P | P |
| | 29 | NEG | 求二进制补码 | Î | Î | Î | Î | P |
| 循环与移位 | 30 | ROR | 循环右移 | Î | Î | Î | Î | P |
| | 31 | ROL | 循环左移 | Î | Î | Î | Î | P |
| | 32 | RCR | 带进位右移 | Î | Î | Î | Î | P |
| | 33 | RCL | 带进位左移 | Î | Î | Î | Î | P |
| | 34 | SFTR | 位右移 | P | P | P | P | P |
| | 35 | SFTL | 位左移 | P | P | P | P | P |
| | 36 | WSFR | 字右移 | Î | Î | Î | Î | P |
| | 37 | WSFL | 字左移 | Î | Î | Î | Î | P |
| | 38 | SFWR | FIFO(先入先出)写入 | Î | Î | P | P | P |
| | 39 | SFRD | FIFO(先入先出)读出 | Î | Î | P | P | P |
| 数据处理 | 40 | ZRST | 区间复位 | P | P | P | P | P |
| | 41 | DECO | 解码 | P | P | P | P | P |
| | 42 | ENCO | 编码 | P | P | P | P | P |
| | 43 | SUM | 统计 ON 位数 | Î | Î | Î | Î | P |
| | 44 | BON | 查询位某状态 | Î | Î | Î | Î | P |
| | 45 | MEAN | 求平均值 | Î | Î | Î | Î | P |
| | 46 | ANS | 报警器置位 | Î | Î | Î | Î | P |
| | 47 | ANR | 报警器复位 | Î | Î | Î | Î | P |
| | 48 | SQR | 求平方根 | Î | Î | Î | Î | P |
| | 49 | FLT | 整数与浮点数转换 | Î | Î | Î | Î | P |

续表

| 分类 | 功能指令编号 | 指令助记符 | 功　能　说　明 | 对应不同型号的PLC | | | | |
|---|---|---|---|---|---|---|---|---|
| | | | | FX0S | FX0N | FX1S | FX1N | FX2N FX2NC |
| 高速处理 | 50 | REF | 输入输出刷新 | P | P | P | P | P |
| | 51 | REFF | 输入滤波时间调整 | Î | Î | Î | Î | P |
| | 52 | MTR | 矩阵输入 | Î | Î | P | P | P |
| | 53 | HSCS | 比较置位(高速计数用) | Î | P | P | P | P |
| | 54 | HSCR | 比较复位(高速计数用) | Î | P | P | P | P |
| | 55 | HSZ | 区间比较(高速计数用) | Î | Î | Î | Î | P |
| | 56 | SPD | 脉冲密度 | Î | Î | P | P | P |
| | 57 | PLSY | 指定频率脉冲输出 | P | P | P | P | P |
| | 58 | PWM | 脉宽调制输出 | P | P | P | P | P |
| | 59 | PLSR | 带加减速脉冲输出 | Î | Î | P | P | P |
| 方便指令 | 60 | IST | 状态初始化 | P | P | P | P | P |
| | 61 | SER | 数据查找 | Î | Î | Î | Î | P |
| | 62 | ABSD | 凸轮控制(绝对式) | Î | Î | P | P | P |
| | 63 | INCD | 凸轮控制(增量式) | Î | Î | P | P | P |
| | 64 | TTMR | 示教定时器 | Î | Î | Î | Î | P |
| | 65 | STMR | 非凡定时器 | Î | Î | Î | Î | P |
| | 66 | ALT | 交替输出 | P | P | P | P | P |
| | 67 | RAMP | 斜波信号 | P | P | P | P | P |
| | 68 | ROTC | 旋转工作台控制 | Î | Î | Î | Î | P |
| | 69 | SORT | 列表数据排序 | Î | Î | Î | Î | P |
| 外部I/O设备 | 70 | TKY | 10键输入 | Î | Î | Î | Î | P |
| | 71 | HKY | 16键输入 | Î | Î | Î | Î | P |
| | 72 | DSW | BCD数字开关输入 | Î | Î | P | P | P |
| | 73 | SEGD | 七段码译码 | Î | Î | Î | Î | P |
| | 74 | SEGL | 七段码分时显示 | Î | Î | P | P | P |
| | 75 | ARWS | 方向开关 | Î | Î | Î | Î | P |
| | 76 | ASC | ASCII码转换 | Î | Î | Î | Î | P |
| | 77 | PR | ASCII码打印输出 | Î | Î | Î | Î | P |
| | 78 | FROM | BFM读出 | Î | P | Î | P | P |
| | 79 | TO | BFM写入 | Î | P | Î | P | P |

续表

| 分类 | 功能指令编号 | 指令助记符 | 功能说明 | 对应不同型号的 PLC | | | | |
|---|---|---|---|---|---|---|---|---|
| | | | | FX0S | FX0N | FX1S | FX1N | FX2N FX2NC |
| 外围设备 | 80 | RS | 串行数据传送 | Î | P | P | P | P |
| | 81 | PRUN | 八进制位传送（♯） | Î | Î | P | P | P |
| | 82 | ASCI | 十六进制数转换成 ASCII 码 | Î | P | P | P | P |
| | 83 | HEX | ASCII 码转换成十六进制数 | Î | P | P | P | P |
| | 84 | CCD | 校验 | Î | P | P | P | P |
| | 85 | VRRD | 电位器变量输入 | Î | Î | P | P | P |
| | 86 | VRSC | 电位器变量区间 | Î | Î | P | P | P |
| | 87 | — | — | | | | | |
| | 88 | PID | PID 运算 | Î | Î | Î | P | P |
| | 89 | — | — | | | | | |
| 浮点数运算 | 110 | ECMP | 二进制浮点数比较 | Î | Î | Î | Î | P |
| | 111 | EZCP | 二进制浮点数区间比较 | Î | Î | Î | Î | P |
| | 118 | EBCD | 二进制浮点数→十进制浮点数 | Î | Î | Î | Î | P |
| | 119 | EBIN | 十进制浮点数→二进制浮点数 | Î | Î | Î | Î | P |
| | 120 | EADD | 二进制浮点数加法 | Î | Î | Î | Î | P |
| | 121 | EUSB | 二进制浮点数减法 | Î | Î | Î | Î | P |
| | 122 | EMUL | 二进制浮点数乘法 | Î | Î | Î | Î | P |
| | 123 | EDIV | 二进制浮点数除法 | Î | Î | Î | Î | P |
| | 127 | ESQR | 二进制浮点数开平方 | Î | Î | Î | Î | P |
| | 129 | INT | 二进制浮点数→二进制整数 | Î | Î | Î | Î | P |
| | 130 | SIN | 二进制浮点数 Sin 运算 | Î | Î | Î | Î | P |
| | 131 | COS | 二进制浮点数 Cos 运算 | Î | Î | Î | Î | P |
| | 132 | TAN | 二进制浮点数 Tan 运算 | Î | Î | Î | Î | P |
| | 147 | SWAP | 高低字节交换 | Î | Î | Î | Î | P |
| 定位 | 155 | ABS | ABS 当前值读取 | Î | Î | P | P | Î |
| | 156 | ZRN | 原点回归 | Î | Î | P | P | Î |
| | 157 | PLSY | 可变速的脉冲输出 | Î | Î | P | P | Î |
| | 158 | DRVI | 相对位置控制 | Î | Î | P | P | Î |
| | 159 | DRVA | 绝对位置控制 | Î | Î | P | P | Î |

| 分类 | 功能指令编号 | 指令助记符 | 功能说明 | 对应不同型号的PLC | | | | |
|---|---|---|---|---|---|---|---|---|
| | | | | FX0S | FX0N | FX1S | FX1N | FX2N FX2NC |
| 时钟运算 | 160 | TCMP | 时钟数据比较 | Î | Î | P | P | P |
| | 161 | TZCP | 时钟数据区间比较 | Î | Î | P | P | P |
| | 162 | TADD | 时钟数据加法 | Î | Î | P | P | P |
| | 163 | TSUB | 时钟数据减法 | Î | Î | P | P | P |
| | 166 | TRD | 时钟数据读出 | Î | Î | P | P | P |
| | 167 | TWR | 时钟数据写入 | Î | Î | P | P | P |
| | 169 | HOUR | 计时仪 | Î | Î | P | P | |
| 外围设备 | 170 | GRY | 二进制数→格雷码 | Î | Î | Î | P | P |
| | 171 | GBIN | 格雷码→二进制数 | Î | Î | Î | P | |
| | 176 | RD3A | 模拟量模块(FX0N-3A)读出 | Î | P | Î | P | Î |
| | 177 | WR3A | 模拟量模块(FX0N-3A)写入 | Î | P | Î | P | Î |
| 触点比较 | 224 | LD= | (S1)=(S2)时起始触点接通 | Î | Î | P | P | P |
| | 225 | LD> | (S1)>(S2)时起始触点接通 | Î | Î | P | P | P |
| | 226 | LD< | (S1)<(S2)时起始触点接通 | Î | Î | P | P | P |
| | 228 | LD<> | (S1)<>(S2)时起始触点接通 | Î | Î | P | P | P |
| | 229 | LD≦ | (S1)≦(S2)时起始触点接通 | Î | Î | P | P | P |
| | 230 | LD≧ | (S1)≧(S2)时起始触点接通 | Î | Î | P | P | P |
| | 232 | AND= | (S1)=(S2)时串联触点接通 | Î | Î | P | P | P |
| | 233 | AND> | (S1)>(S2)时串联触点接通 | Î | Î | P | P | P |
| | 234 | AND< | (S1)<(S2)时串联触点接通 | Î | Î | P | P | P |
| | 236 | AND<> | (S1)<>(S2)时串联触点接通 | Î | Î | P | P | P |
| | 237 | AND≦ | (S1)≦(S2)时串联触点接通 | Î | Î | P | P | P |
| | 238 | AND≧ | (S1)≧(S2)时串联触点接通 | Î | Î | P | P | P |
| | 240 | OR= | (S1)=(S2)时并联触点接通 | Î | Î | P | P | P |
| | 241 | OR> | (S1)>(S2)时并联触点接通 | Î | Î | P | P | P |
| | 242 | OR< | (S1)<(S2)时并联触点接通 | Î | Î | P | P | P |
| | 244 | OR<> | (S1)<>(S2)时并联触点接通 | Î | Î | P | P | P |
| | 245 | OR≦ | (S1)≦(S2)时并联触点接通 | Î | Î | P | P | P |
| | 246 | OR≧ | (S1)≧(S2)时并联触点接通 | Î | Î | P | P | P |

# FX系列PLC错误代码一览表

| 区　分 | 出错代码 | 出错内容 | 处理方法 |
|---|---|---|---|
| I/O 构成出错 M8060（D8060）继续运行 | 例 1020 | 实际没有安装的 I/O 的起始软元件编号 "1020"的场合 1＝输入 X（0＝输出 Y）020＝软元件编号 | 如果对于实际没有安装的输入继电器、输出继电器编写了程序，PLC 继续运行，但是程序有错误的话，请修改 |
| PLC 硬件出错 M8061（D8061）运行停止 | 0000 | 无异常 | 请检查扩展电缆的连接是否正确 |
| | 6101 | RAM 出错 | |
| | 6102 | 运算回路出错 | |
| | 6103 | I/O 总线出错（M8069） | 运算时间超过 D8000 的数值。请检查程序 |
| | 6104 | 扩展单元 24V 掉电（M8069 ON 时） | |
| | 6105 | WDT 出错 | |
| PC/PP 通信出错 M8062（D8062）继续运行 | 0000 | 无异常 | 请检查编程面板（PP）或者编程口上连接的设备是否与可编程控制器（PLC）正确连接。在 PLC 通电过程中插拔接口上的电缆，也可能会报错 |
| | 6201 | 奇偶校验出错，超时，帧错误 | |
| | 6202 | 通信字符错误 | |
| | 6203 | 通信数据的和校验不一致 | |
| | 6204 | 数据格式错误 | |
| | 6205 | 指令错误 | |
| 并联连接通信出错 M8063（D8063）继续运行 | 0000 | 无异常 | 请确认通信参数、简易 PLC 间连接用设定程序、并联连接用设定程序等，是否根据用途做了正确的设定。此外，请确认接线 |
| | 6301 | 奇偶校验出错，超时，帧错误 | |
| | 6302 | 通信字符错误 | |
| | 6303 | 通信数据的和校验不一致 | |
| | 6304 | 数据格式错误 | |
| | 6305 | 指令错误 | |
| | 6306 | 监视定时器超时 | |

续表

| 区　分 | 出错代码 | 出错内容 | 处理方法 |
|---|---|---|---|
| 并联连接通信出错 M8063（D8063）继续运行 | 6307～6311 | 无 | 请确认通信参数、简易PLC间连接用设定程序、并联连接用设定程序等，是否根据用途做了正确的设定。此外，请确认接线 |
| | 6312 | 并联连接字符出错 | |
| | 6313 | 并联连接和校验出错 | |
| | 6314 | 并联连接格式错误 | |
| 参数错误 M8064（D8064）运行停止 | 0000 | 无异常 | 请将可编程控制器 STOP，并在参数模式下设定正确数值 |
| | 6401 | 程序的和校验不一致 | |
| | 6402 | 存储器容量的设定错误 | |
| | 6403 | 保持区域的设定错误 | |
| | 6404 | 注释区域的设定错误 | |
| | 6405 | 文件寄存器的区域设定错误 | |
| | 6409 | 其他设定错误 | |
| 语法错误 M8065（D8065）运行停止 | 0000 | 无异常 | 此项是检查编写程序时，各指令的使用方法是否正确。如果发生错误，请在编程模式下修改指令 |
| | 6501 | 指令-软元件符号-软元件编号的组合有误 | |
| | 6502 | 设定值前面没有 OUT T、OUT C | |
| | 6503 | (1) OUT T、OUT C 后面没有设定值 (2) 应用指令的操作数数量不足 | |
| | 6504 | (1) 指针号重复 (2) 中断输入或者高速计数器输入重复 | |
| | 6505 | 软元件编号超范围 | |
| | 6506 | 使用了没有定义的指令 | |
| | 6507 | 指针号(P)的定义错误 | |
| | 6508 | 中断输入(I)的定义错误 | |
| | 6509 | 其他 | |
| | 6510 | MC 嵌套编号的大小关系有误 | |
| | 6511 | 中断输入和高速计数器输入重复 | |
| 语法错误 M8066（D8066）运行停止 | 0000 | 无异常 | 作为整个梯形图回路块，指令的组合不正确或者成对出现的指令关系不正确时，会报错。请在编程模式下，正确修改指令相互间关系 |
| | 6601 | LD、LDI 连续使用 9 次以上 | |
| | 6602 | (1) 没有 LD、LDI 指令，没有线圈。LD、LDI 和 ANB、ORB 的关系不正确 (2) STL、RET、MCR、P(指针)、I(中断)、EI、DI、SRET、IRET、FOR、NEXT、FEND、END 没有母线连接 (3) 遗漏 MPP | |

续表

| 区　分 | 出错代码 | 出错内容 | 处理方法 |
|---|---|---|---|
| 语法错误<br>M8066(D8066)<br>运行停止 | 6603 | MPS 连续使用 12 次以上 | 作为整个梯形图回路块，指令的组合不正确或者成对出现的指令关系不正确时，会报错。请在编程模式下，正确修改指令相互间关系 |
| | 6604 | MPS 与 MRD、MPP 的关系不正确 | |
| | 6605 | (1) STL 连续使用 9 次以上<br>(2) STL 中有 MC，MCR，I(中断)，SRET<br>(3) STL 外有 RET，没有 RET | |
| | 6606 | (1) 没有 P(指针)，I(中断)<br>(2) 没有 SRET，IRET<br>(3) 主程序中有 I(中断)，SRET，IRET<br>(4) 子程序或者中断程序中有 STL，RET，MC，MCR | |
| | 6607 | (1) FOR 和 NEXT 关系不正确。嵌套 6 层以上<br>(2) FOR～NEXT 之间有 STL，RET，MC，MCR，IRET，SRET，FENC，END | |
| | 6608 | (1) MC 和 MCR 之间的关系不正确<br>(2) 没有 MCR N0<br>(3) MC～MCR 之间有 SRET，IRET，I(中断) | |
| | 6609 | 其他 | |
| | 6610 | LD，LDI 连续使用 9 次以上 | |
| | 6611 | 相对 LD，LDI 指令而言，ANB，ORB 指令的数量太多 | |
| | 6612 | 相对 LD，LDI 指令而言，ANB，ORB 指令的数量太少 | |
| | 6613 | MPS 连续使用 12 次以上 | |
| | 6614 | 遗漏 MPS | |
| | 6615 | 遗漏 MPP | |
| | 6616 | MPS-MRD，MPP 间的线圈被忘记了，或者关系有误 | |
| | 6617 | 应从母线开始的指令没有与母线相连。STL，RET，MCR，R，I，DI，EI，FOR，NEXT，SRET，IRET，FEND，END | |

续表

| 区 分 | 出错代码 | 出 错 内 容 | 处 理 方 法 |
|---|---|---|---|
| 梯形图出错<br>M8066(D8066)<br>运行停止 | 6618 | 只有主程序可以使用的指令出现在主程序以外(中断,子程序等)STL,MC,MCR | |
| | 6619 | 在 FOR-NEXT 之间有不可以使用的指令。STL,RET,MC,MCR,I,IRET | |
| | 6620 | FOR-NEXT 间的嵌套溢出 | |
| | 6621 | FOR-NEXT 的数量关系不正确 | |
| | 6622 | 没有 NEXT 指令 | |
| | 6623 | 没有 MC 指令 | |
| | 6624 | 没有 MCR 指令 | |
| | 6625 | STL 连续使用 9 次以上 | |
| | 6626 | STL-RET 间有不可以使用的指令。MC,MCR,I,SRET,IRET | |
| | 6627 | 没有 RET 指令 | |
| | 6628 | 主程序中有不可以使用的指令。I,SRET,IRET | |
| | 6629 | 没有 P,I | |
| | 6630 | 没有 SRET,IRET 指令 | |
| | 6631 | SRET 位于不能使用的位置 | |
| | 6632 | FEND 位于不能使用的位置 | |
| 运算出错<br>M8067(D8067)<br>继续运行 | 0000 | 无异常 | |
| | 6701 | (1) 没有 CJ,CALL 的跳转指令<br>(2) END 指令有指针标签<br>(3) FOR-NEXT 间或者子程序间有单独的指针标签 | 指运算执行过程中发生的错误。请修改程序并检查应用指令的操作数的内容。即使没有语法、梯形图错误,但是因为如下所示的原因也可能发生运算出错。<br>(例)T200 Z 本身没有错误,但是 Z=100 时,运算结果变为 T300,超出了软元件编号的范围 |
| | 6702 | CALL 的嵌套在 6 层以上 | |
| | 6703 | 中断的嵌套在 3 层以上 | |
| | 6704 | FOR-NEXT 的嵌套在 6 层以上 | |
| | 6705 | 应用指令的操作数是可用对象以外的软元件 | |
| | 6706 | 应用指令的操作数的软元件编号范围或者数据值超限 | |
| | 6707 | 没有设定文件寄存器的参数,但是访问了文件寄存器 | |
| | 6708 | FROM/TO 指令出错 | |
| | 6709 | 其他(IRET,SRET 遗漏,FOR-NEXT 关系不正确等) | |

续表

| 区　分 | 出错代码 | 出错内容 | 处理方法 | |
|---|---|---|---|---|
| 运算出错 M8067(D8067) 继续运行 | 6730 | 采样时间(Ts)在对象范围外(Ts<0) | PID 运算 停止 | 表示控制参数的设定值或者在 PID 运算过程中,有数据错误。请检查参数的内容 |
| | 6732 | 输入滤波常数(α)在对象范围外(或者 100 ≤α) | | |
| | 6733 | 比例增益(Kp)在对象范围外(Kp<0) | | |
| | 6734 | 积分时间(TI)在对象范围外(TI<0) | | |
| | 6735 | 微分增益(KD)在对象范围外(KD<0 或者 201≤KD) | | |
| | 6736 | 微分时间(TD)在对象范围外(TD<0) | | |
| | 6740 | 采样时间(TS)≤运算周期 | 将运算数据作为 MAX 值, 继续运行 | |
| | 6742 | 测定值的变化量溢出(ΔPV<−32 768 或者 32 767<ΔPV) | | |
| | 6743 | 偏差溢出(EV<−32 768 或 32 767<EV) | | |
| | 6744 | 积分运算值溢出(−32 768~32 767 以外) | | |
| | 6745 | 因为微分增益(Kp)溢出,导致微分值溢出 | | |
| | 6746 | 微分运算值溢出(−32 768~32 767 以外) | | |
| | 6747 | PID 运算结果溢出(−32 768~32 767 以外) | | |

# 附录C

# 三菱GX Developer编程软件的使用

GX Developer 是三菱公司所制作的 PLC 编程软件,它包含 LLT 仿真软件,用户可在个人计算机上模仿 PLC 的运作情况,大大降低测试时间。该软件可以对三菱公司的 Q 系列、QnA 系列、FX 系列的 PLC 进行编程。

**1. 最低配置**

(1) Pentium 级 CPU,主频 90MHz 或更快。

(2) 最少 1MB 内存配置,40MB 硬盘空间。

(3) 微软 Windows 环境(Microsoft Windows 95 或者更新版本,或 Microsoft Windows NT 4.0 Service Pack3 或者更新版本)。

(4) 800×600SVGA 或者更高分辨率显示。

**2. 编程软件的主要功能**

1) 制作程序

该软件可以用于制作程序,用该软件编制的梯形图程序如图 C-1 所示。

**图 C-1　用 GX Developer 软件编制的梯形图程序**

2) 对 PLC 程序的写入与读出

可在 GX Developer 软件中将 PLC 程序写入 PLC 内部,也可以将 PLC 存储器中的程序读到计算机中,如图 C-2 所示。

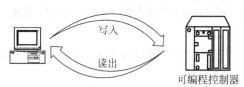

**图 C-2　PLC 与 PC 之间的程序读写**

3）监视功能

监视功能包括回路监视，软元件同时监视，软元件登录监视机能。

4）调试

把制作好的 PLC 程序写入 PLC 的 CPU 内，测试此程序能否正常运行。

5）PC 诊断

因为会将现在的错误状态或是故障履历表示出来，可以在短时间内恢复作业。

**3. 软件使用方法介绍**

1）常用功能介绍

（1）新建

新建一个 PLC 程序文件，可以选择"工程"菜单中的"创建工程"命令来完成。

（2）打开

打开一个已有的 PLC 程序，可以选择"工程"菜单中的"打开工程"命令来完成。

（3）关闭

关闭一个已经打开的 PLC 程序文件，将显示界面设为要关闭程序的界面，通过"工程"菜单中的"关闭工程"命令来完成。

（4）保存

保存 PLC 程序文件选择"工程"菜单中的"保存工程"命令来完成。

（5）PLC 读取

PLC 读取就是将程序从 PLC 传到 PC，可以选择"在线"菜单中的"PLC 读取"命令来完成。

（6）PLC 写入

PLC 写入就是将编好的程序从计算机写入 PLC 的 CPU 内，可以选择"在线"菜单中的"PLC 写入"命令来完成。

2）程序编辑

（1）梯形图编写

程序输入，可以通过单击"梯形图符号"工具栏中的各种图标，来进行梯形图的编写。"梯形图符号"工具栏如图 C-4 所示。

**图 C-4 "梯形图符号"工具栏**

（2）查找指令

查找指令的操作可以通过"查找/替换"菜单完成，"查找/替换"菜单如图 C-5 所示。

（3）插入

插入指令的操作可以通过"编辑"菜单中的"行插入"和"列插入"命令来完成。

（4）删除

删除可以通过"编辑"菜单中的"行删除"或"列删除"命令来完成；也可以通过 按钮来删除梯形图中的横线和竖线，通过 Delete 键来删除指令。

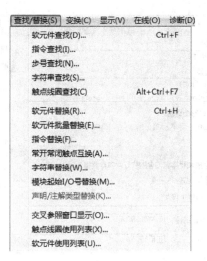

图 C-5　"查找/替换"菜单

**4．GX Developer 软件应用举例**

例：编辑电机正反转控制程序，并下载入 PLC 中。

操作步骤：

1）进入 GX Developer 工作界面

进入 GX Developer 所在的目录，找到 GX Developer 执行文件，然后双击，进入 GX Developer 工作界面，如图 C-6 所示。

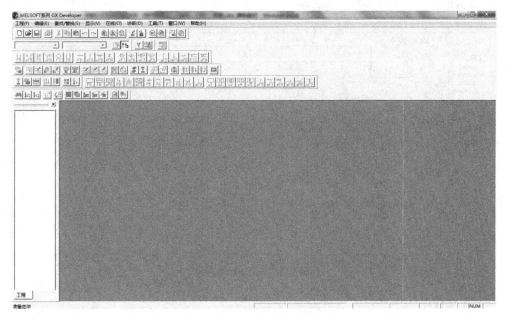

图 C-6　GX Developer 工作界面

2）新建程序文件

选择菜单"工程"中的"创建新工程"命令，弹出"创建新工程"对话框，如图 C-7 所示，在

图 C-7 "创建新工程"对话框

"创建新工程"对话框中,选择所选用的 PLC 类型,为新程序命名,然后单击"确定"按钮,进入 GX Developer 编程窗口,如图 C-8 所示。

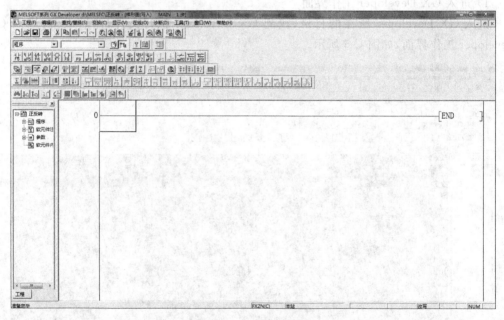

图 C-8 程序编辑界面

3) 编辑程序

选择菜单"编辑"中的"写入模式"命令,进入编辑方式,然后就可以通过"梯形图指令输入工具栏"输入程序,程序输入完毕后,选择"变换"菜单下的"变换"命令,将程序转换为正式格式,转换前的梯形图如图 C-9 所示,转换后的梯形图如图 C-10 所示。

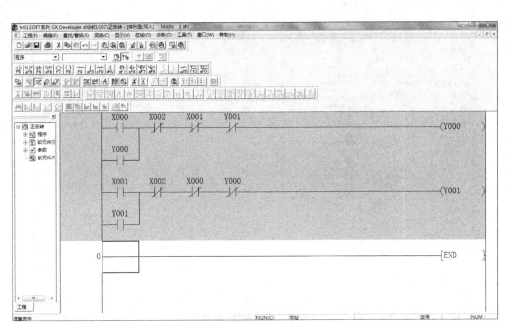

**图 C-9 转换前的梯形图**

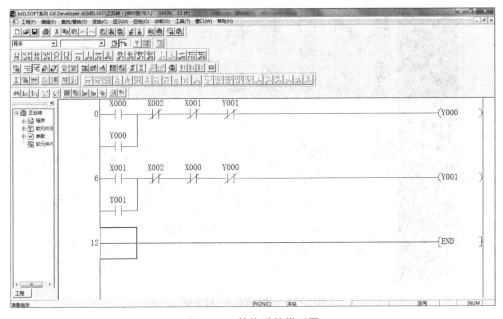

**图 C-10 转换后的梯形图**

4）存储程序

梯形图检查完后，选择菜单"文件"下的"保存"命令，进行程序存储。

5）将当前程序写入 PLC

将计算机与 PLC 相连后，单击"在线"菜单，如图 C-11 所示，单击"传输设置"项，设置串行通信口、CPU 模块等，"传输设置"对话框如图 C-12 所示，然后选择"在线"菜单下的"PLC写入"命令就可以将所编写的程序写入到 PLC。

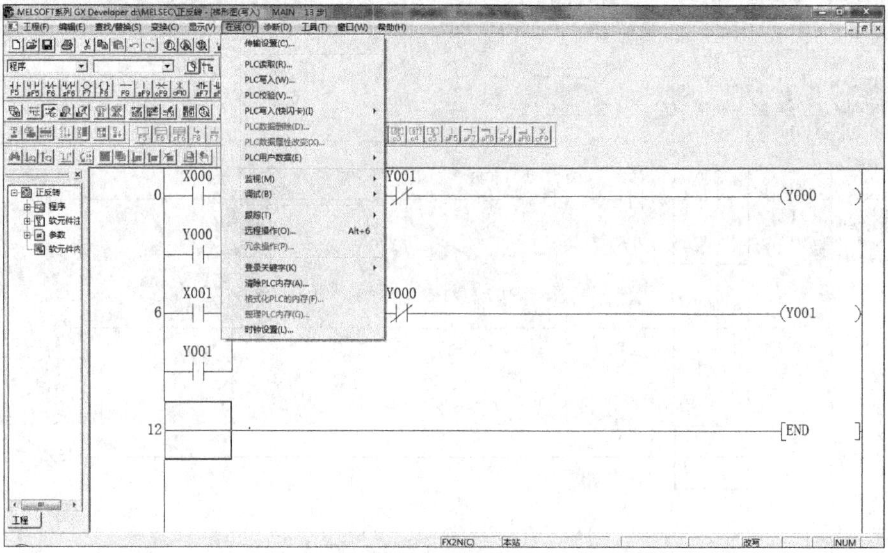

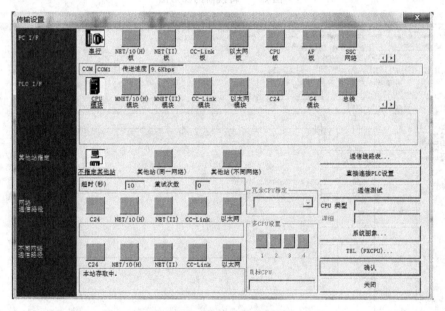

图 C-11　"在线"菜单

图 C-12　"传输设置"对话框

6) 程序运行

如果外部条件已经具备,可以开始运行程序。在运行程序时,可以监视。

# 参 考 文 献

[1] 程宪平. 可编程控制器原理与应用[M]. 北京：化学工业出版社，2009.

[2] 三菱公司. FX1S、FX1N、FX2N、FX2NC 编程手册. 2004.

[3] 孙振强，王晖，孙玉峰. 可编程控制器原理及应用教程[M]. 2版. 北京：清华大学出版社，2008.

[4] 魏小林，张跃东，竺兴妹，等. PLC技术项目化教程[M]. 北京：清华大学出版社，2010.

[5] 王阿根. 电气可编程控制原理与应用[M]. 2版. 北京：清华大学出版社，2010.

[6] 李建兴. 可编程控制器应用技术[M]. 北京：机械工业出版社，2004.

[7] 张培志. 电气控制与可编程控制器[M]. 北京：化学工业出版社，2007.

[8] 求是公司. PLC应用开发技术与工程实践[M]. 北京：人民邮电出版社，2005.

参考文献